软件开发魔典

Spring MVC+MyBatis
开发从入门到项目实践（超值版）

聚慕课教育研发中心　编著

清华大学出版社
北京

内容简介

本书共4篇，分别是基础知识、核心应用、核心技术、项目实践，内容由浅入深，由深到精。全书共18章。首先讲解了Spring环境搭建、Spring简单介绍、Spring IoC容器、Spring AOP容器和Spring Bean管理的基础知识，深入介绍了Spring MVC入门技术、Spring MVC的控制器、Spring MVC异常处理和Spring MVC的拦截器等核心编程技术，详细探讨了MyBatis的映射器、事务管理、缓存机制和动态SQL。在实践环节，不仅讲述了基于Spring MVC+MyBatis框架的电子邮件系统、图书管理系统，还介绍了中小型企业中的财务管理系统，全面展现了项目开发的全过程。

本书目的是多角度、全方位帮助读者快速掌握软件开发技能，构建从高校到社会的就职桥梁，让有志从事软件开发行业的读者轻松步入职场。本书赠送的资源比较多，在本书前言部分对资源包的具体内容、获取方式以及使用方法等做了详细说明。

本书适合从事框架语言编程的初、中级程序员和希望精通框架语言编程的程序员阅读。本书还可供大中专院校和社会培训机构的师生以及正在进行软件专业相关毕业设计的学生阅读。

本书封面贴有清华大学出版社防伪标签，无标签者不得销售。
版权所有，侵权必究。侵权举报电话：010-62782989　13701121933

图书在版编目（CIP）数据

Spring MVC+MyBatis 开发从入门到项目实践：超值版 / 聚慕课教育研发中心编著. —北京：清华大学出版社，2020.4
（软件开发魔典）
ISBN 978-7-302-54332-9

Ⅰ. ①S… Ⅱ. ①聚… Ⅲ. ①JAVA语言—程序设计 Ⅳ. ①TP312.8

中国版本图书馆CIP数据核字（2019）第263288号

责任编辑：张　敏
封面设计：杨玉兰
责任校对：徐俊伟
责任印制：丛怀宇

出版发行：清华大学出版社
　　　　网　　址：http://www.tup.com.cn, http://www.wqbook.com
　　　　地　　址：北京清华大学学研大厦A座　　邮　　编：100084
　　　　社 总 机：010-62770175　　　　　　　　邮　　购：010-62786544
　　　　投稿与读者服务：010-62776969, c-service@tup.tsinghua.edu.cn
　　　　质量反馈：010-62772015, zhiliang@tup.tsinghua.edu.cn
印 装 者：三河市铭诚印务有限公司
经　　销：全国新华书店
开　　本：203mm×260mm　　印　　张：20.75　　字　　数：615千字
版　　次：2020年4月第1版　　印　　次：2020年4月第1次印刷
定　　价：89.00元

产品编号：084869-01

Spring MVC+MyBatis 最佳学习模式

本书以 Spring MVC+MyBatis 最佳的学习模式来分配内容，第 1～3 篇可帮助读者掌握 Spring、Spring MVC、MyBatis 的基础知识和应用技能，第 4 篇可帮助读者积累多个行业的项目开发经验。读者如果遇到问题，可观看本书同步微视频，也可以通过在线技术支持，由经验丰富的程序员为您答疑解惑。

本书内容

全书分为 4 篇，共 18 章。

第 1 篇（第 1～5 章）为基础知识，主要讲解 Spring MVC+MyBatis 代码编写工具的安装与配置、Spring 的基础知识、环境搭建，以及工具的使用和基本操作等。通过本篇的学习，读者将了解 Spring 框架的基本概念，以及 Spring 与 Spring MVC 的关系。

第 2 篇（第 6～10 章）为核心应用，主要讲解 Spring MVC 的知识，Spring MVC 的过滤器、拦截器、控制器等。通过本篇的学习，读者将对使用 Spring MVC 有深入的了解，为后面的开发奠定基础。

第 3 篇（第 11～15 章）为核心技术，主要讲解数据库框架 MyBatis，MyBatis 的映射器，MyBatis 缓存机制中的一级缓存、二级缓存以及它们之间的区别，MyBatis 动态 SQL，MyBatis 的事务管理和使用事务的好处等。通过本篇的学习，读者将对 MyBatis 管理、事务、日志管理具有一定的综合应用能力。

第 4 篇（第 16～18 章）为项目实践，主要讲解电子邮件系统、图书管理系统、财务管理系统 3 个实践案例。通过本篇的学习，读者将对 Spring MVC+MyBatis 框架在项目开发中的实际应用有切身的体会，为日后进行软件开发积累项目开发与管理经验。

全书融入了作者丰富的工作经验和多年的编程心得，提供了大量来自工作现场的实例，具有较强的实战性和可操作性。读者系统学习后可以掌握 Spring MVC+MyBatis 框架的基础知识，拥有全面的框架语言编程能力、优良的团队协同技能和丰富的项目实战经验。编写本书的目标就是让框架语言编程初学者快速成长为一名合格的中级程序员，通过演练积累项目开发经验、提高团队合作技能，在未来的职场中获取一个较高的起点。

本书特色

1. 结构科学，易于自学

本书在内容组织和范例设计中充分考虑了框架语言编程初学者的特点，由浅入深，循序渐进，无论读者是否接触过框架语言编程，都能从本书中找到最合适的内容。

2. 视频讲解，细致透彻

为降低学习难度，提高学习效率，本书录制了同步微视频，模拟编程培训课程。通过视频，读者不仅能轻松学习专业知识，还能获取老师的软件开发经验，使学习变得更轻松、有效。

3. 超多、实用、专业的范例和实践项目

本书结合实际工作中的案例逐一讲解 Spring MVC+MyBatis 框架的各种知识和技术。在项目实践篇，通过 3 个项目来总结本书前 15 章介绍的知识和技能，使读者在实践中掌握知识，轻松拥有项目开发经验。

4. 随时检测自己的学习成果

每章章首均提供了"学习指引"和"重点导读"，以指导读者学习及学后检查。前 3 篇中，每章末尾的"就业面试技巧与解析"根据当前最新求职面试（笔试）题精选而成，读者可以随时检测自己的学习成果，以求达到融会贯通。

5. 专业创作团队和技术支持

本书由聚慕课教育研发中心组织编写和提供在线服务。读者在学习过程中遇到任何问题，均可登录 http://www.jumooc.com 网站或加入图书读者服务（技术支持）QQ 群（661907764）进行提问，作者和资深程序员将为您在线答疑。

本书附赠超值王牌资源库

本书附赠内容丰富的超值王牌资源库，具体内容如下。

（1）王牌资源 1：随赠本书"配套学习与教学"资源库，提升读者的学习效率。
- 本书同步 222 节教学微视频录像（扫描二维码观看），总时长 16 学时。
- 本书中 3 个大型项目案例以及全部实例源代码。
- 本书配套上机实训指导手册及本书教学 PPT 课件。

（2）王牌资源 2：随赠"职业成长"资源库，突破读者职业规划与发展瓶颈。
- 求职资源库：100 套求职简历模板库、600 套毕业答辩与 80 套学术开题报告 PPT 模板库。
- 面试资源库：程序员面试技巧、400 道求职常见面试（笔试）真题与解析。
- 职业资源库：210 套岗位竞聘模板、程序员职业规划手册、开发经验及技巧集、软件工程师技能手册。

（3）王牌资源 3：随赠"软件开发魔典"资源库，拓展读者学习的深度和广度。
- 案例资源库：120 套 Java 经典案例。
- 软件开发文档模板库：8 套八大行业软件开发文档模板库、60 套项目案例库。
- 程序员测试资源库：计算机应用水平测试、编程基础测试题库、编程逻辑思维测试题库、编程英语水平测试题库。

- 软件学习必备工具及电子书资源库：Eclipse 常用快捷键电子书、Eclipse 使用教程与技巧（60 例）电子书、Java Servlet API 速查电子书、Java Servlet API 技巧速查电子书、Java SE 类库查询电子书、Java 开发经验及技巧集大汇总。

（4）王牌资源 4：编程代码优化纠错器。
- 能让软件开发更加便捷和轻松，无须安装、配置复杂的软件运行环境即可轻松运行程序代码。
- 能一键格式化，让凌乱的程序代码更加整齐、美观。
- 能对代码精准纠错，让程序查错不再难。

资源的获取及使用

注意： 由于本书不配送光盘，书中所述资源均需通过网络下载后才能使用。

1. 资源获取

采用以下任意途径，均可获取本书所附赠的超值王牌资源库。

（1）关注本书微信公众号"聚慕课 jumooc"，可以下载资源或者咨询关于本书的任何问题。

（2）加入本书图书读者服务（技术支持）QQ 群（661907764），可以打开群文件中对应的 Word 文件，获取网络下载地址和密码。

2. 资源使用

读者可通过计算机端、App 端、微信端和平板电脑端学习和使用本书微视频和资源。

本书适合哪些读者阅读

本书非常适合以下读者阅读：
- 没有任何 Spring MVC+MyBatis 框架基础的初学者。
- 有一定的 Spring MVC+MyBatis 框架开发基础，想精通编程的程序开发人员。
- 有一定的 Spring MVC+MyBatis 框架开发基础，没有项目实践经验的程序开发人员。
- 正在进行软件开发相关专业毕业设计的学生。
- 大中专院校及培训学校的教师和学生。

创作团队

本书由聚慕课教育研发中心组织编写，参与本书编写的人员主要有李良、陈梦、刘静如、陈献凯、王闪闪、朱性强等。

在本书的编写过程中，作者尽己所能将最好的内容呈现给读者，但也难免有疏漏和不妥之处，敬请读者不吝指正。若读者在学习中遇到困难或疑问，可发邮件至 zhangmin2@tup.tsinghua.edu.cn。

作　者

第 1 篇 基础知识

第 1 章 Spring 环境搭建 002
◎ 本章教学微视频：13 个 44 分钟
1.1 搭建 JDK 环境 002
1.1.1 Spring 的运行环境和开发环境 002
1.1.2 JDK 的下载与安装 003
1.1.3 配置 Path 环境变量 005
1.1.4 测试 JDK 能否正常运行 007
1.2 Eclipse 的下载与设置 008
1.2.1 下载 Eclipse 009
1.2.2 配置 Eclipse 011
1.3 Maven 的下载与配置 011
1.3.1 下载 Maven 012
1.3.2 配置 Maven 012
1.3.3 Eclipse 添加 Maven 014
1.4 Tomcat 的下载与配置 016
1.4.1 下载 Tomcat 016
1.4.2 配置 Tomcat 017
1.4.3 Eclipse 集成 Tomcat 020
1.5 MySQL 的下载与安装 021
1.6 就业面试技巧与解析 023
1.6.1 面试技巧与解析（一） 023
1.6.2 面试技巧与解析（二） 023

第 2 章 初识 Spring 025
◎ 本章教学微视频：7 个 28 分钟
2.1 Spring 基本介绍 025
2.1.1 Spring 是什么 025
2.1.2 Spring 的起源 025
2.1.3 Spring 的特点 026
2.1.4 Spring 的框架结构 026
2.1.5 Spring 在项目中的作用 027
2.2 使用 Eclipse 开发 Spring 入门程序 027
2.2.1 新建 Maven 项目 028
2.2.2 搭建 Spring 框架 032
2.3 就业面试技巧与解析 040
2.3.1 面试技巧与解析（一） 040
2.3.2 面试技巧与解析（二） 041

第 3 章 Spring IoC 容器 042
◎ 本章教学微视频：12 个 39 分钟
3.1 Spring IoC 简介 042
3.1.1 Spring 容器是什么 042
3.1.2 Spring IoC 是什么 043
3.1.3 Spring IoC 的作用 043
3.2 Spring IoC 容器的类型 044
3.2.1 BeanFactory 044
3.2.2 BeanFactory 容器的设计原理 044
3.2.3 ApplicationContext 045
3.2.4 ApplicationContext 容器的设计原理 045
3.2.5 BeanFactory 和 ApplicationContext 的区别 046
3.3 Spring IoC 容器的初始化 047
3.4 Spring IoC 的依赖注入方式 053
3.4.1 Setter 方法依赖注入 053
3.4.2 构造方法依赖注入 054

3.4.3 注解依赖注入 ································ 054
3.5 就业面试技巧与解析 ···························· 056
    3.5.1 面试技巧与解析（一）·················· 056
    3.5.2 面试技巧与解析（二）·················· 057

第 4 章 Spring AOP 容器 ························ 058
◎ 本章教学微视频：10 个 30 分钟

4.1 Spring AOP 简介 ································ 058
    4.1.1 Spring AOP 是什么 ···················· 058
    4.1.2 Spring AOP 的基本概念 ··············· 059
    4.1.3 Spring AOP 的使用场景 ··············· 059
    4.1.4 Spring AOP 的使用步骤 ··············· 059
4.2 Spring AOP 的通知类型 ······················· 060
    4.2.1 五种通知类型 ·························· 060
    4.2.2 五种通知类型的代码演示 ············· 060
4.3 Spring AOP 切点 ································ 061
4.4 Spring AOP 的实现原理 ······················· 062
    4.4.1 动态代理 ······························· 062
    4.4.2 静态代理 ······························· 065
4.5 Spring AOP 应用程序 ·························· 067
4.6 就业面试技巧与解析 ···························· 069
    4.6.1 面试技巧与解析（一）·················· 069
    4.6.2 面试技巧与解析（二）·················· 069

第 5 章 Spring Bean 管理 ······················· 071
◎ 本章教学微视频：21 个 55 分钟

5.1 Spring Bean 简介 ································ 071
    5.1.1 Spring Bean 是什么 ···················· 071
    5.1.2 Spring Bean 的定义 ···················· 071
    5.1.3 Spring Bean 的属性 ···················· 072
    5.1.4 Bean 的命名 ····························· 073
5.2 创建 Bean 对象 ··································· 073
    5.2.1 使用构造方法实例化 ··················· 073
    5.2.2 使用静态工厂方法实例化 ············· 074
    5.2.3 使用实例工厂方法实例化 ············· 074
5.3 深入理解容器中的 Bean ······················· 074
    5.3.1 抽象 Bean 与子 Bean ·················· 074
    5.3.2 容器中的工厂 Bean ···················· 075
    5.3.3 强制初始化 Bean ······················ 076
5.4 Spring Bean 的生命周期 ······················· 076
    5.4.1 Spring Bean 生命周期接口 ············ 077
    5.4.2 Spring Bean 生命周期案例 ············ 077
5.5 Spring Bean 的作用域 ·························· 079
    5.5.1 指定 Scope ······························ 079
    5.5.2 单例模式 ································ 080
    5.5.3 多例模式 ································ 080
5.6 Spring Bean 的装配方式 ······················· 080
    5.6.1 基于注解的方式管理 Bean ············ 081
    5.6.2 基于 Java 的方式管理 Bean ·········· 081
    5.6.3 基于 XML 的方式管理 Bean ········· 082
5.7 基于 Java 类的配置 ······························ 082
    5.7.1 使用 Java 类提供 Bean 定义信息····· 082
    5.7.2 使用基于 Java 类的配置信息启动 Spring 容器 ······························· 082
    5.7.3 3 种配置方式的对比 ·················· 083
5.8 就业面试技巧与解析 ···························· 083
    5.8.1 面试技巧与解析（一）·················· 083
    5.8.2 面试技巧与解析（二）·················· 084

第 2 篇 核心应用

第 6 章 MVC 介绍 ··································· 086
◎ 本章教学微视频：8 个 27 分钟

6.1 MVC 简介 ··· 086
    6.1.1 MVC 是什么 ··························· 086
    6.1.2 如何使用 MVC ························ 087
    6.1.3 MVC 的优点 ··························· 087
    6.1.4 MVC 的缺点 ··························· 088
    6.1.5 MVC 思想 ······························ 088
    6.1.6 MVC 的工作流程 ····················· 089
6.2 实现简单的 MVC 框架 ························· 089
    6.2.1 实现思路及架构 ························ 089
    6.2.2 MVC 框架的代码实现 ················ 090
6.3 就业面试技巧与解析 ···························· 098
    6.3.1 面试技巧与解析（一）·················· 098
    6.3.2 面试技巧与解析（二）·················· 099

第 7 章 Spring MVC 入门技术 ················· 100
◎ 本章教学微视频：12 个 32 分钟

7.1 Spring MVC 介绍 ································ 100

7.1.1 Spring MVC 是什么 ……………… 100
7.1.2 Spring MVC 的工作原理 ………… 101
7.1.3 Spring 和 Spring MVC 的区别 …… 101
7.1.4 Spring MVC 的优势 ……………… 101
7.2 Spring MVC 的五大组件 ………………… 102
7.2.1 DispatcherServlet ………………… 102
7.2.2 HandlerMapping ………………… 103
7.2.3 Controller ………………………… 103
7.2.4 ModelAndView …………………… 103
7.2.5 ViewResolver …………………… 104
7.3 Spring MVC 的 DispatcherServlet ……… 104
7.4 Spring MVC 的执行流程 ………………… 107
7.5 一个 Spring MVC 应用 …………………… 108
7.6 就业面试技巧与解析 …………………… 111
7.6.1 面试技巧与解析（一）…………… 111
7.6.2 面试技巧与解析（二）…………… 111

第 8 章 Spring MVC 的控制器 ………… 112
◎ 本章教学微视频：9 个　47 分钟
8.1 基于注解的控制器 ……………………… 112
8.1.1 RequestMapping 的注解类型 …… 112
8.1.2 控制器的注解类型 ……………… 113
8.2 Spring MVC 的请求参数和路径变量 …… 113
8.2.1 Spring MVC 的请求参数 ………… 113
8.2.2 Spring MVC 的路径变量 ………… 114
8.3 使用 Spring MVC 传值 …………………… 115
8.3.1 Spring MVC 页面传值到控制器 … 115
8.3.2 Spring MVC 控制器传值到页面 … 121
8.3.3 Spring MVC 登录程序 …………… 123
8.4 Spring MVC 的转发和重定向 …………… 124
8.4.1 Spring MVC 的转发和重定向
介绍 ……………………………… 124
8.4.2 Spring MVC 转发和重定向的
区别 ……………………………… 126
8.4.3 Spring MVC 转发和重定向的
使用场景 ………………………… 126
8.5 就业面试技巧与解析 …………………… 127
8.5.1 面试技巧与解析（一）…………… 127
8.5.2 面试技巧与解析（二）…………… 127

第 9 章 Spring MVC 异常处理 ………… 129
◎ 本章教学微视频：7 个　40 分钟
9.1 一个简单的登录应用程序案例 ………… 129
9.1.1 Spring MVC 登录应用程序前期
准备 ……………………………… 129
9.1.2 Spring MVC 登录应用程序代码
实现 ……………………………… 135
9.2 Spring MVC 处理中文乱码 ……………… 143
9.2.1 Spring MVC 页面处理乱码问题 … 143
9.2.2 Spring MVC 请求处理乱码问题 … 143
9.2.3 数据库处理乱码问题 …………… 144
9.3 Spring MVC 统一异常处理方式 ………… 144
9.3.1 使用配置文件 …………………… 145
9.3.2 使用注解 ………………………… 145
9.4 就业面试技巧与解析 …………………… 145
9.4.1 面试技巧与解析（一）…………… 145
9.4.2 面试技巧与解析（二）…………… 146

第 10 章 Spring MVC 的拦截器 ………… 147
◎ 本章教学微视频：13 个　35 分钟
10.1 拦截器的基本知识 …………………… 147
10.1.1 什么是拦截器 ………………… 147
10.1.2 拦截器的作用 ………………… 148
10.2 拦截器的执行流程 …………………… 148
10.2.1 单个拦截器的执行流程 ……… 148
10.2.2 多个拦截器的执行流程 ……… 149
10.3 拦截器的实现方法 …………………… 149
10.4 拦截器的使用 ………………………… 151
10.4.1 单个拦截器的使用 …………… 151
10.4.2 多个拦截器的使用 …………… 153
10.5 拦截器的应用 ………………………… 153
10.5.1 登录检测 ……………………… 153
10.5.2 性能监控 ……………………… 154
10.6 拦截器与过滤器的原理和区别 ……… 156
10.6.1 什么是过滤器 ………………… 156
10.6.2 拦截器和过滤器的原理 ……… 156
10.6.3 拦截器和过滤器的区别 ……… 157
10.7 就业面试技巧与解析 ………………… 158
10.7.1 面试技巧与解析（一）………… 158
10.7.2 面试技巧与解析（二）………… 158

第 3 篇 核心技术

第 11 章 MyBatis 入门 ·········· 160
◎ 本章教学微视频：21 个 52 分钟
- 11.1 MyBatis 简介 ·········· 160
  - 11.1.1 什么是 MyBatis ·········· 160
  - 11.1.2 MyBatis 导入 jar 包 ·········· 161
  - 11.1.3 MyBatis 的优点 ·········· 161
  - 11.1.4 MyBatis 的缺点 ·········· 161
  - 11.1.5 MyBatis 的框架结构 ·········· 161
  - 11.1.6 MyBatis 的运行流程 ·········· 162
- 11.2 MyBatis 工作环境的搭建 ·········· 163
  - 11.2.1 新建项目并导入 jar 包 ·········· 163
  - 11.2.2 建立数据库将表和类进行映射 ·········· 163
  - 11.2.3 配置文件连接数据库 ·········· 164
  - 11.2.4 实现接口 ·········· 165
  - 11.2.5 测试是否搭建成功 ·········· 165
- 11.3 MyBatis.xml 配置文件 ·········· 166
  - 11.3.1 MyBatis 配置文件的基本结构 ·········· 166
  - 11.3.2 属性 ·········· 167
  - 11.3.3 设置 ·········· 168
  - 11.3.4 类型别名 ·········· 171
  - 11.3.5 类型处理器 ·········· 172
  - 11.3.6 对象工厂 ·········· 175
  - 11.3.7 插件 ·········· 175
  - 11.3.8 配置环境 ·········· 176
  - 11.3.9 databaseIdProvider ·········· 179
  - 11.3.10 映射器 ·········· 179
- 11.4 就业面试技巧与解析 ·········· 180
  - 11.4.1 面试技巧与解析（一）·········· 180
  - 11.4.2 面试技巧与解析（二）·········· 180

第 12 章 MyBatis 的映射器 ·········· 182
◎ 本章教学微视频：13 个 47 分钟
- 12.1 映射器的介绍 ·········· 182
  - 12.1.1 <select>元素 ·········· 182
  - 12.1.2 <insert>、<update>、<delete>元素 ·········· 184
  - 12.1.3 <sql>元素 ·········· 186
  - 12.1.4 <resultMap>元素 ·········· 186
- 12.2 映射器的实现 ·········· 187
  - 12.2.1 定义 POJO ·········· 187
  - 12.2.2 采用 XML 方式实现映射器 ·········· 187
  - 12.2.3 采用注解方式实现映射器 ·········· 188
  - 12.2.4 发送 SQL ·········· 188
- 12.3 高级映射 ·········· 189
  - 12.3.1 订单商品数据模型 ·········· 189
  - 12.3.2 一对一关联映射 ·········· 190
  - 12.3.3 一对多关联映射 ·········· 193
  - 12.3.4 多对多关联映射 ·········· 195
  - 12.3.5 延迟加载 ·········· 196
- 12.4 就业面试技巧与解析 ·········· 197
  - 12.4.1 面试技巧与解析（一）·········· 198
  - 12.4.2 面试技巧与解析（二）·········· 198

第 13 章 Spring JDBC 和 MyBatis 事务管理 ·········· 199
◎ 本章教学微视频：12 个 32 分钟
- 13.1 Spring JDBC ·········· 199
  - 13.1.1 什么是 JDBC ·········· 199
  - 13.1.2 应用场景 ·········· 200
  - 13.1.3 JDBC 编程步骤 ·········· 200
  - 13.1.4 JDBCTemplate ·········· 203
  - 13.1.5 配置数据源 ·········· 203
- 13.2 MyBatis 事务管理 ·········· 204
  - 13.2.1 MyBatis 事务概述 ·········· 204
  - 13.2.2 事务的特性 ·········· 205
  - 13.2.3 事务的使用流程 ·········· 205
  - 13.2.4 事务隔离级别 ·········· 208
  - 13.2.5 事务只读属性 ·········· 209
  - 13.2.6 回滚规则 ·········· 209
  - 13.2.7 事务超时属性 ·········· 209
- 13.3 就业面试解析与技巧 ·········· 209
  - 13.3.1 面试解析与技巧（一）·········· 210
  - 13.3.2 面试解析与技巧（二）·········· 210

第 14 章 MyBatis 缓存机制 ·········· 211
◎ 本章教学微视频：13 个 36 分钟
- 14.1 MyBatis 缓存 ·········· 211
  - 14.1.1 缓存的概念 ·········· 211

14.1.2 缓存的作用 ·············· 212
14.2 一级缓存 ···················· 212
    14.2.1 什么是一级缓存 ·········· 212
    14.2.2 一级缓存的原理 ·········· 213
    14.2.3 BaseExecutor ············ 213
    14.2.4 一级缓存的生命周期 ······ 216
    14.2.5 一级缓存的工作流程 ······ 216
    14.2.6 一级缓存的性能 ·········· 217
14.3 二级缓存 ···················· 217
    14.3.1 二级缓存的配置 ·········· 217
    14.3.2 二级缓存的原理 ·········· 219
    14.3.3 二级缓存的实现 ·········· 219
    14.3.4 二级缓存的应用场景及局限性 ·············· 222
    14.3.5 一级缓存与二级缓存的区别 ··· 223
14.4 就业面试技巧与解析 ·········· 223
    14.4.1 面试技巧与解析（一） ···· 223
    14.4.2 面试技巧与解析（二） ···· 224

第 15 章 MyBatis 动态 SQL ·········· 225
◎ 本章教学微视频：11 个 27 分钟
15.1 动态 SQL 的应用 ············· 225
    15.1.1 创建 Maven 项目 ········ 226
    15.1.2 if 标签 ················· 226
    15.1.3 choose 标签 ············· 230
    15.1.4 trim（where、set）标签 ··· 231
    15.1.5 foreach 标签 ············ 233
    15.1.6 bind 标签 ··············· 236
15.2 MyBatis 多数据库支持 ········ 236
    15.2.1 MyBatis 全局配置文件 ···· 236
    15.2.2 映射文件中的标签调整包含 DatabaseId 属性 ············ 238
15.3 OGNL 的用法 ················ 239
    15.3.1 OGNL 的基本参数 ······· 239
    15.3.2 OGNL 表达式 ··········· 240
    15.3.3 OGNL 的应用 ··········· 241
15.4 就业面试技巧与解析 ·········· 243
    15.4.1 面试技巧与解析（一） ···· 243
    15.4.2 面试技巧与解析（二） ···· 243

第 4 篇 项目实践

第 16 章 电子邮件系统 ·············· 246
◎ 本章教学微视频：14 个 48 分钟
16.1 系统背景及功能概述 ·········· 246
    16.1.1 电子邮件的基本知识 ····· 247
    16.1.2 邮件服务协议总结 ······· 249
    16.1.3 邮件服务器的工作原理 ··· 249
16.2 JavaMail API 介绍 ············ 249
    16.2.1 什么是 JavaMail ········ 250
    16.2.2 JavaMail API 分类 ······ 250
    16.2.3 JAF 介绍 ·············· 250
16.3 编写 JavaMail 邮件发送、接收程序 ···· 251
    16.3.1 使用 MimeMessage 类创建简单的文本邮件 ············· 251
    16.3.2 对文本邮件进行修饰 ····· 253
    16.3.3 发送邮件 ··············· 255
    16.3.4 接收邮件 ··············· 257
16.4 邮件的基本格式与编码 ········ 259
    16.4.1 邮件编码介绍 ··········· 259
    16.4.2 邮件乱码的原因 ········· 260
16.5 邮件解析 ····················· 261
16.6 本章总结 ····················· 268

第 17 章 图书管理系统 ·············· 269
◎ 本章教学微视频：17 个 67 分钟
17.1 系统开发背景 ················· 269
17.2 系统功能设计 ················· 269
    17.2.1 系统业务流程 ··········· 270
    17.2.2 系统功能结构 ··········· 270
17.3 系统开发必备 ················· 271
    17.3.1 系统开发环境 ··········· 271
    17.3.2 软件框架 ··············· 271
17.4 数据库设计 ··················· 271
17.5 SSM 框架整合配置 ············ 272
17.6 功能模块设计与实现 ·········· 277
    17.6.1 登录功能模块 ··········· 277
    17.6.2 图书查询功能模块 ······· 279
    17.6.3 图书借阅功能模块 ······· 280

17.6.4 图书预约功能模块 …………………… 282
17.6.5 图书归还功能模块 …………………… 283
17.6.6 用户信息功能模块 …………………… 284
17.6.7 添加用户功能模块 …………………… 285
17.6.8 修改用户权限功能模块 ……………… 287
17.6.9 图书录入功能模块 …………………… 288
17.6.10 图书信息修改功能模块 …………… 289
17.7 本章总结 …………………………………… 290

第 18 章 财务管理系统 …………………… 291

◎ 本章教学微视频：9 个　39 分钟

18.1 系统背景及功能概述 …………………… 291
  18.1.1 系统需求分析 ………………………… 292
  18.1.2 系统设计 ……………………………… 292
  18.1.3 数据库的设计 ………………………… 295
18.2 系统的详细设计与代码实现 …………… 297
  18.2.1 登录页面 ……………………………… 297
  18.2.2 员工模块 ……………………………… 305
  18.2.3 管理员模块 …………………………… 307
18.3 系统代码测试 …………………………… 318
  18.3.1 测试方法 ……………………………… 318
  18.3.2 测试结果 ……………………………… 319
18.4 本章小结 ………………………………… 319

参考文献 ………………………………………… 320

第 1 篇

基础知识

本篇主要讲解 Spring MVC+MyBatis 的基础知识，从 Spring 的基本概念及基本语法开始，结合 Spring 环境搭建、Spring 程序的编写和结构剖析带领读者快速步入 Spring 编程的世界。

通过本篇的学习，读者应了解 Spring 的基本知识以及相关的基本概念，掌握 Spring 开发环境的搭建、Spring IoC 容器、Spring AOP 容器、Spring Bean 管理等知识，为后面更深入地学习 Spring MVC 框架编程打下坚实的基础。

- 第 1 章　Spring 环境搭建
- 第 2 章　初识 Spring
- 第 3 章　Spring IoC 容器
- 第 4 章　Spring AOP 容器
- 第 5 章　Spring Bean 管理

第 1 章

Spring 环境搭建

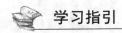 学习指引

本章主要讲解 Spring 环境的搭建过程，为后面创建项目做准备。通过本章内容的学习，读者可以了解 JDK、Eclipse、Maven、Tomcat，以及 MySQL 的下载、安装和配置方法。

 重点导读

- JDK 的安装与配置。
- Eclipse 的安装与配置。
- Maven 的配置。
- Tomcat 的配置。
- MySQL 数据库的安装。

1.1 搭建 JDK 环境

要运行 Spring 程序，必须先完成 Spring 运行环境的搭建工作。要编译和执行 Spring 程序，必须安装和配置 JDK。

1.1.1 Spring 的运行环境和开发环境

讲到 Spring 的运行和开发，涉及两个概念：运行环境和开发环境。

1. 运行环境

Java 程序的运行环境（Java Runtime Environment，JRE）是 Java 程序运行的必须条件。既然是运行 Java 程序的环境，就必须包含 JVM（Java Virtual Machine，Java 虚拟机）和所有 Java 类库 Class 文件。

2. 开发环境

Java 语言标准版的软件开发工具包（Java Development Kit，JDK）是 Java 开发的核心，它包含 Java 程序运行和开发所需的各种工具和资源。

提示：如果仅运行 Java 程序，则仅安装 JRE 即可，无须安装 JDK。当然，如果安装了 JDK，也就包含了 JRE，可以开发、运行 Java 程序。

1.1.2 JDK 的下载与安装

Oracle 分别为 Java SE 和 Java EE 提供了 JDK 和 Java EE SDK 两个开发工具包，如果读者只需要学习 Java SE 的编程知识，下载标准的 JDK 即可。如果还需要继续学习与 Java EE 相关的知识，则需要下载 Java EE SDK。现在有些版本的 Java EE SDK 中已经包含了 JDK。

本书主要讲解 Java SE 的相关知识，仅下载标准的 JDK 即可。下载和安装 JDK 的具体步骤如下。

步骤 1：打开 https://www.oracle.com/technetwork/java/javase/downloads/index.html 网页，单击 JDK 下载页面中的 DOWNLOAD 按钮，如图 1-1 所示。

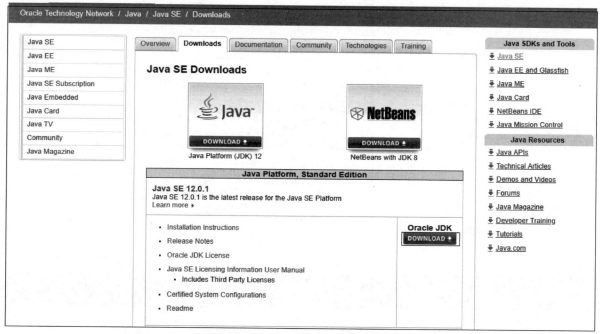

图 1-1　JDK 下载页面

步骤 2：在 Java SE 的下载列表中，读者应根据自己的平台选择合适的 JDK 版本。首先选中 "Accept License Agreement"（接受许可协议）单选按钮，接受许可协议。由于本书使用的是 64 位的 Windows 操作系统，因此这里选择与操作系统相对应的 jdk-12.0.1_windows-x64_bin.exe 进行下载，如图 1-2 所示。

提示：由于 JDK 的版本不断更新，当读者浏览 Java SE 的下载页面时，所显示的 JDK 即为当前的最新版本。

步骤 3：64 位 Windows 操作系统的 JDK 下载完成，得到一个名称为 jdk-12.0.1_windows-x64_bin.exe 的可执行文件，双击运行，出现 JDK 的欢迎使用对话框，单击 "下一步" 按钮，如图 1-3 所示。

步骤 4：设置目标文件夹，如图 1-4 所示，可使用默认路径，也可以单击 "更改" 按钮选择新的安装路径，单击 "下一步" 按钮，继续安装。

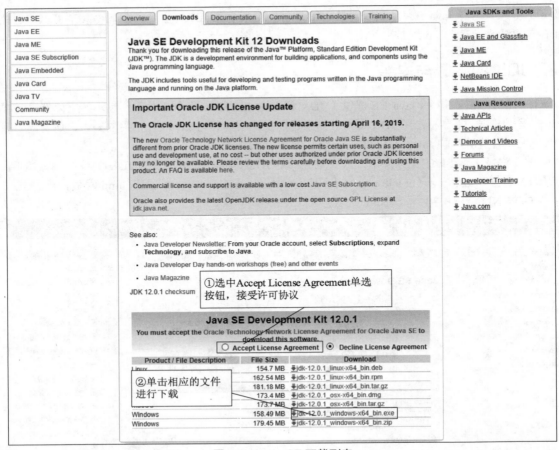

图 1-2　Java SE 下载列表

图 1-3　欢迎使用对话框　　　　　　　　图 1-4　设置目标文件夹

提示：JDK 的安装目录中，尽量不要使用带有空格的文件夹名，容易引起程序运行错误。

步骤 5：成功安装 JDK 后，将弹出安装完成对话框，单击"关闭"按钮，完成 JDK 的安装，如图 1-5 所示。

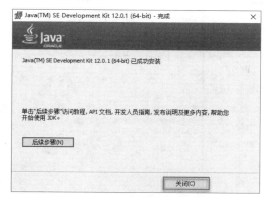

图 1-5　JDK 安装完成对话框

1.1.3　配置 Path 环境变量

JDK 安装完成后，必须配置 JDK 的 Path 环境变量才可以编译和运行 Spring 程序。Spring 程序的运行必须经过编译和解释两个步骤，而这两个步骤分别对应 java 和 javac 两个命令。虽然已经完成了 JDK 的安装，并且 java 和 javac 两个命令也在 JDK 安装目录的 bin 路径下，但是当前 Windows 操作系统并不能执行这两个命令，因为计算机在 Windows 操作系统下执行命令首先要根据 Path 环境变量的值来查找命令，Path 环境变量的值就是命令所在的路径。只要将 java 和 javac 两个命令所在的 bin 路径配置到 Path 环境变量的值中，系统便可以识别 java 和 javac 命令了。

提示：JDK 1.5 之后的版本，安装时仅配置 Path 环境变量即可编译和运行 Spring 程序。

下面以 Windows 10 操作系统为例，介绍配置 JDK 环境变量的方法和步骤。

步骤 1：在计算机桌面的"计算机"图标上右击，在弹出的快捷菜单中选择"属性"命令，单击"属性"对话框左侧的"高级系统设置"超链接，打开"系统属性"对话框，单击"环境变量"按钮，如图 1-6 所示。

图 1-6　"系统属性"对话框

步骤 2：在打开的"环境变量"对话框中单击"Administrator 的用户变量"列表框下的"新建"按钮，如图 1-7 所示。

图 1-7 "环境变量"对话框

注意：用户变量只对当前用户有效，系统变量是对所有用户有效，为了减少对其他用户的影响，建议将 Path 配置为用户变量。

步骤 3：打开"新建用户变量"对话框，在"变量名"文本框中输入 Path，在"变量值"文本框中输入"C:\Program Files\Java\jdk-12.0.1\bin"（此变量值为笔者的 JDK 安装路径）或单击"浏览目录"按钮选择路径，如图 1-8 所示。注意，读者需要将此处的"变量值"修改为自己本地的 JDK 安装路径，否则将影响 Spring 程序的运行。

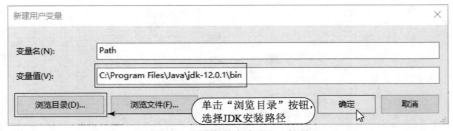

图 1-8 "新建用户变量"对话框

步骤 4：单击"确定"按钮，完成 Path 用户变量的创建，如图 1-9 所示。

步骤 5：单击"环境变量"对话框中的"确定"按钮，返回图 1-6 所示的"系统属性"对话框，再次单击"确定"按钮关闭对话框。

完成上述步骤，便可成功配置 JDK 的环境变量。

图 1-9　完成环境变量配置

1.1.4　测试 JDK 能否正常运行

完成 JDK 安装和环境配置后，需要测试其是否能够正常运行，具体测试步骤如下。

步骤 1：右击计算机桌面左下角的"开始"图标，在弹出的快捷菜单中选择"运行"命令，打开"运行"对话框，在"打开"文本框中输入 cmd 命令，如图 1-10 所示。

图 1-10　"运行"对话框

提示：按 Win+R 组合键可以快速打开"运行"对话框。

步骤 2：单击"运行"对话框中的"确定"按钮，在"命令提示符"窗口中输入 java 命令，并按回车键执行命令。系统如果输出 JDK 的类及模块信息，如图 1-11 所示，则说明当前 JDK 运行环境配置成功，具备了运行 Spring 程序的功能。

步骤 3：在"命令提示符"窗口中输入 javac 命令，并按回车键执行命令。系统如果输出 JDK 的解释类及模块信息，如图 1-12 所示，则说明当前 JDK 编译环境配置成功，具备了编译 Spring 程序的功能。

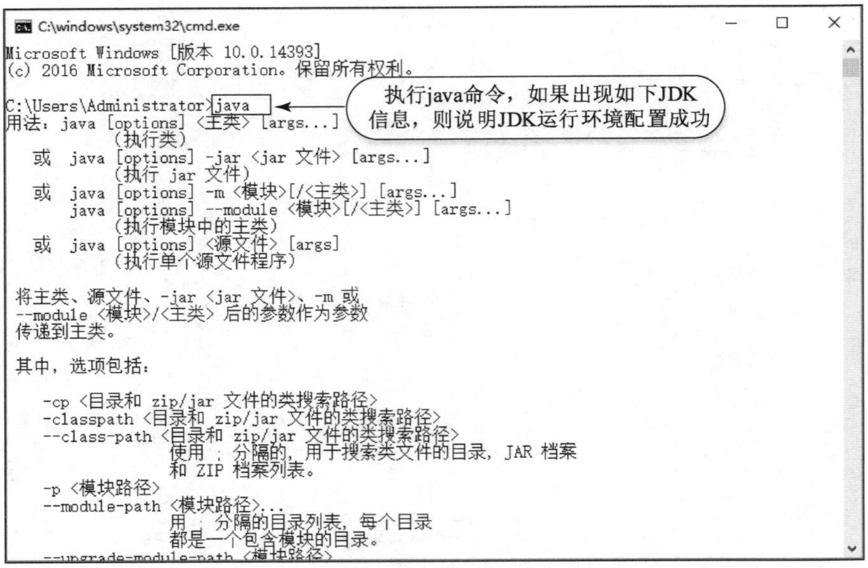

图 1-11　执行 java 命令

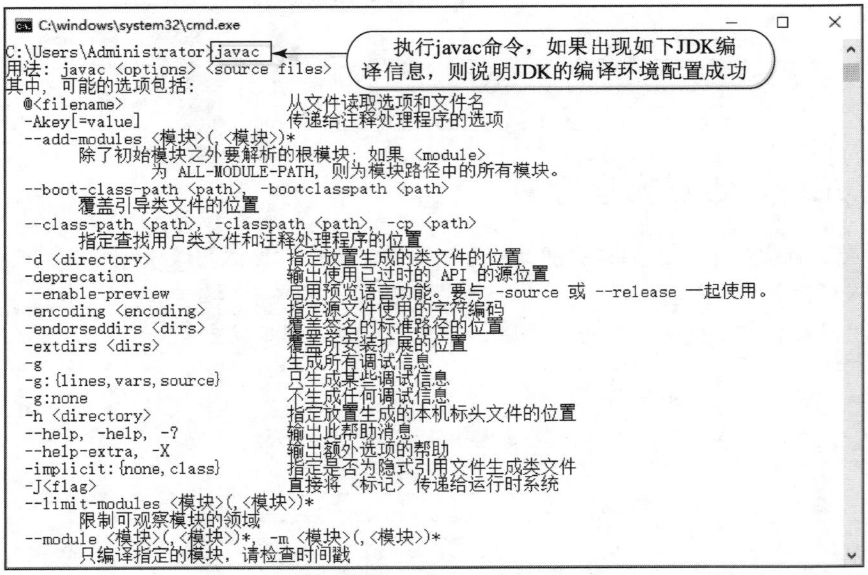

图 1-12　执行 javac 命令

1.2　Eclipse 的下载与设置

　　初学 Java 时，为了能更好地掌握 Java 代码的编写规范，程序员一般会选择一款高级记事本类的工具作为开发工具，如 Notepad++、UltraEdit 等。而实际项目开发和管理时，更多地还是选择集成开发环境作为开发工具，如 Eclipse、NetBeans 等。

　　集成开发环境（Integrated Development Environment，IDE）就是把代码的编写、调试、编译、执行都集成到一个工具中，不再单独为每个环节选择工具。本节重点介绍功能强大、使用方便、流行度高的集成开发工具——Eclipse。

Eclipse 是一个集成开发环境，它具有强大的代码辅助功能，能够帮助程序开发人员自动完成输入语法、补全文字、修正代码等操作，可以节省程序开发人员的时间和精力，提高工作效率。

Eclipse 是一个开放源代码的项目，是著名的、跨平台的自由集成开发环境，最初主要支持 Java 语言，现在通过安装不同的插件，可以支持不同的计算机语言，如 C++和 Python 等。Eclipse 本身只是一个框架平台，但是众多插件的支持使 Eclipse 拥有其他功能相对固定的 IDE 软件很难具有的灵活性。许多软件开发商以 Eclipse 为框架开发自己的 IDE。

1.2.1 下载 Eclipse

使用 Eclipse 前，首先需要下载 Eclipse，具体的操作步骤如下。

步骤 1：打开浏览器，并在地址栏输入网址 "https://www.eclipse.org/downloads/"，访问 Eclipse 的官网，如图 1-13 所示。单击官网页面中的 Download Packages 超链接，进入 Eclipse IDE 下载页面。

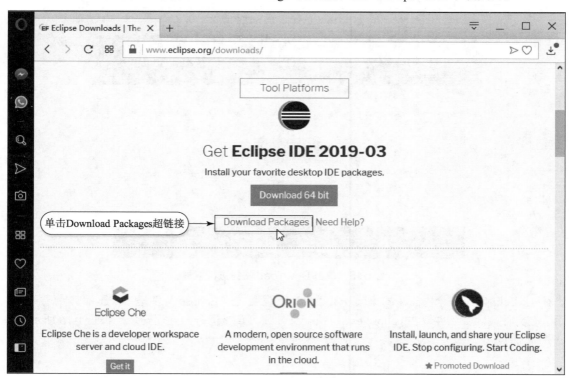

图 1-13　Eclipse 的官网页面

步骤 2：在 Eclipse IDE 下载页面中选择 Eclipse IDE for Java Developers，根据自己的操作系统下载对应的版本。笔者是 Windows 64 位操作系统，则下载 Windows 64 bit 版本，如图 1-14 所示。

提示：下载页面中的软件版本会随着软件升级有所改变，页面中显示的都是软件的最新版本。

步骤 3：在下载页面中单击 Download 按钮，Eclipse 服务器会根据客户所在的地理位置，就近分配镜像下载站点，提升下载速度，如图 1-15 所示。

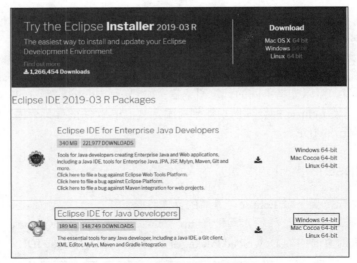

图 1-14　选择需要下载的版本

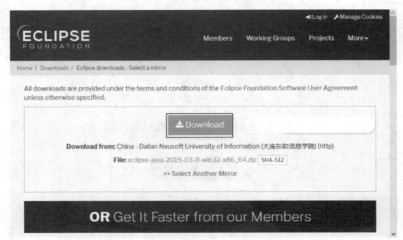

图 1-15　单击 Download 按钮进行下载

步骤 4：Eclipse 是一个免安装的集成开发工具，下载完成的 Eclipse 文件是一个压缩文件，将文件解压缩之后，在文件夹内找到并双击 eclipse.exe 可执行文件便可直接运行，无须安装，如图 1-16 所示。

图 1-16　双击 eclipse.exe 可执行文件

1.2.2 配置 Eclipse

步骤 1：第一次启动 eclipse.exe，将弹出 Eclipse IDE Launcher 对话框，设置保存 Eclipse 所创建项目和相关设置的工作空间。本书的工作空间统一设置为 E:\workspace 文件夹，具体设置如图 1-17 所示。

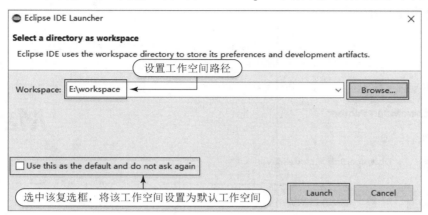

图 1-17　Eclipse IDE Launcher 对话框

注意：每次启动 Eclipse 时，系统会提示设置工作空间，选中 Use this as the default and do not ask again 复选框设置默认工作空间，这样就可避免启动 Eclipse 时再提示设置工作空间了。

步骤 2：单击 Launch 按钮启动 Eclipse，Eclipse 第一次运行时会出现欢迎界面，如图 1-18 所示。关闭欢迎界面可进入 Eclipse 工作台。

图 1-18　Eclipse 第一次运行时出现欢迎界面

1.3　Maven 的下载与配置

Maven 是一个项目管理工具，它包含一个项目对象模型（Project Object Model，POM）、一组标准集合、一个项目生命周期（Project Lifecycle）、一个依赖管理系统（Dependency Management System）和用来运行定义在生命周期阶段中插件目标的逻辑。使用 Maven 的时候，首先用一个明确定义的项目对象模型来描述项目，然后 Maven 可以应用横切的逻辑，这些逻辑来自一组共享的（或者自定义的）插件。

1.3.1　下载 Maven

开发 Spring 项目前，首先需要下载和配置 Maven，具体的操作步骤如下。

步骤 1：打开浏览器，并在地址栏输入网址"http://maven.apache.org"，访问 Apache 的官网。单击 Download 超链接，进入 Maven 下载页面，选择 Binary zip archive，如图 1-19 所示。

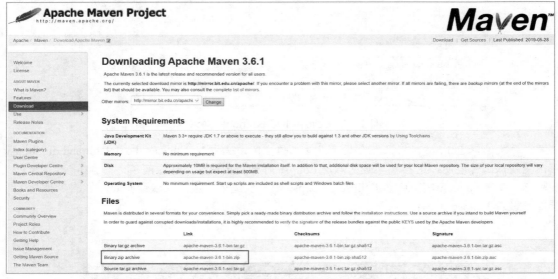

图 1-19　选择需要下载的 Maven 版本

步骤 2：单击 Binary zip archive 超链接，选择 Maven 安装包的保存路径，将 Maven 安装包解压缩，如图 1-20 所示。

图 1-20　Maven 安装包解压缩完成

1.3.2　配置 Maven

Maven 安装包解压缩完成后，下面以 Windows 10 操作系统为例，介绍配置 Maven 环境变量的方法和步骤。

步骤 1：在计算机桌面的"计算机"图标上右击，在弹出的快捷菜单中选择"属性"命令，单击"属性"对话框左侧的"高级系统设置"超链接，打开"系统属性"对话框，单击"环境变量"按钮，如图 1-21

所示。

步骤 2：在"新建系统变量"对话框中新建系统变量 MAVEN_HOME，设置变量存放的路径，如图 1-22 所示。

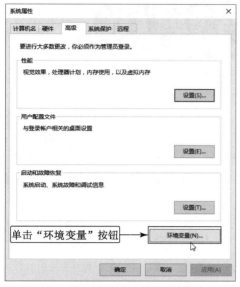

图 1-21　"系统属性"对话框

图 1-22　新建系统变量

步骤 3：MAVEN_HOME 变量设置完成后，在"系统变量"对话框中找到 Path 变量并双击，在已有的变量值后面添加"%MAVEN_HOME%\bin"，Maven 环境配置完成后，单击"确定"按钮，如图 1-23 所示。

图 1-23　配置 Maven 环境

步骤 4：环境变量配置完成后，右击计算机桌面左下角的"开始"图标，选择"运行"命令，打开"运行"对话框，在"打开"文本框中输入 cmd 命令，单击"确定"按钮，弹出"命令提示符"窗口，输入并执行 mvn -v 命令可验证 Maven 环境配置是否成功，如图 1-24 所示。

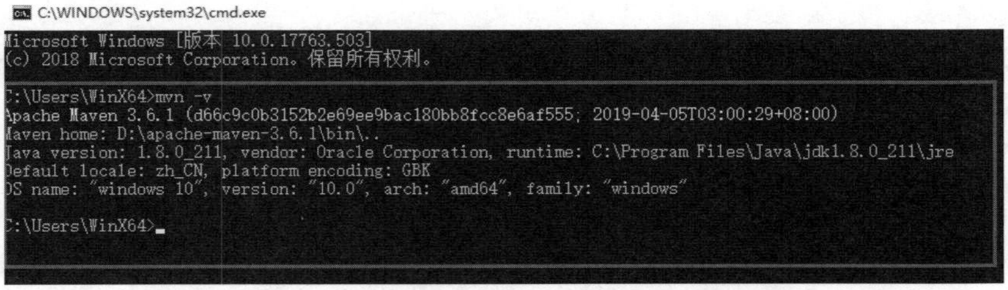

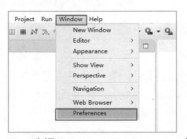

图 1-24　验证 Maven 环境配置是否成功

1.3.3　Eclipse 添加 Maven

Eclipse 添加 Maven 可以大幅度地提高工作效率，尤其是提高各种框架 jar 包的管理效率。例如，下载了 A.jar，A.jar 可能依赖十几个 jar，则要将这十几个 jar 都导入项目的 ClassPath 中。如果使用 Maven 的依赖管理，只需要在 pom.xml 中声明对 A.jar 的依赖就可以了，其他 A.jar 的子依赖会自动导入。目前，很多公司都使用 Maven 对项目进行管理。

下面以 Windows 10 操作系统为例，介绍在 Eclipse 中配置 Maven 的方法和步骤。

步骤 1：在 Eclipse 界面中选择 Window→Preferences 命令，如图 1-25 所示，打开 Preferences 对话框。

图 1-25　选择 Window→Preferences 命令

步骤 2：在 Preferences 对话框中选择 Maven→User Settings 命令，打开 User Settings 窗口，单击 Global Settings 文本框右侧的 Browse 按钮，如图 1-26 所示。

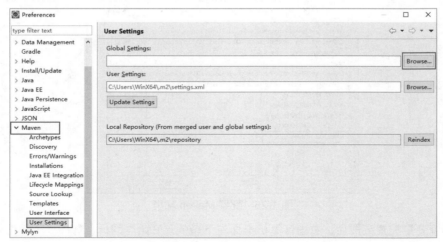

图 1-26　单击 Browse 按钮

步骤 3：在"打开"对话框中选择 Maven 的全局配置文件 settings.xml，如图 1-27 所示。

图 1-27　选择 settings.xml 文件

提示：Eclipse 会自动使用 settings.xml 文件中包含镜像库的 URL 地址信息，找到 Maven 镜像库的位置。

步骤 4：单击 User Settings 窗口中的 Update Settings 按钮，更新配置信息，单击 Apply and Close 按钮关闭窗口，如图 1-28 所示。

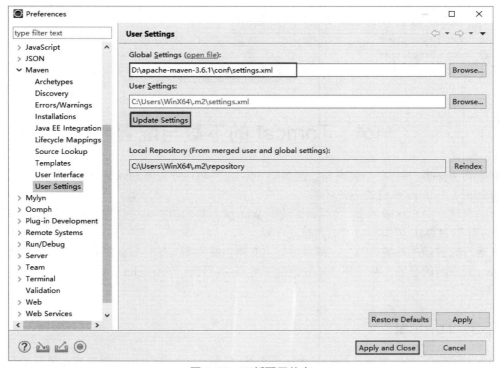

图 1-28　更新配置信息

步骤 5：在 Eclipse 界面中选择 Window→Show View→Other 命令，如图 1-29 所示。在 Show View 对话

框的搜索栏中输入 Maven Repositories 进行搜索，找到该文件的后双击，如图 1-30 所示。

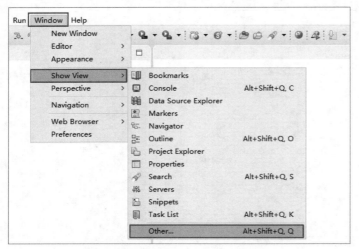

图 1-29　选择 Other 命令

图 1-30　找到 Maven Repositories 文件

步骤 6：开启 Maven Repositories 视图，检查是否已经配置了镜像库，如图 1-31 所示。

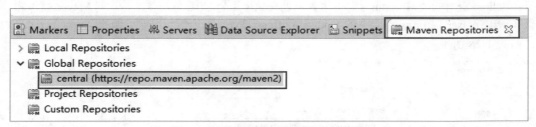

图 1-31　检查是否已经配置了镜像库

1.4　Tomcat 的下载与配置

　　Tomcat 是由 Apache 推出的一款免费、开源的 Servlet 容器，可实现 Java Web 程序的装载，是配置 JSP（Java Server Page）和 Java 系统的必备环境。

　　Tomcat 不仅是一个 Servlet 容器，也具有传统的 Web 服务器的功能——处理 HTML 页面。但是与 Apache 相比，在处理静态 HTML 页面方面的能力略逊一筹。

　　Tomcat 运行时占用的系统资源少、扩展性好，支持负载平衡与邮件服务等开发应用系统常用的功能，因而深受 Java 爱好者的喜爱，并得到了部分软件开发商的认可。和 Apache 一样，Tomcat 已成为主流 Web 服务器的一种。

1.4.1　下载 Tomcat

　　开发 Spring 项目前，首先需要下载一个 Web 服务器，目前比较常用的 Web 服务器主要有 Tomcat、Nginx、WebLogic、Lighttpd 等，本书将采用 Tomcat 9.0。下载 Tomcat 的具体操作步骤如下。

　　步骤 1：打开浏览器，在浏览器地址栏输入网址"https://tomcat.apache.org/download-90.cgi"，访问

Apache 的官网进行下载。本书采用 64-bit Windows.zip 版本，如图 1-32 所示。

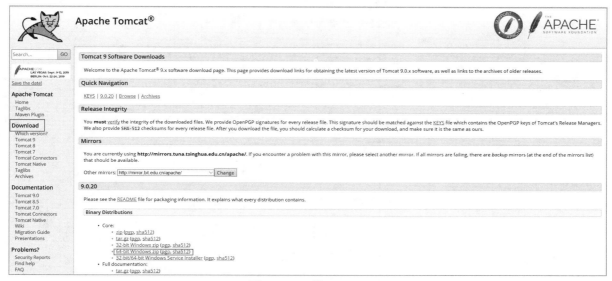

图 1-32　下载 Tomcat

步骤 2：下载完成后，将压缩文件解压缩到固定文件夹下，如图 1-33 所示。

图 1-33　将 Tomcat 安装文件解压缩

1.4.2　配置 Tomcat

Tomcat 安装文件下载完成之后，进行 Tomcat 环境配置，具体的操作步骤如下。

步骤 1：在计算机桌面的"计算机"图标上右击，在弹出的快捷菜单中选择"属性"命令，单击"属性"对话框左侧的"高级系统设置"超链接，打开"系统属性"对话框，单击"环境变量"按钮，如图 1-34 所示。

步骤 2：在弹出的"环境变量"和"系统变量"对话框中，单击"系统变量"（系统变量可以应用到本机上的所有用户，作用域大）下面的"新建"按钮，如图 1-35 所示。

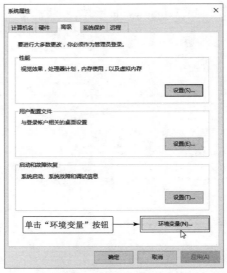

图 1-34 "系统属性"对话框

图 1-35 单击"新建"按钮

步骤 3：在"新建系统变量"对话框中新建系统变量 CATALINA_HOME，设置变量存放的路径。单击"确定"按钮，完成新建系统变量的操作，如图 1-36 所示。

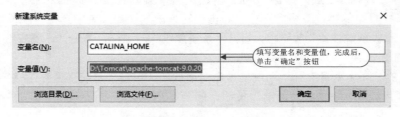

图 1-36 新建变量名 CATALINA_HOME

步骤 4：CATALINA_HOME 变量设置完成后，在"系统变量"对话框中选择变量名 Path 并双击，选择编辑后，选择"新建"，在已有的变量列表中添加变量值"%CATALINA_HOME%\lib"和"%CATALINA_HOME%\bin"，如图 1-37 所示。

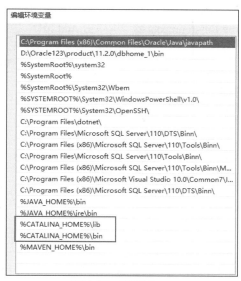

图 1-37 配置 Path

步骤 5：Tomcat 环境配置完成后，验证环境是否配置成功。按 Win+R 组合键，输入 cmd 命令打开"命令提示符"窗口，输入 startup 命令并执行，如图 1-38 所示。

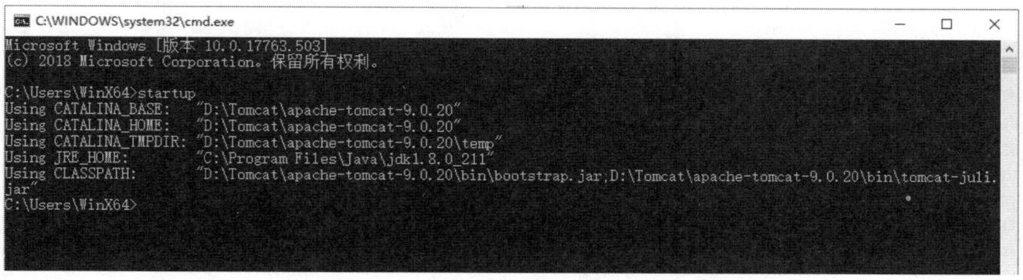

图 1-38 输入 startup 命令并执行

步骤 6：在浏览器地址栏中输入网址"http://localhost:8080"，出现图 1-39 所示界面则表示 Tomcat 环境配置成功。

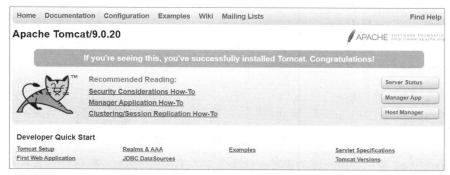

图 1-39 Tomcat 环境配置成功

1.4.3　Eclipse 集成 Tomcat

Tomcat 环境配置完成后，运行 Spring 程序，需要在 Eclipse 中添加 Tomcat，具体的操作步骤如下。

步骤 1：启动 Eclipse 后，选择 Window→Preferences 命令，在 Preferences 对话框中选择 Server→Runtime Environments 命令，在 Server Runtime Environments 窗口中单击 Add 按钮，如图 1-40 所示。

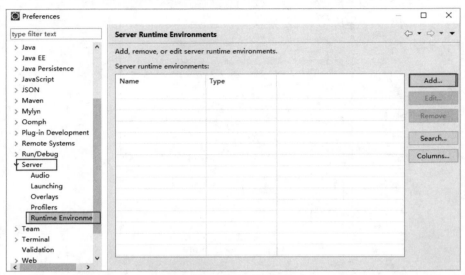

图 1-40　单击 Add 按钮

步骤 2：添加使用的 Tomcat 版本，单击 Apply and Close 按钮，如图 1-41 所示。

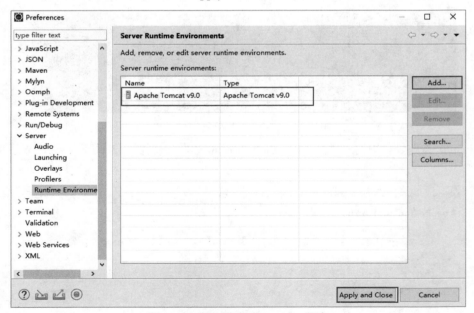

图 1-41　添加使用的 Tomcat 版本

步骤 3：在 Overview 窗口中进行相关设置，选择使用的 Tomcat 版本，选择 Use Tomcat installation 单选按钮，以后每次运行都可以直接运行 Tomcat，如图 1-42 所示。

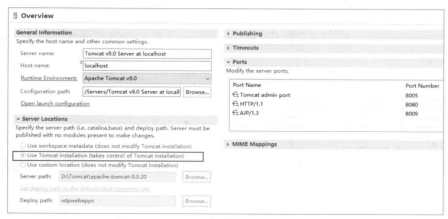

图 1-42　Eclipse 集成配置 Tomcat 的页面

1.5　MySQL 的下载与安装

MySQL 是一个在项目中运用比较广泛的关系数据库管理系统，MySQL 所使用的 SQL 语言是最常用的数据库访问标准化语言。MySQL 软件采用了双授权政策，分为社区版和商业版，由于其具有体积小、速度快、总体拥有成本低，尤其是开放源代码这一特点，一般中小型网站都选择 MySQL 作为网站数据库。

要想启动 Spring 程序就需要下载并安装 MySQL 数据库，具体的操作步骤如下。

步骤 1：打开浏览器，在地址栏中输入官网网址"https://www.mysql.com/"，单击 DOWNLOADS 超链接，待页面刷新之后再单击 Community，最后单击 MySQL Community Server，如图 1-43 所示。MySQL 的版本比较多，一般选择社区版，因为这是真正意义上的开源、免费的版本。

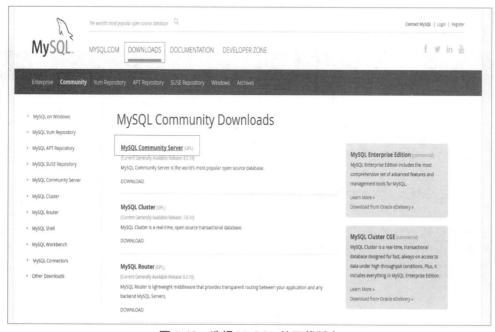

图 1-43　选择 MySQL 的下载版本

步骤 2：进入 MySQL 的下载页面，如果我们需要特定版本的 MySQL，可以选择相关存档，主要包括四个：MySQL Community Server 5.7、MySQL Community Server 5.6、MySQL Community Server 5.5、Archived versions（更多版本）。

这里选择 Archived versions 进行示范，如图 1-44 所示。

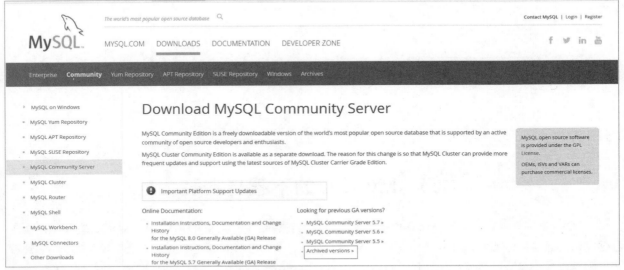

图 1-44　选择 Archived versions

步骤 3：单击 Archived versions 之后，在打开的页面中选择 MySQL Community Server，在 Product Version 下拉列表框中选择一个合适的版本，本书选择 mysql-8.0.15-winx64.zip，如图 1-45 所示。

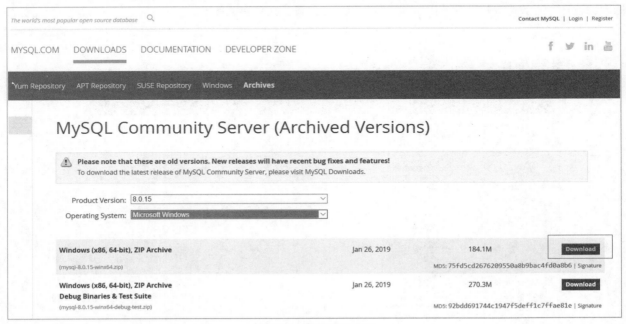

图 1-45　选择产品版本

步骤 4：下载完成后，即可按照提示进行安装，如图 1-46 所示。

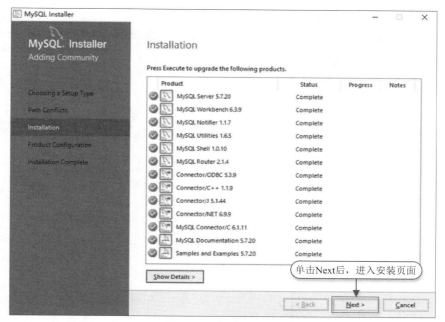

图 1-46　安装 MySQL

1.6　就业面试技巧与解析

学完本章内容，读者对 Spring 有了基本了解。下面对面试过程中可能出现的相关问题进行解析，更好地帮助读者学习。

1.6.1　面试技巧与解析（一）

面试官：Spring 的优点是什么？
应聘者：
（1）Spring 属于低侵入式设计，代码的污染极低。
（2）Spring 的 DI 机制将对象之间的依赖关系交由框架处理，减少组件的耦合性。
（3）Spring 提供了 AOP 技术，支持将一些通用任务，如安全、事务、日志、权限等进行集中式管理，从而进行更好的复用。
（4）Spring 对于主流的应用框架提供了集成支持。

1.6.2　面试技巧与解析（二）

面试官：Spring 是什么？
应聘者：Spring 是一个轻量级的 IoC 和 AOP 容器框架，是为 Java 应用程序提供基础性服务的框架，目的是简化企业应用程序的开发，它使开发者只需要关心业务需求。常见的配置方式有三种：基于 XML 的配置、基于注解的配置、基于 Java 的配置。

Spring 主要由以下几个模块组成。

（1）Spring Core：核心类库，提供 IoC 服务。
（2）Spring Context：提供框架式的 Bean 访问方式，以及企业级功能（JNDI、定时任务等）。
（3）Spring AOP：提供 AOP 服务。
（4）Spring DAO：对 JDBC 的抽象，简化了数据访问异常的处理。
（5）Spring ORM：提供对现有 ORM 框架的支持。
（6）Spring Web：提供基本的面向 Web 的综合特性，例如多方文件上传。
（7）Spring MVC：提供面向 Web 应用的 Model-View-Controller 实现。

第 2 章 初识 Spring

学习指引

Spring 是目前 Java EE 框架中一个重要的开源框架，它是一个轻量级、非侵入式的开发框架，受到了广大程序员的青睐。Spring 框架替代了 EJB 重量级开发，从而大大简化了企业级应用程序开发。本章主要介绍 Spring 的起源、特点、框架结构，以及 Spring 在项目中的作用。

重点导读

- Spring 的起源。
- Spring 的特点。
- Spring 的框架结构。
- Spring 在项目中的作用。
- 使用 Eclipse 开发 Spring 入门程序。

2.1 Spring 基本介绍

在没有程序框架的时期，各程序框架一般由程序人员自己来写，由于这种情况不利于程序的维护和后期的调整，而且效率偏低。后来，框架慢慢出现，大大提高了项目开发的效率以及维护的方便性，接下来就深入学习 Spring MVC 框架。

2.1.1 Spring 是什么

Spring 是一个 Java 企业级应用的开源开发框架，主要用来开发 Java 应用，但是有些扩展是针对 J2EE 平台的 Web 应用。Spring 框架的目标是简化 Java 企业级应用开发，并通过以 POJO 为基础的编程模型帮助程序员培养良好的编程习惯。

2.1.2 Spring 的起源

Rod Johnson 在 2002 年出版的 *Expert one on one J2EE design and development* 一书中，对 Java EE 框架臃肿、低效、脱离现实的种种现状提出了质疑，并积极探索革新 Spring 之道。Rod Johnson 以此书为指导思想编写了

interface21 框架，这是一个力图冲破 J2EE 传统开发困境，从实际需求出发，着眼于轻便、灵巧，易于开发、测试和部署的轻量级开发框架。Spring 框架即以 interface21 框架为基础，经过重新设计，并不断丰富其内涵，于 2004 年 3 月 24 日发布了 1.0 正式版。同年，他又出版了一部堪称经典的力作 Expert one-on-one J2EE Development without EJB，该书在 Java 世界掀起了轩然大波，改变了 Java 开发人员程序设计和开发的思考方式。在该书中，作者根据自己多年丰富的实践经验，对 EJB 的各种笨重、臃肿的结构进行了逐一的分析和否定，并分别以简洁、实用的方式代替。至此，Rod Johnson 成为一个改变 Java 世界的大师级人物。

2.1.3　Spring 的特点

在 Java 程序开发过程中，使用框架可以大大地提高开发的效率，其中 Spring 框架运用较为广泛，其优点主要有以下几点。

（1）降低耦合度，简化开发过程，实现软件各层之间的解耦。

通过 Spring 提供的 IoC 容器，可以将对象之间的依赖关系交由 Spring 进行控制，避免硬编码所造成的过度程序耦合。有了 Spring，程序开发人员不必再为单实例模式类、属性文件解析等这些很底层的需求编写代码，可以更专注于上层的应用。

（2）容器提供了多种服务，如事务管理服务。

Spring 可以把程序开发人员从单调、烦闷的事务管理代码中解脱出来，通过声明的方式灵活地进行事务管理，提高开发效率和质量。

（3）容器会提供对单例模式的支持，开发人员不需要自己编写代码。

（4）运用 Spring 框架可以更好地进行项目测试。

可以用非容器依赖的编程方式进行几乎所有的测试工作，在 Spring 里，测试不再是昂贵的操作，而是随手可做的事情。例如，Spring 对 Junit4 支持可以通过注解方便地测试 Spring 程序。

（5）Spring 对主流框架提供了集成支持。

Spring 不排斥各种优秀的开源框架，相反 Spring 可以降低各种框架的使用难度，Spring 提供了对各种优秀框架（如 Struts、Mybaties、Hibernate、Hessian、Quartz、JPA）等的直接支持。

（6）AOP 编程的支持。

通过 Spring 提供的 AOP 功能，可以方便地进行面向切面的编程，许多用传统 OOP 不容易实现的功能可以通过 AOP 轻松实现。

2.1.4　Spring 的框架结构

（1）Spring Core：Spring 的核心功能，使用 IoC 容器解决对象创建及依赖关系问题，包含并管理应用对象的配置和生命周期。

（2）Spring DAO：Spring 对 JDBC 的支持，可使用 JDBCTemplate 来简化数据操作。

（3）Spring ORM：Spring 对 ORM 的支持，提供了对主流对象映射关系框架的支持，以及与多个第三方持久层框架的良好整合。

（4）Spring AOP：切面编程，减少了非业务代码的重复性，降低了模块之间的耦合，如事务管理、日志、权限验证。

（5）Spring Web：Spring 对 Web 模块的支持。

（6）Spring JEE：Spring 对 Java EE 其他模块的支持，如 EJB、JMS 等。

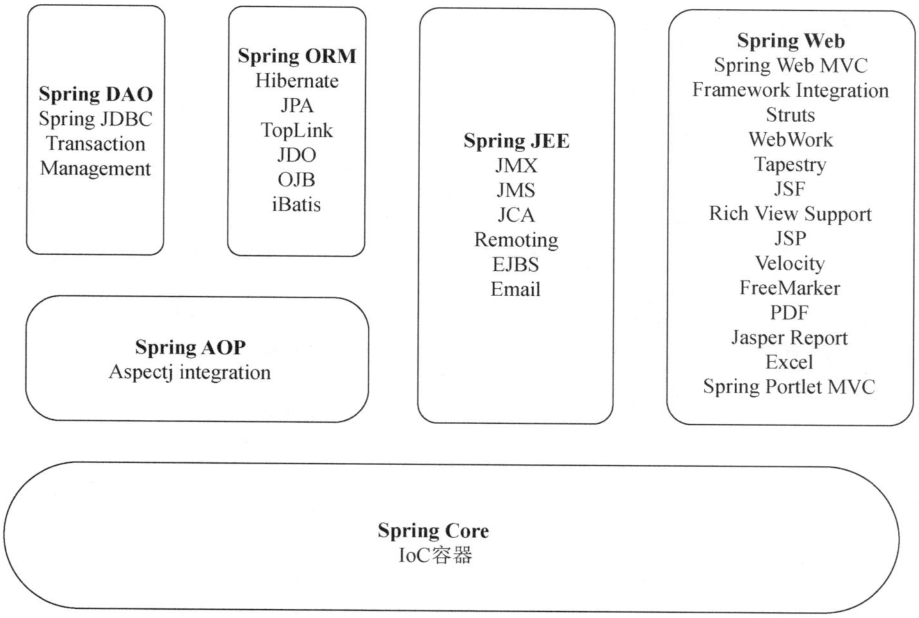

```
┌─────────────┐  ┌─────────────┐                    ┌──────────────────────┐
│ Spring DAO  │  │ Spring ORM  │                    │     Spring Web       │
│ Spring JDBC │  │ Hibernate   │                    │   Spring Web MVC     │
│ Transaction │  │ JPA         │  ┌─────────────┐   │ Framework Integration│
│ Management  │  │ TopLink     │  │ Spring JEE  │   │      Struts          │
│             │  │ JDO         │  │ JMX         │   │      WebWork         │
│             │  │ OJB         │  │ JMS         │   │      Tapestry        │
│             │  │ iBatis      │  │ JCA         │   │        JSF           │
└─────────────┘  └─────────────┘  │ Remoting    │   │  Rich View Support   │
                                  │ EJBS        │   │        JSP           │
┌──────────────────────────────┐  │ Email       │   │      Velocity        │
│        Spring AOP            │  └─────────────┘   │     FreeMarker       │
│     Aspectj integration      │                    │        PDF           │
└──────────────────────────────┘                    │    Jasper Report     │
                                                    │       Excel          │
                                                    │  Spring Portlet MVC  │
                                                    └──────────────────────┘

              ╭─────────────────────────────────────────────╮
              │              Spring Core                     │
              │              IoC 容器                        │
              ╰─────────────────────────────────────────────╯
```

图 2-1　Spring 的框架结构

2.1.5　Spring 在项目中的作用

　　Spring 是一个轻量级容器，轻量级是相对于重量级来说的。在 Spring 出现之前，企业级开发一般采用 EJB 重量级容器，因为它提供了事务管理、声明式事务支持、持久化、分布式计算等简化了的企业级应用开发。重量级容器是侵入式的。也就是说，要使用 EJB 提供的功能必须在代码中体现出来，例如继承一个接口、声明一个成员变量。轻量级容器是非侵入式的，Spring 开发系统中的类不需要依赖 Spring 的类，不需要容器支持，因为 Spring 本身就是一个容器。

　　在 SSM 框架中，Spring 承担了管理容器的任务。MyBatis 用来做持久层，Struts 用来做应用层。这时，使用 Spring 框架就起到了控制 Action 对象（Struts 中的）和 Service 类的作用，两者之间的关系就松散了，Spring 的 IoC 机制（控制反转和依赖注入）正是用在此处。

　　在 Spring 中进行事务处理时，可以不再由程序开发人员通过手写管理，而是以特定方式将异常的事务回滚、数据提交等复杂操作交给 Spring 容器进行管理。Spring 容器实现事务管理，从而大大减少了程序开发人员的代码编写量。

　　Spring 容器不仅可以控制自己本身的事务，还可以通过 applicationContext.xml 配置文件控制 MyBatis 中的事务。

2.2　使用 Eclipse 开发 Spring 入门程序

　　本节将通过一个简单的入门程序向读者演示 Spring 框架的使用过程，使读者深入了解 Spring 的内容，具体过程如下。

2.2.1 新建 Maven 项目

将 Eclipse、Tomcat、Maven 等环境配置成功之后，新建 Maven 项目的具体操作步骤如下。

步骤 1：启动 Eclipse 后，选择 File→New→Maven Project 命令，如图 2-2 所示。

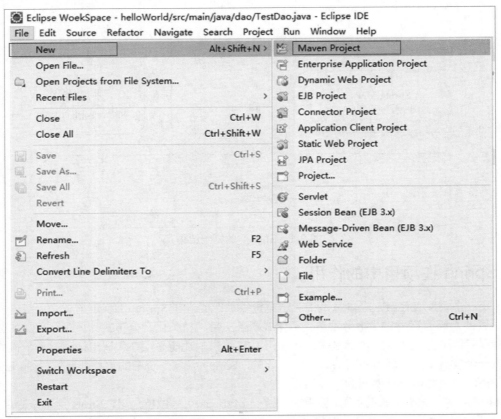

图 2-2　新建 Maven 项目

步骤 2：在弹出的 New Maven Project 对话框中勾选 Create a simple project，单击 Next 按钮，如图 2-3 所示。

步骤 3：在对话框中填写 Group Id 和 Artifact Id 信息，如图 2-4 所示。

提示：Group Id 定义了项目属于哪个组，举个例子，如果公司 mycom 有一个项目 myapp，那么 Group Id 就应该是 com.mycom.myapp。Artifact Id 定义了当前 Maven 项目在组中唯一的 ID，如 myapp-util、myapp-domain、myapp-web 等。Version 指定了 myapp 项目的当前版本。Name 声明了一个对用户更友好的项目名称，不是必须的，推荐为每个项目声明 name，以方便信息交流。

步骤 4：项目信息填写完成，单击 Finish 按钮。选择新建的项目 helloWorld，右击，在弹出的快捷菜单中选择 Properties 命令，如图 2-5 所示。

步骤 5：在 Properties for helloWorld 对话框中选择 Resource，在 Resource 窗口中选择 Other，在下拉列表框中选择 UTF-8，如图 2-6 所示。

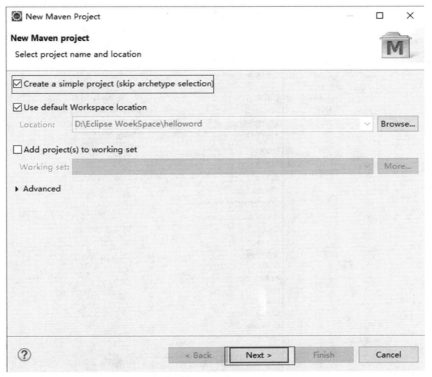

图 2-3 勾选 Create a simple project

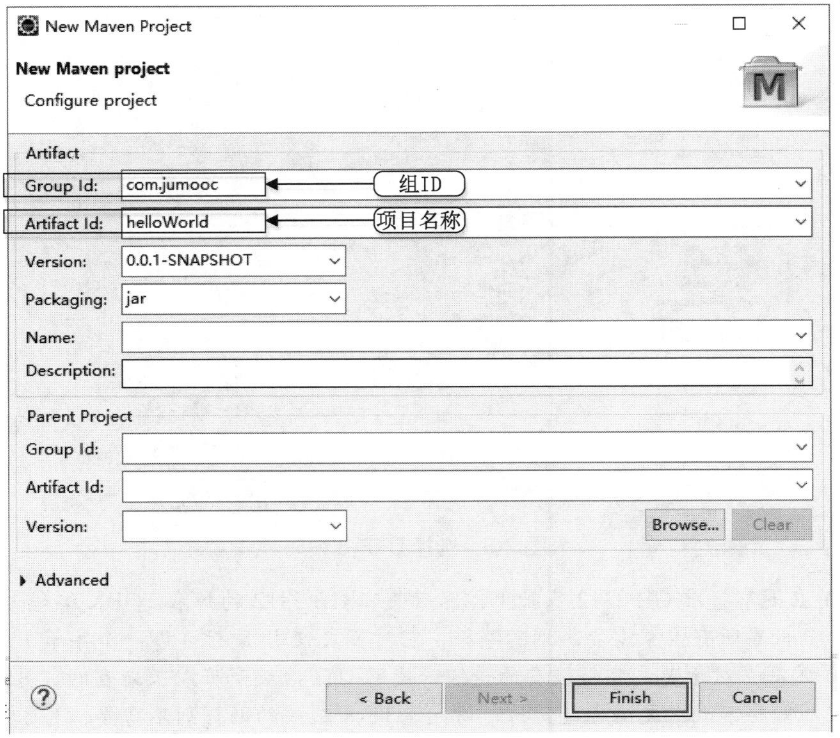

图 2-4 填写项目信息

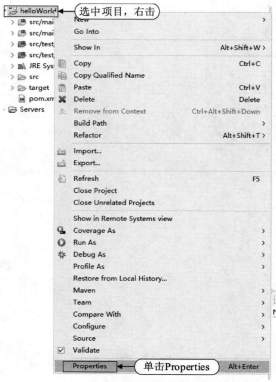

图 2-5　选择 Properties 命令

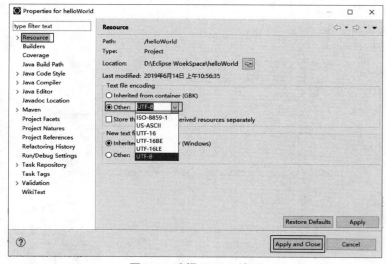

图 2-6　选择 UTF-8 编码

提示：GBK 是在国家标准 GB 2312 基础上扩容后兼容 GB 2312 的标准，GBK 编码是用双字节表示的。UTF－8 编码包含全世界所有国家需要用到的字符，它对英文使用 8 位（即一个字节）编码，对中文使用 24 位（三个字节）编码。对于英文字符较多的论坛，使用 UTF-8 编码可以节省空间。另外，如果外国人访问 GBK 编码的网页需要下载中文语言包支持，访问 UTF-8 编码的网页则不需要。为了避免出现乱码，程序开发时一般用 UTF-8 编码。

步骤 6：在 Properties for helloWorld 对话框中选择 Maven→Project Facets，在 Project Facets 窗口中勾选 Dynamic Web Module，其目的是使 Java 项目可以转换为 Web 项目，如图 2-7 所示。

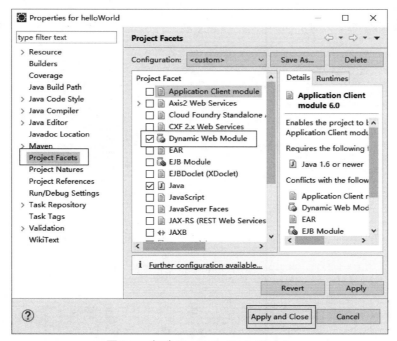

图 2-7　勾选 Dynamic Web Module

步骤 7：在 Properties for helloWorld 对话框中选择 Targeted Runtimes，在 Targeted Runtimes 窗口中勾选 Apache Tomcat v9.0，如图 2-8 所示。

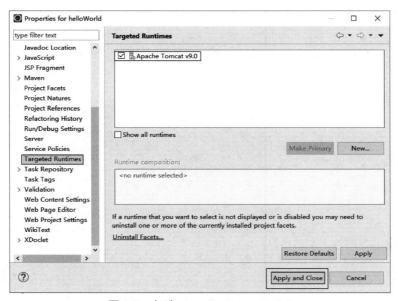

图 2-8　勾选 Apache Tomcat v9.0

2.2.2 搭建 Spring 框架

Maven 项目建立完成，下面开始搭建 Spring 框架，具体的操作步骤如下。

步骤 1：添加 Spring 框架依赖的 jar 包，在 pom.xml 文件中设置依赖即可，如图 2-9 所示。

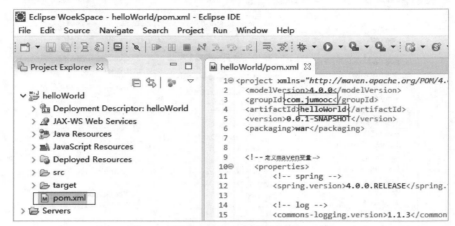

图 2-9　添加 Spring 框架依赖的 jar 包

代码如下：

```xml
<project xmlns="http://maven.apache.org/POM/4.0.0"
xmlns:xsi="http://www.w3.org/2001/XMLSchema- instance"
xsi:schemaLocation="http://maven.apache.org/POM/4.0.0
http://maven.apache.org/xsd/maven-4.0.0.xsd">
  <modelVersion>4.0.0</modelVersion>
  <groupId>com.jumooc</groupId>
  <artifactId>helloWorld</artifactId>
  <version>0.0.1-SNAPSHOT</version>
  <packaging>war</packaging>

  <!-- 定义maven变量 -->
  <properties>
     <!-- spring -->
     <spring.version>4.0.0.RELEASE</spring.version>

     <!-- servlet -->
     <servlet.version>3.0.1</servlet.version>
     <jsp-api.version>2.2</jsp-api.version>

     <!-- jstl -->
     <jstl.version>1.2</jstl.version>
     <standard.version>1.1.2</standard.version>

     <!-- test -->
     <junit.version>3.8.1</junit.version>

     <!-- log -->
     <commons-logging.version>1.1.3</commons-logging.version>
```

```xml
    <!-- jdk -->
    <jdk.version>1.7</jdk.version>
    <maven.compiler.plugin.version>2.3.2</maven.compiler.plugin.version>
</properties>

<dependencies>
    <dependency>
        <groupId>org.springframework</groupId>
        <artifactId>spring-core</artifactId>
        <version>${spring.version}</version>
    </dependency>
    <dependency>
        <groupId>org.springframework</groupId>
        <artifactId>spring-context</artifactId>
        <version>${spring.version}</version>
    </dependency>
    <dependency>
        <groupId>org.springframework</groupId>
        <artifactId>spring-jdbc</artifactId>
        <version>${spring.version}</version>
    </dependency>
    <dependency>
        <groupId>org.springframework</groupId>
        <artifactId>spring-beans</artifactId>
        <version>${spring.version}</version>
    </dependency>
    <dependency>
        <groupId>org.springframework</groupId>
        <artifactId>spring-expression</artifactId>
        <version>${spring.version}</version>
    </dependency>
    <dependency>
        <groupId>org.springframework</groupId>
        <artifactId>spring-webmvc</artifactId>
        <version>${spring.version}</version>
    </dependency>
    <dependency>
        <groupId>org.springframework</groupId>
        <artifactId>spring-web</artifactId>
        <version>${spring.version}</version>
    </dependency>
    <dependency>
        <groupId>org.springframework</groupId>
        <artifactId>spring-tx</artifactId>
        <version>${spring.version}</version>
    </dependency>

    <!-- Servlet -->
    <dependency>
```

```xml
        <groupId>javax.servlet.jsp</groupId>
        <artifactId>jsp-api</artifactId>
        <version>${jsp-api.version}</version>
        <scope>provided</scope>
    </dependency>
    <dependency>
        <groupId>javax.servlet</groupId>
        <artifactId>javax.servlet-api</artifactId>
        <version>${servlet.version}</version>
        <scope>provided</scope>
    </dependency>

    <!-- test -->
    <dependency>
        <groupId>junit</groupId>
        <artifactId>junit</artifactId>
        <version>${junit.version}</version>
        <scope>test</scope>
    </dependency>

    <!-- jstl -->
    <dependency>
        <groupId>javax.servlet</groupId>
        <artifactId>jstl</artifactId>
        <version>${jstl.version}</version>
    </dependency>
    <dependency>
        <groupId>taglibs</groupId>
        <artifactId>standard</artifactId>
        <version>${standard.version}</version>
    </dependency>
 </dependencies>

  <build>
    <plugins>
      <plugin>
        <groupId>org.apache.maven.plugins</groupId>
        <artifactId>maven-compiler-plugin</artifactId>
        <version>${maven.compiler.plugin.version}</version>
        <configuration>
          <source>${jdk.version}</source>
          <target>${jdk.version}</target>
        </configuration>
      </plugin>
    </plugins>
    <finalName>helloWorld</finalName>
  </build>
</project>
```

步骤 2：将 pom.xml 文件导入 jar 后，为 Spring 框架添加 web.xml 文件进行配置。在 src/main 文件夹中新建文件夹 webapp，在 webapp 文件夹中新建 WEB-INF 文件夹，并在 WEB-INF 文件夹中新建一个 XML 文件，文件名为 web.xml，在该文件中进行相关配置，如图 2-10 所示。

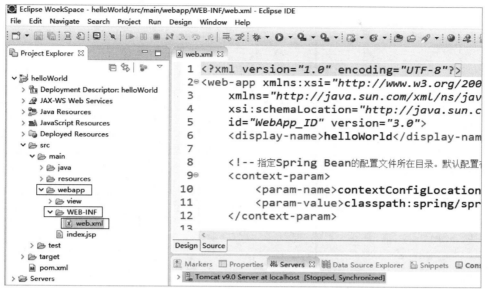

图 2-10 新建 web.xml 文件

代码如下：

```xml
<?xml version="1.0" encoding="UTF-8"?>
<web-app xmlns:xsi="http://www.w3.org/2001/XMLSchema-instance"
xmlns=http://java.sun.com/xml/ ns/javaee
xsi:schemaLocation="http://java.sun.com/xml/ns/javaee
http://java.sun.com/xml/ns/javaee/ web-app_3_0.xsd"
id="WebApp_ID" version="3.0">
<display-name>helloWorld</display-name>

    <!-- Spring 配置 -->
    <listener>
        <listener-class>org.springframework.web.context.ContextLoaderListener</listener-class>
    </listener>

    <!-- 指定 Spring Bean 的配置文件所在目录，默认配置在 WEB-INF 目录下 -->
    <context-param>
        <param-name>contextConfigLocation</param-name>
        <param-value>classpath:spring/spring-context.xml</param-value>
    </context-param>

    <!-- Spring MVC 配置 -->
    <servlet>
      <servlet-name>spring</servlet-name>
      <servlet-class>org.springframework.web.servlet.DispatcherServlet</servlet-class>
      <!-- 可以自定义 servlet.xml 配置文件的位置和名称，默认为 WEB-INF 目录下 -->
      <init-param>
        <param-name>contextConfigLocation</param-name>
```

```xml
            <param-value>classpath:spring/spring-mvc.xml</param-value>
        </init-param>
        <load-on-startup>1</load-on-startup>
    </servlet>

    <servlet-mapping>
        <servlet-name>spring</servlet-name>
        <url-pattern>/</url-pattern>
    </servlet-mapping>

    <!-- 中文过滤器 -->
    <filter>
        <filter-name>CharacterEncodingFilter</filter-name>
        <filter-class>org.springframework.web.filter.CharacterEncodingFilter</filter-class>
        <init-param>
            <param-name>encoding</param-name>
            <param-value>UTF-8</param-value>
        </init-param>
        <init-param>
            <param-name>forceEncoding</param-name>
            <param-value>true</param-value>
        </init-param>
    </filter>
    <filter-mapping>
        <filter-name>CharacterEncodingFilter</filter-name>
        <url-pattern>/*</url-pattern>
    </filter-mapping>

    <welcome-file-list>
        <welcome-file>index.jsp</welcome-file>
    </welcome-file-list>
</web-app>
```

步骤3：web.xml 文件配置完成后，需要在 src/main/resources 中新建一个文件夹 spring，在 spring 文件夹中新建一个 XML 配置文件，文件名为 spring-context.xml，在该文件中进行相关配置，如图 2-11 所示。

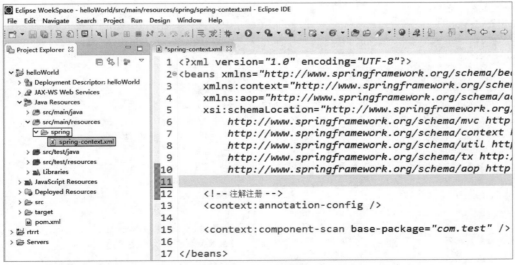

图 2-11 新建 spring-context.xml 文件

代码如下：

```xml
<?xml version="1.0" encoding="UTF-8"?>
<beans xmlns="http://www.springframework.org/schema/beans"
xmlns:xsi=http://www.w3.org/2001/ XMLSchema-instance
xmlns:mvc="http://www.springframework.org/schema/mvc"
xmlns:context="http://www.springframework.org/schema/context"
xmlns:tx="http://www.springframework.org/schema/tx"
xmlns:util=http://www.springframework.org/schema/util
xmlns:aop=http://www.springframework.org/schema/aop
xsi:schemaLocation="http://www.springframework.org/schema/beans
http://www.springframework.org/schema/beans/spring-beans-4.0.xsd
http://www.springframework.org/schema/mvc
http://www.springframework.org/schema/mvc/spring-mvc-4.0.xsd
http://www.springframework.org/schema/context
http://www.springframework.org/schema/context/spring-context-4.0.xsd
http://www.springframework.org/schema/util
http://www.springframework.org/schema/util/spring-util-4.0.xsd
http://www.springframework.org/schema/tx
http://www.springframework.org/schema/tx/spring-tx.xsd
http://www.springframework.org/schema/aop
http://www.springframework.org/schema/aop/spring-aop-4.0.xsd">
<!-- 注解注册 -->
<context:annotation-config />
<context:component-scan base-package="com.test" />
</beans>
```

步骤 4：spring-context.xml 文件配置完成后，在 src/main/resources/spring 中新建一个 XML 配置文件，文件名为 spring-mvc.xml，在该文件中进行相关配置，如图 2-12 所示。

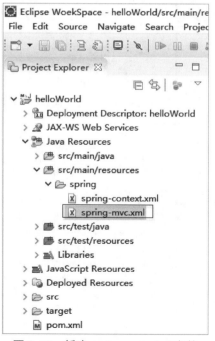

图 2-12 新建 spring-mvc.xml 文件

代码如下：

```xml
<?xml version="1.0" encoding="UTF-8" standalone="no"?>
<beans xmlns=http://www.springframework.org/schema/beans
xmlns:context=http://www.springframework.org/schema/context
xmlns:aop="http://www.springframework.org/schema/aop"
xmlns:mvc=http://www.springframework. org/schema/mvc
xmlns:p="http://www.springframework.org/schema/p"
xmlns:xsi=http://www.w3.org/2001/XMLSchema- instance
xsi:schemaLocation="http://www.springframework.org/schema/beans
http://www.springframework.org/schema/beans/spring- beans-4.0.xsd
http://www.springframework.org/schema/mvc
http://www.springframework.org/schema/mvc/spring- mvc-4.0.xsd
http://www.springframework.org/schema/context
http://www.springframework.org/schema/context/ spring-context-4.0.xsd
http://www.springframework.org/schema/util
http://www.springframework.org/schema/util/spring- util-4.0.xsd
http://www.springframework.org/schema/tx
http://www.springframework.org/schema/tx/spring- tx.xsd
http://www.springframework.org/schema/aop
http://www.springframework.org/schema/aop/spring- aop-4.0.xsd">
  <!-- 自动扫描的包名 -->
  <context:component-scan base-package="com.test.controller" />
  <!-- 默认的注解映射的支持 -->
  <mvc:annotation-driven>
    <mvc:message-converters>
      <bean class="org.springframework.http.converter.StringHttpMessageConverter" />
      <bean class="org.springframework.http.converter.ResourceHttpMessageConverter" />
    </mvc:message-converters>
  </mvc:annotation-driven>
  <!-- 视图解释类，定义跳转的文件的前后缀 -->
  <bean id="viewResolver"
class="org.springframework.web.servlet.view.InternalResourceViewResolver">
    <property name="viewClass" value="org.springframework.web.servlet.view.JstlView" />
    <property name="prefix" value="/view/"/>
    <property name="suffix" value=".jsp"/>
  </bean>
  <!-- 对静态资源文件的访问-->
  <mvc:default-servlet-handler />
</beans>
```

步骤 5：spring-mvc.xml 文件配置完成后，需要在 src/main/java 中新建一个包，包名为 com.test.controller，右击 com.test.controller 选择 new→class 命令新建类，类名为 TestController，如图 2-13 所示。

图 2-13　新建类 TestController

代码如下:

```
package com.test.controller;
import javax.servlet.http.HttpServletRequest;
import org.springframework.stereotype.Controller;
import org.springframework.web.bind.annotation.RequestMapping;
import org.springframework.web.bind.annotation.ResponseBody;
import org.springframework.web.servlet.ModelAndView;
@Controller
@RequestMapping("/testController")
public class TestController {
   @RequestMapping(value="/getView")
   @ResponseBody
     public ModelAndView getTest(HttpServletRequest request){
        ModelAndView modelAndView = new ModelAndView("test-jsp");
        return modelAndView;
   }
}
```

步骤 6:在 src/main/webapp 下新建文件夹 view,在 view 文件夹下新建 test-jsp.jsp 文件,如图 2-14 所示。

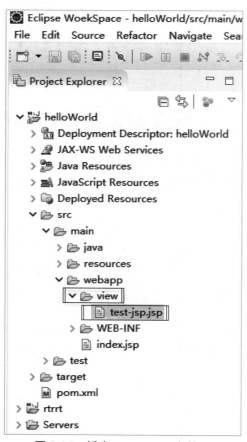

图 2-14　新建 test-jsp.jsp 文件

代码如下:

```
<%@ page language="java" contentType="text/html; charset=ISO-8859-1"
pageEncoding= "ISO- 8859-1"%>
<!DOCTYPE html>
<html>
<head>
<meta charset="ISO-8859-1">
<title>Insert title here</title>
</head>
<body>
   Hello World!!!
</body>
</html>
```

步骤7：Spring 框架搭建完成，右击运行按钮，未提示错误信息，在浏览器地址栏中输入 localhost:8080/helloWorld/查看运行结果，如图 2-15 所示。

图 2-15　运行结果

提示：运行项目时，注意使用 Tomcat 运行，如果不确定是否在配置 Tomcat 时选择使用 Tomcat 运行项目，则选择 Eclipse 下面的绿色按钮运行。

2.3　就业面试技巧与解析

学完本章内容，读者对 Spring 有了基本了解，熟悉了 Spring 框架的搭建过程。下面对面试过程中可能出现的相关问题进行解析，更好地帮助读者学习。

2.3.1　面试技巧与解析（一）

面试官：Spring 框架的主要模块有哪些？
应聘者：
（1）Spring Core：Spring 的核心功能，使用 IoC 容器解决对象创建及依赖关系问题，包含并管理应用对象的配置和生命周期。
（2）Spring DAO：Spring 对 JDBC 的支持，可使用 JdbcTemplate 简化数据操作。
（3）Spring ORM：Spring 对 ORM 的支持，提供了对主流对象映射关系框架的支持，以及与多个第三方持久层框架的良好整合。
（4）Spring AOP：切面编程，减少了非业务代码的重复性，降低了模块之间的耦合，如事务管理、日志、权限验证。
（5）Spring Web：Spring 对 Web 模块的支持。
（6）Spring JEE：Spring 对 Java EE 其他模块的支持，如 EJB、JMS 等。

2.3.2 面试技巧与解析（二）

面试官：Spring 框架用到了哪些设计模式？

应聘者：

（1）单例模式：在 Spring 配置 Bean 时，一般默认为单例。

（2）工厂模式：BeanFactory 用来创建对象实例。

（3）代理模式：Spring AOP。

（4）前端控制器模式：Spring 提供了 DispatcherServlet 对请求进行处理。

（5）模板方式模式：减少代码重复性。

（6）适配器：Spring AOP。

（7）装饰器：Spring Data Hashmapper。

（8）观察者：Spring 时间驱动模型。

（9）回调：Spring ResourceLoaderAware 回调接口。

第 3 章

Spring IoC 容器

  学习指引

Spring 是一个轻量级的 Java 开发框架，其提供的两大基础功能分别为 IoC 和 AOP，其中 IoC（Inversion of Control）为控制反转容器。IoC 容器的基本理念就是"为别人服务"，服务内容是什么呢？最重要的就是业务对象的构建管理和业务对象之间的依赖绑定。本章主要讲解 Spring 框架的最核心的基础功能 IoC，包括 Spring IoC 的基本知识、依赖注入方式等。

  重点导读

- Spring IoC 是什么。
- Spring IoC 的初始化。
- Spring IoC 的作用。
- Spring IoC 容器的类型。
- Spring IoC 的依赖注入方式。

3.1　Spring IoC 简介

IoC 是随着近年来轻量级容器（Lightweight Container）的兴起而逐渐被很多人提起的一个名词，是一种通过描述来生成或者获取对象的技术。可以说，Spring 是一种基于 IoC 容器编程的框架。

3.1.1　Spring 容器是什么

从概念角度来讲，Spring 容器是 Spring 框架的核心，是用来管理对象的。容器创建对象，把它们连接在一起并进行配置，对它们从创建到销毁的整个生命周期进行管理。

从具体事物角度来讲，项目中哪些事务是 Spring 容器？例如，在 Java 项目中，使用实现了 org.springframework.context.ApplicationContext 接口的实现类；在 Web 项目中，使用 spring.xml-Spring 的配置文件。

从代码角度来讲，Spring 容器就是某个实现了 ApplicationContext 接口的类的实例。也就是说，从代码层面，Spring 容器其实就是 ApplicationContext（实例化对象）。

简而言之，容器就是 Java 程序，原先必须自行编写程序以管理对象关系，现在容器都能够自动进行管理，常用容器有 WebSphere、WebLogic、Resin、Tomcat。

3.1.2 Spring IoC 是什么

IoC 是一种设计思想。在 Java 程序开发中，IoC 意味着将设计好的对象交给容器控制，而不是由程序开发人员在对象内部直接控制。接下来就对 IoC 做详细解释。

1. IoC 控制

在传统 Java SE 程序设计中，需要程序开发人员直接在对象内部通过 New 命令创建对象，使程序主动创建依赖对象；而 IoC 有一个专门容器来创建这些对象，即由 IoC 容器来控制对象的创建。一般是 IoC 容器控制了对象，而且主要控制了外部资源的获取。IoC 容器所控制的不仅有对象，还有文件等。

2. IoC 反转

传统的应用程序是由程序开发人员在对象中主动控制从而直接获取依赖对象，也就是正转；而反转则是由容器来帮忙创建并注入依赖对象，对象只是被动地接受依赖对象，所以称为反转，即依赖对象的获取被反转。

传统程序设计如图 3-1 所示，需要在客户端类中主动去创建相关对象然后再结合。

有 IoC 容器后，不需要在客户端类中主动去创建这些对象了，如图 3-2 所示。

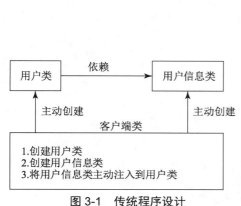

图 3-1　传统程序设计

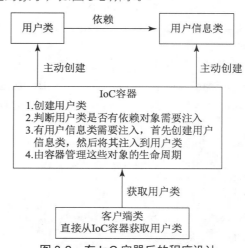

图 3-2　有 IoC 容器后的程序设计

3.1.3 Spring IoC 的作用

IoC 容器就是具有依赖注入功能的容器，IoC 容器负责实例化、定位、配置应用程序中的对象，以及建立这些对象间的依赖。应用程序无须直接在代码中创建相关的对象，应用程序由 IoC 容器进行组装。

IoC 是一种思想，一个重要的面向对象编程的法则，它能指导我们如何设计出松耦合、更优良的程序。传统应用程序都是由程序开发人员在类内部主动创建依赖对象，从而导致类与类之间高耦合，难以测试。有了 IoC 容器后，把创建和查找依赖对象的控制权交给了容器，由容器注入组合对象，所以对象与对象之间是松散耦合，这样方便测试并利于功能复用，更重要的是使程序的整个体系结构变得非常灵活。

其实 IoC 给编程带来的最大改变体现在思想上，即编程思想发生了"主从换位"的变化。程序原本要获取什么资源都是主动出击，但是有了 IoC 容器之后，应用程序就变成被动地等待 IoC 容器来创建并注入它所需要的资源。

3.2 Spring IoC 容器的类型

Spring IoC 容器提供两种基本的容器类型：BeanFactory 和 ApplicationContext。在 Spring 中，BeanFactory 是 IoC 容器的实际代表者。

3.2.1 BeanFactory

BeanFactory 是基础类型的 IoC 容器，提供基本的容器服务。如果没有特殊指定，BeanFactory 采用延迟初始化策略，也就是当客户端需要容器中某个对象时，才对该受管理的对象初始化并进行依赖注入操作。相对来说，BeanFactory 容器启动较快，所需资源有限。对于资源有限并且功能要求不严格的场景，使用 BeanFactory 容器是比较合适的。

BeanFactory 也可以说是 Spring 的"心脏"，Spring 使用 BeanFactory 来实例化、配置和管理 Bean。

Spring Bean 的创建是典型的工厂模式，这一系列的 Bean 工厂为程序开发人员管理对象间的依赖关系提供了很多便利和基础服务。BeanFactory 作为最顶层的一个接口类，定义了 IoC 容器的基本功能规范。BeanFactory 有三个子类：ListableBeanFactory、HierarchicalBeanFactory 和 AutowireCapable BeanFactory，最终的默认实现类是 DefaultListableBeanFactory，它实现了所有的接口。为什么要定义这么多层次的接口呢？查阅这些接口的源代码和说明可以发现，每个接口都有它使用的场合，以区分在对象的传递和转化过程中，对对象的数据访问所做的限制。例如，ListableBeanFactory 接口表示这些 Bean 是可列表的；HierarchicalBeanFactory 接口表示这些 Bean 是有继承关系的，即每个 Bean 有可能有父 Bean；AutowireCapableBeanFactory 接口定义 Bean 的自动装配规则。这四个接口共同定义了 Bean 的集合、Bean 之间的关系和 Bean 的行为。

最基本的 IoC 容器接口类 BeanFactory 的代码如下：

```
public interface BeanFactory {
//对 BeanFactory 的转义定义，因为如果使用 Bean 的名字检索 BeanFactory，得到的对象是工厂生成的对象
//如果需要得到工厂本身，需要转义
    String FACTORY_BEAN_PREFIX = "&";
//根据 Bean 的名字，获取 IoC 容器中的 Bean 实例
    Object getBean(String name) throws BeansException;
//根据 Bean 的名字和 Class 类型得到 Bean 实例，增加了类型安全验证机制
    Object getBean(String name, Class requiredType) throws BeansException;
//提供对 Bean 的检索，判断 IoC 容器中是否有这个名字的 Bean
    boolean containsBean(String name);
//根据 Bean 名字得到 Bean 实例，同时判断这个 Bean 是不是单例
    boolean isSingleton(String name) throws NoSuchBeanDefinitionException;
//得到 Bean 实例的 Class 类型
    Class getType(String name) throws NoSuchBeanDefinitionException;
//得到 Bean 的别名，如果根据别名检索，那么其原名也会被检索出来
    String[] getAliases(String name);
}
```

3.2.2 BeanFactory 容器的设计原理

在 BeanFactory 接口的基础上，Spring 提供了一系列容器的实现方式，供程序开发人员使用。我们以

XmlBeanFactory 的实现为例，简单说明 IoC 容器的设计原理。

XmlBeanFactory 继承自 DefaultListableBeanFactory 类，同时实现了其他诸如 XML 读取的附加功能。也就是说，XmlBeanFactory 是一个可以读取以 XML 文件方式定义的 BeanDefinition 的 IoC 容器。

XmlBeanDefinitionReader 代码如下：

```
public class XmlBeanFactory extends DefaultListableBeanFactory{
    private final XmlBeanDefinitionReader reader;
    public XmlBeanFactory(Resource resource)throws BeansException{
        this(resource,null);
    }
    public XmlBeanFactory(Resource resource, BeanFactory parentBeanFactory)
    throws BeansException{
        super(parentBeanFactory);
        this.reader = new XmlBeanDefinitionReader(this);
        this.reader.loadBeanDefinitions(resource);
    }
}
```

在 XmlBeanFactory 中，初始化了一个 XmlBeanDefinitionReader 对象，由它来完成 XML 形式的信息处理。构造 XmlBeanFactory 容器时，需要指定 BeanDefinition 的信息来源，将它封装成 Spring 中的 Resource 类，然后传递给 XmlBeanFactory 构造函数，IoC 容器就可以方便地定位到需要的 BeanDefinition 信息来对 Bean 完成容器的初始化和依赖注入过程。对 XmlBeanDefinitionReader 对象的初始化以及使用这个对象来完成 loadBeanDefinitions 调用的过程，就是这个调用启动从 Resource 中载入 BeanDefinitions 的过程。

3.2.3 ApplicationContext

如果说 BeanFactory 是 Spring 的"心脏"，那么 ApplicationContext 就是 Spring 的"躯体"。ApplicationContext 由 BeanFactory 派生而来，提供了更多面向实际应用的功能。ApplicationContext 是在 BeanFactory 基础上构建的，是一个比较高级的容器，除了拥有 BeanFactory 的全部功能外，也提供其他高级特性，如 MessageSource（国际化资源接口）、ResourceLoader（资源加载接口）、ApplicationEventPublisher（应用事件发布接口）等。ApplicationContext 所管理的对象默认在 ApplicationContext 启动之后全部初始化并绑定完成，所以其启动较慢，占用资源较多。在系统资源充足并需要提供较多功能的使用场景，ApplicationContext 是一个不错的选择。

BeanFactory 接口提供了配置框架及基本功能，但是无法支持 Spring 的 AOP 功能和 Web 应用。ApplicationContext 接口作为 BeanFactory 的派生，提供 BeanFactory 所有的功能，而且还在功能上做了扩展。与 BeanFactory 相比，ApplicationContext 还提供了以下功能。

（1）MessageSource，访问国际化信息的接口。
（2）资源访问，如 URL 和文件。
（3）事件传播特性，即支持 AOP 特性。
（4）载入多个有继承关系的上下文，使每一个上下文都专注于一个特定的层次，比如应用的 Web 层。

3.2.4 ApplicationContext 容器的设计原理

通常以常用的 FileSystemXmlApplicationContext 的实现为例，说明 ApplicationContext 容器的设计原理，代码如下：

```
public FileSystemXmlApplicationContext(String[] configLocations, boolean refresh,
Application Context parent)throws BeansException {
    super(parent);
    setConfigLocations(configLocations);
    if (refresh) {
        refresh();
    }
}
```

在 FileSystemXmlApplicationContext 的设计中，可以看到 ApplicationContext 应用上下文的主要功能已经在 FileSystemXmlApplicationContext 的基类 AbstractXmlApplicationContext 中实现了，FileSystemXmlApplicationContext 作为一个具体的应用上下文，只需要实现与它自身设计相关的两个功能：一是，如果应用直接使用 FileSystemXmlApplicationContext，对于实例化这个应用上下文的支持，同时启动 IoC 容器的 refresh()过程；二是，与 FileSystemXmlApplicationContext 设计相关的具体功能，这部分与怎样从文件系统中加载 XML 的 Bean 定义资源有关。

3.2.5 BeanFactory 和 ApplicationContext 的区别

BeanFactory 和 ApplicationContext 都是通过 XML 配置文件加载 Bean，与 BeanFactory 相比，ApplicationContext 提供了更多的扩展功能，但其主要区别在于 BeanFactory 是延迟加载。如果 Bean 的某一个属性没有注入，BeanFactory 加载后，直至第一次调用 getBean 方法才会抛出异常；而 ApplicationContext 则在初始化自身时进行检验，这样有利于检查所依赖属性是否注入。所以，通常情况下我们选择使用 ApplicationContext。

下面介绍两者的 XML 配置的不同之处。使用 BeanFactory 从 XML 配置文件加载 Bean，代码如下：

```
import org.springframework.beans.factory.xml.XmlBeanFactory;
import org.springframework.core.io.FileSystemResource;
public class XmlConfigWithBeanFactory {
    public static void main(String[] args) {
        XmlBeanFactory factory = new XmlBeanFactory(new FileSystemResource("build/beans.xml"));
    }
}
```

使用 ApplicationContext 从 XML 配置文件加载 Bean，代码如下：

```
public class XmlConfigWithApplication{
    public static void main(String[] args){
        ApplicationContext application = new ClassPathXmlApplicationContext("beans.xml");
        application.getBean("BeanName");
    }
}
```

（1）BeanFactroy 采用延迟加载形式注入 Bean，即只有在使用某个 Bean 时（调用 getBean()），才对该 Bean 进行加载实例化，这样就不能发现 Spring 的配置问题。而 ApplicationContext 则相反，它是在容器启动时一次性创建了所有的 Bean。这样，在容器启动时就可以发现 Spring 中存在的配置错误。相对于基本的 BeanFactory，ApplicationContext 唯一的不足是占用内存空间，当应用程序配置 Bean 较多时，程序启动较慢。

（2）BeanFactory 和 ApplicationContext 都支持 BeanPostProcessor、BeanFactoryPostProcessor 的使用，两者的区别是 BeanFactory 需要手动注册，而 ApplicationContext 则是自动注册。与 BeanFactory 相比，ApplicationContext 加入了一些更好用的功能。BeanFactory 的许多功能需要通过编程实现，而 ApplicationContext 可以通

过配置实现。比如后处理 Bean，ApplicationContext 直接配置在配置文件即可，而 BeanFactory 要在代码中写出来才可以被容器识别。

（3）BeanFactory 主要面对 Spring 框架的基础设施，而 ApplicationContext 主要面对使用 Spring 的开发者。基本上，开发者都会使用·ApplicationContext 而并非 BeanFactory。

3.3　Spring IoC 容器的初始化

IoC 容器的初始化过程是通过 refresh()方法启动的，refresh()方法的调用标志着 IoC 容器正式启动。IoC 容器的初始化包括 Resource 资源定位、BeanDefinition 载入和解析、BeanDefinition 注册三个基本过程。Spring 把这三个过程分开，并使用不同的模块来完成，从而方便自己定义 IoC 容器的初始化过程。

Resource 资源定位：具体指 BeanDefinition 的资源定位，这个过程就是容器找数据的过程，就像用水桶装水需要先找到水一样。

BeanDefinition 载入和解析：把用户定义好的 Bean 表示成 IoC 容器内部的数据结构，这个容器内部的数据结构就是 BeanDefition。

BeanDefinition 注册：BeanDefinition 注册是通过 BeanDefinitionRegistry 接口的实现来完成的。把载入过程中解析得到的 BeanDefinition 向 IoC 容器进行注册，在 IoC 容器内部将 BeanDefinition 注入一个 HashMap 中，IoC 容器就是通过这个 HashMap 来持有这些 Bean 数据的。

通过下面一段代码来了解 IoC 初始化的开端：

```
ClassPathResource resource = new ClassPathResource("bean.xml");
DefaultListableBeanFactory factory = new DefaultListableBeanFactory();
XmlBeanDefinitionReader reader = new XmlBeanDefinitionReader(factory);
reader.loadBeanDefinitions(resource);
```

"ClassPathResource resource=new ClassPathResource("bean.xml");" 表示根据 XML 配置文件创建 Resource 资源对象。ClassPathResource 是 Resource 接口的子类，bean.xml 文件中的内容是我们定义的 Bean 信息。

"DefaultListableBeanFactory factory=new DefaultListableBeanFactory();" 表示创建一个 BeanFactory。DefaultListableBeanFactory 是 BeanFactory 的一个子类，BeanFactory 作为一个接口，其实它本身是不能够独立使用的，而 DefaultListableBeanFactory 则是真正可以独立使用的 IoC 容器，它是整个 Spring IoC 的始祖。

"XmlBeanDefinitionReader reader=new XmlBeanDefinitionReader(factory);" 表示创建 XmlBeanDefinition Reader 读取器，用于载入 BeanDefinition。

"reader.loadBeanDefinitions(resource);" 表示开启 Bean 的载入和注册进程，完成后的 Bean 放置在 IoC 容器中。

1. Resource 资源定位

Resource 资源的定位需要 Resource 和 ResourceLoader 两个接口互相配合，代码 "NewClassPathResource("bean.xml")" 定义了资源，ResourceLoader 则使用 XmlBeanDefinitionReader 构造方法进行初始化，代码如下：

```
public XmlBeanDefinitionReader(BeanDefinitionRegistry registry) {
    super(registry);
}
```

直接调用父类 AbstractBeanDefinitionReader 的代码如下：

```java
protected AbstractBeanDefinitionReader(BeanDefinitionRegistry registry) {
    Assert.notNull(registry, "BeanDefinitionRegistry must not be null");
    this.registry = registry;
    if (this.registry instanceof ResourceLoader) {
        this.resourceLoader = (ResourceLoader) this.registry;
    }
    else {
        this.resourceLoader = new PathMatchingResourcePatternResolver();
    }
    if (this.registry instanceof EnvironmentCapable) {
        this.environment = ((EnvironmentCapable) this.registry).getEnvironment();
    }
    else {
        this.environment = new StandardEnvironment();
    }
}
```

核心在于是否设置 ResourceLoader，如果已设置 ResourceLoader 则用设置好的，否则使用 PathMatchingResourcePatternResolver，该类是一个集大成的 ResourceLoader。

2. BeanDefinition 载入和解析

reader.loadBeanDefinitions(resource)开启 BeanDefinition 的解析过程，代码如下：

```java
public int loadBeanDefinitions(Resource resource) throws BeanDefinitionStoreException {
    return loadBeanDefinitions(new EncodedResource(resource));
}
```

这个方法会将资源 Resource 包装成一个 EncodedResource 实例对象，然后调用 loadBeanDefinitions()方法，而将 Resource 封装成 EncodedResource 主要是为了对 Resource 进行编码，保证内容读取的正确性。代码如下：

```java
public int loadBeanDefinitions(EncodedResource encodedResource)
throws BeanDefinitionStoreException {
//此处写业务逻辑代码
try {
    //将资源文件转为 InputStream 的 IO 流
    InputStream inputStream = encodedResource.getResource().getInputStream();
try {
    //从 InputStream 中得到 XML 的解析源
    InputSource inputSource = new InputSource(inputStream);
    if (encodedResource.getEncoding() != null) {
    inputSource.setEncoding(encodedResource.getEncoding());
    }
    //具体的读取过程
    return doLoadBeanDefinitions(inputSource, encodedResource.getResource());
    }
finally {
    inputStream.close();
    }
    }
```

```
        //省略业务逻辑代码
    }
```

从 encodedResource 源中获取 XML 的解析源,调用 doLoadBeanDefinitions()执行具体的解析过程,代码如下:

```
protected int doLoadBeanDefinitions(InputSource inputSource, Resource resource)
    throws BeanDefinitionStoreException {
    try {
        Document doc = doLoadDocument(inputSource, resource);
        return registerBeanDefinitions(doc, resource);
    }
    // 省略 catch 代码
}
```

在该方法中主要做两件事:
(1) 根据 XML 解析源获取相应的 Document 对象;
(2) 调用 registerBeanDefinitions()开启 BeanDefinition 的解析注册过程。
调用 doLoadDocument()会将 Bean 定义的资源转换为 Document 对象,代码如下:

```
protected Document doLoadDocument(InputSource inputSource, Resource resource)
    throws Exception {
    return this.documentLoader.loadDocument(inputSource, getEntityResolver(), this.errorHandler,
        getValidationModeForResource(resource), isNamespaceAware());
}
```

loadDocument()方法接受以下 5 个参数。
(1) inputSource:加载 Document 的 Resource 源。
(2) entityResolver:解析文件的解析器。
(3) errorHandler:处理加载 Document 对象的过程的错误。
(4) validationMode:验证模式。
(5) namespaceAware:命名空间支持。如果要提供对 XML 名称空间的支持,则为 True。
loadDocument()在类 DefaultDocumentLoader 中提供了实现方法,代码如下:

```
public Document loadDocument(InputSource inputSource, EntityResolver entityResolver,
    ErrorHandler errorHandler, int validationMode, boolean namespaceAware) throws Exception {
    //创建文件解析工厂
    DocumentBuilderFactory factory = createDocumentBuilderFactory(validationMode, namespaceAware);
    if (logger.isDebugEnabled()) {
        logger.debug("Using JAXP provider [" + factory.getClass().getName() + "]");
    }
    //创建文档解析器
    DocumentBuilder builder = createDocumentBuilder(factory, entityResolver, errorHandler);
    //解析 Spring 的 Bean 定义资源
    return builder.parse(inputSource);
}
```

接下来将其解析为 Spring IoC 管理的 Bean 对象,并将其注册到容器中。这个过程通过方法 registerBeanDefinitions()实现,代码如下:

```
public int registerBeanDefinitions(Document doc, Resource resource)
    throws BeanDefinitionStoreException {
//创建 BeanDefinitionDocumentReader 来对 XML 格式的 BeanDefinition 进行解析
    BeanDefinitionDocumentReader documentReader = createBeanDefinitionDocumentReader();
```

```java
//获得容器中注册的Bean数量
  int countBefore = getRegistry().getBeanDefinitionCount();
//解析过程入口,这里使用了委派模式,BeanDefinitionDocumentReader只是个接口,
//具体的解析实现过程由实现类DefaultBeanDefinitionDocumentReader完成
  documentReader.registerBeanDefinitions(doc, createReaderContext(resource));
  return getRegistry().getBeanDefinitionCount() - countBefore;
}
```

首先创建 BeanDefinition 的解析器 BeanDefinitionDocumentReader,然后调用 documentReader.registerBeanDefinitions()开启解析过程。这里使用的是委派模式,具体的实现由子类 DefaultBeanDefinitionDocumentReader 完成,代码如下:

```java
public void registerBeanDefinitions(Document doc, XmlReaderContext readerContext) {
//获得XML描述符
  this.readerContext = readerContext;
  logger.debug("Loading bean definitions");
//获得Document的根元素
  Element root = doc.getDocumentElement();
//解析根元素
  doRegisterBeanDefinitions(root);
}
```

对 Document 对象的解析,从 Document 对象中获取根元素 Root,然后调用 doRegisterBeanDefinitions()开启真正的解析过程,代码如下:

```java
protected void doRegisterBeanDefinitions(Element root) {
BeanDefinitionParserDelegate parent = this.delegate;
  this.delegate = createDelegate(getReaderContext(), root, parent);
//省略部分业务代码
  preProcessXml(root);
  parseBeanDefinitions(root, this.delegate);
  postProcessXml(root);
  this.delegate = parent;
}
```

preProcessXml()、postProcessXml()为前置、后置增强处理,目前 Spring 中都是空实现,parseBeanDefinitions()是对根元素 Root 的解析注册过程,代码如下:

```java
protected void parseBeanDefinitions(Element root, BeanDefinitionParserDelegate delegate) {
    //Bean定义的Document对象使用了Spring默认的XML命名空间
    if (delegate.isDefaultNamespace(root)) {
    //获取Bean定义的Document对象根元素的所有子节点
        NodeList nl = root.getChildNodes();
    for (int i = 0; i < nl.getLength(); i++) {
        Node node = nl.item(i);
    //获得的Document节点是XML的元素节点
    if (node instanceof Element) {
        Element ele = (Element) node;
    //Bean定义的Document的元素节点使用的是Spring默认的XML命名空间
    if (delegate.isDefaultNamespace(ele)) {
    //使用Spring的Bean规则解析元素节点(默认解析规则)
        parseDefaultElement(ele, delegate);
    }
```

```
       else {
   //没有使用Spring默认的XML命名空间,则使用用户自定义的解析规则解析元素节点
          delegate.parseCustomElement(ele);
       }
      }
     }
    }
    else {
   //Document的根节点没有使用Spring默认的命名空间,则使用用户自定义的解析规则解析
        delegate.parseCustomElement(root);
    }
 }
```

迭代 Root 元素的所有子节点,对其进行判断,若节点为默认命名空间,则 ID 调用 parseDefaultElement() 开启默认标签的解析注册过程,否则调用 parseCustomElement()开启自定义标签的解析注册过程。

若定义的元素节点使用的是 Spring 默认命名空间,则调用 parseDefaultElement()进行默认标签解析,代码如下:

```
private void parseDefaultElement(Element ele, BeanDefinitionParserDelegate delegate) {
    //如果元素节点是<Import>导入元素,则进行导入解析
    if (delegate.nodeNameEquals(ele, IMPORT_ELEMENT)) {
    importBeanDefinitionResource(ele);
    }
    //如果元素节点是<Alias>别名元素,则进行别名解析
    else if (delegate.nodeNameEquals(ele, ALIAS_ELEMENT)) {
    processAliasRegistration(ele);
    }
    //如果元素节点是<Bean>元素,则进行 Bean 解析注册
    else if (delegate.nodeNameEquals(ele, BEAN_ELEMENT)) {
        processBeanDefinition(ele, delegate);
    }
    //如果元素节点是<Beans>元素,则进行 Beans 解析
      else if (delegate.nodeNameEquals(ele, NESTED_BEANS_ELEMENT)) {
         doRegisterBeanDefinitions(ele);
      }
}
```

对于默认标签,则由 parseCustomElement()负责解析,代码如下:

```
public BeanDefinition parseCustomElement(Element ele) {
    return parseCustomElement(ele, null);
}
public BeanDefinition parseCustomElement(Element ele, @Nullable BeanDefinition containingBd){
    String namespaceUri = getNamespaceURI(ele);
    if (namespaceUri == null) {
       return null;
    }
    NamespaceHandler handler = this.readerContext.getNamespaceHandlerResolver().resolve(namespaceUri);
    if (handler == null) {
       error("Unable to locate Spring NamespaceHandler for XML schema namespace
       [" + namespaceUri + "]", ele);
       return null;
```

```
        }
        return handler.parse(ele, new ParserContext(this.readerContext, this, containingBd));
}
```

获取节点的 namespaceUri，然后根据该 namespaceUri 获取相对应的 Handler，调用 Handler 的 parse() 方法即完成自定义标签的解析和注入。

3. BeanDefinition 注册

经过上面的解析，已将 Document 对象里面的 Bean 标签解析成了一个个 BeanDefinition，下一步则是将这些 BeanDefinition 注册到 IoC 容器中。动作的触发是在解析 Bean 标签完成后，代码如下：

```
protected void processBeanDefinition(Element ele, BeanDefinitionParserDelegate delegate) {
    BeanDefinitionHolder bdHolder = delegate.parseBeanDefinitionElement(ele);
    if (bdHolder != null) {
        bdHolder = delegate.decorateBeanDefinitionIfRequired(ele, bdHolder);
        try {
            BeanDefinitionReaderUtils.registerBeanDefinition(bdHolder, getReaderContext().getRegistry());
        }
        catch (BeanDefinitionStoreException ex) {
            getReaderContext().error("Failed to register bean definition with name '" +
            bdHolder.getBeanName() + "'", ele, ex);
        }
        getReaderContext().fireComponentRegistered(new BeanComponentDefinition(bdHolder));
    }
}
```

调用 BeanDefinitionReaderUtils.registerBeanDefinition()注册，其实也是调用 BeanDefinitionRegistry 的 registerBeanDefinition()来注册 BeanDefinition，不过最终是在 DefaultListableBeanFactory 中实现的，代码如下：

```
@Override
public void registerBeanDefinition(String beanName, BeanDefinition beanDefinition)
throws BeanDefinitionStoreException {
    //省略校验业务逻辑
    BeanDefinition oldBeanDefinition;
    oldBeanDefinition = this.beanDefinitionMap.get(beanName);
    //省略if逻辑
    this.beanDefinitionMap.put(beanName, beanDefinition);
    }
    else {
    if (hasBeanCreationStarted()) {
        synchronized (this.beanDefinitionMap) {
            this.beanDefinitionMap.put(beanName, beanDefinition);
            List<String> updatedDefinitions = new ArrayList<>(this.beanDefinitionNames.size() + 1);
            updatedDefinitions.addAll(this.beanDefinitionNames);
            updatedDefinitions.add(beanName);
            this.beanDefinitionNames = updatedDefinitions;
            if (this.manualSingletonNames.contains(beanName)) {
                Set<String> updatedSingletons = new LinkedHashSet<>(this.manualSingletonNames);
                updatedSingletons.remove(beanName);
                this.manualSingletonNames = updatedSingletons;
            }
```

```
        }
    }
    else {
        this.beanDefinitionMap.put(beanName, beanDefinition);
        this.beanDefinitionNames.add(beanName);
        this.manualSingletonNames.remove(beanName);
    }
    this.frozenBeanDefinitionNames = null;
}
if (oldBeanDefinition != null || containsSingleton(beanName)) {
    resetBeanDefinition(beanName);
}
}
```

这段代码最核心的部分是"this.beanDefinitionMap.put(beanName, beanDefinition)",所以注册过程是利用一个 Map 的集合对象来存放,Key 是 beanName,Value 是 BeanDefinition。

至此,整个 IoC 的初始化过程就完成了,包括 Bean 资源的定位,转换为 Document 对象并对其进行解析,以及注册到 IoC 容器中。现在,IoC 容器中已经建立了整个 Bean 的配置信息,这些 Bean 可以被检索、使用、维护,它们是控制反转的基础,是后面注入 Bean 的依赖。

3.4 Spring IoC 的依赖注入方式

Spring 通过依赖注入实现 IoC,常用的依赖注入方式有三种:Setter 方法依赖注入、构造方法依赖注入和注解依赖注入。

实际上,依赖注入(Dependency Injection,DI)和 IoC 是同一个概念,因为在 ApplicationContext.xml 配置文件中,Bean 和 Bean 之间通过 REF 来维护的时候是相互依赖的,所以叫作依赖注入,也就是反转控制。

简而言之,在通常情况下,一个类不能完成复杂的业务处理,会有多个类一起合作完成,就会出现在一个类中调用另外一个类的方法,此时需要给依赖的对象赋值,也就是在程序运行过程中动态地给组件(成员变量)赋值,这种方式就叫作依赖注入。

3.4.1 Setter 方法依赖注入

Setter 方法依赖注入在实际项目开发中有非常广泛的应用。Setter 方法依赖注入比较直观,把需要注入的类写成属性,给它设置一个 Set 方法即可,实现代码如下:

```
public class A {
    private B b;
    public void setB(B b){
        this.b == b;
    }
}
```

在配置文件中将类 B 注入类 A 中,代码如下:

```
<bean id="aa" class="com.study.A"></bean>
<bean id="bb" class="com.study.B">
    <property name="b" ref="bb"></property>
```

```
</bean>
<!--
1.作用实例化业务层的对象。
2.property 表示给成员变量赋值(属性赋值)。
3.name 表示属性名。
4.ref 表示已经创建好的对象的 ID。
-->
```

3.4.2 构造方法依赖注入

与 Setter 方法依赖注入类似,构造方法依赖注入时,首先把需要注入的类写成属性,然后使用构造方法进行依赖注入,实现代码如下:

```
public class B {
    private A a;
    public B(A a){
        this.a == a;
    }
}
```

在配置文件中进行配置,代码如下:

```
<bean id="aa" class="com.study.A"></bean>
<bean id="bb" class="com.study.B">
    <constructor-arg index="0" ref="aa"></constructor-arg>
</bean>
<!--
1.constructor-arg 表示使用构造方法给成员变量赋值。
2.index 表示构造方法参数的索引(从 0 开始)。
3.ref 表示已经创建好的对象 ID。
-->
```

3.4.3 注解依赖注入

常用的注解依赖注入方式有 Autowired、Required、Qualifier、Resource、Configuration 和 Bean 等。

1. Autowired

Autowired:自动按照类型注入。类型不唯一时,会将属性名作为 Bean 的 ID 在容器中查找。
代码如下:

```
public class A {
    private B b;
    @Autowired
    public void setB(B b){
        this.b == b;
    }
}
```

配置文件的代码如下:

```
<bean id="aa"
    class="com.study.A" autowire="byName">
```

```
</bean>
    <!--
    1.autowire 表示自动装配。
    2.byName 表示匹配属性名,完成依赖注入(A 中有个属性 b,byName 方式赋值就是去找 id="b"名字的实例化对象赋值)。
    -->
<bean id="aa"
    class="com.study.A" autowire="byType">
</bean>
<!--
1.byType 表示按属性的类型匹配,实现依赖注入。
2.如果有两个对象同属于一个类型,那么使用 byType 会出现异常。
-->
```

2. Required

Required:应用于 Bean 属性的 Setter 方法。如果要使用该注解依赖注入方式,那么该注解的属性必须在配置文件中设置,否则容器会抛出一个 BeanInitializationException 异常。

代码如下:

```
public class A {
    private B b;
    @Required
    public void setB(B b){
        this.b == b;
    }
}
```

3. Qualifier 和 Resource

Qualifier:在按照类型注入的基础上,再按照 Bean 的 ID 注入。Qualifier 在给类成员注入数据时,不能独立使用,但是在给方法的形参注入数据时可以独立使用。属性 Value 用于指定 Bean 的 ID。

这个 Qualifier 标识表明了哪个实现类才是我们所需要的。修改、调用代码时应添加@Qualifier 注解,需要注意的是@Qualifier 的参数名称必须为我们之前定义@Service 注解的名称之一。

代码如下:

```
public class A {
    @Autowired
    @Qualifier("b1")
    private B b;
    public void addC(){
        b.insertC();
    }
}
<!--
1.b1 表示属性名
-->
```

Resource:使用属性 Name 指定 Bean 的 ID,一般默认按照属性名依赖注入,如@Resource("属性名")。但如果属性名匹配不上,则使用类型依赖注入。

4. Configuration 和 Bean

Configuration:表示这个类可以使用 Spring IoC 容器作为 Bean 定义的来源。

Bean：返回一个对象，该对象被注册为 Spring 应用程序上下文中的 Bean。

提示：不需要配置 XML 文件，直接采用注解即可。

代码如下：

```java
@Configuration
public class C {
  @Bean
  public Aoo a(){
     System.out.println("创建 Aoo 的 Bean");
     return new A();
  }

  @Bean
  public Boo b(){
     System.out.println("创建 Boo 的 Bean");
     return new B(a());
  }
}
```

使用类的反射获取对象，代码如下：

```java
public class Test {
   public static void main(String[] args) {
      ApplicationContext ac = new AnnotationConfigApplicationContext(D.class);
      B b = (B) ac.getBean(B.class);
      b.bb();
   }
}
```

3.5 就业面试技巧与解析

学完本章内容，读者对 Spring IoC 容器有了基本了解，熟悉了 Spring IoC 容器的初始化、依赖注入方式，以及 IoC 容器的设计与实现。下面对面试过程中可能出现的相关问题进行解析，更好地帮助读者学习。

3.5.1 面试技巧与解析（一）

面试官：什么是 IoC？

应聘者：

（1）IoC 即控制反转，是面向对象编程的一种设计原则，可以用来减小计算机代码之间的耦合度。其中最常见的方式叫作依赖注入（Dependency Injection，DI），还有一种方式叫作依赖查找（Dependency Lookup），例如 audit=(AuditService)ctx.lookup("java:comp/env/audit");。

（2）Spring IoC：从微观方面来讲，Spring IoC 就是一个 ConcurrentHashMap，存放对象的名字和实例；从宏观方面来讲，Spring IoC 就是 Spring 的环境，包括 Spring 的 Bean 工厂、注册器、读取器等。

3.5.2 面试技巧与解析（二）

面试官：解释 IoC、DI，说明 IoC 和 DI 的关系。

应聘者：

（1）IoC：把对象的创建、初始化、销毁交给 Spring 来管理，而不是由程序控制，实现控制反转。

（2）DI：依赖注入，在 Spring 创建对象的过程中，将对象依赖属性通过配置进行注入，DI 可以通过 Setter 方法注入（设值注入）、构造方式注入和注解注入三种方式来实现。

（3）使用构造方式注入时，先实例化依赖的对象后，才实例化原对象。而使用 Setter 方法注入时，Spring 首先实例化对象，然后才实例化所有依赖的对象。

（4）当 Setter 方法注入与构造方法注入同时存在时，先执行 Setter 方法注入，再执行构造方法注入。

（5）IoC 与 DI 的关系：IoC 是需要实现的目标，DI 是实现 IoC 的一种技术手段。

第 4 章
Spring AOP 容器

  学习指引

Spring AOP 有助于代码的维护、解耦和重复利用。本章主要讲解 Spring AOP 面向切面编程，为后面创建项目做准备。通过本章内容的学习，读者可以了解 Spring AOP 的基本概念、使用场景、通知类型、实现原理等。

  重点导读

- Spring AOP 的基本概念。
- Spring AOP 的通知类型。
- Spring AOP 的实现原理。
- Spring AOP 入门程序。

4.1 Spring AOP 简介

Spring 中有一个关键的组件——AOP 框架，然而 Spring IoC 容器并不依赖 AOP。也就是说可以不用 AOP，AOP 只是对项目分层和解耦更加明确、细致。

4.1.1 Spring AOP 是什么

AOP（Aspect Oriented Programing，面向切面编程）可以说是 OOP（Object-Oriented Programing，面向对象编程）的补充和完善。OOP 主要引入封装、继承和多态性等概念来建立一种对象层次结构，是模拟公共行为的一个集合。当我们需要为分散的对象引入公共行为的时候，OOP 并不能完全解决这个问题，也就是说，OOP 允许从上到下的关系，不适用于从左到右的关系。

而 AOP 技术和 OOP 技术恰恰相反，AOP 利用一种称为横切的技术，剖解开封装对象的内部，将那些影响了多个类的公共行为封装到一个可重用模块，并将其名为 Aspect，即切面。简单地说，就是将那些与业务无关，却被业务模块共同调用的逻辑或责任封装起来，便于降低模块间的耦合度，减少系统的重复代码，并有利于以后的可操作性和可维护性。

简单地说，AOP 表示面向切面编程，是面向对象编程的重要组成部分，用来处理所有模块的共同逻辑，在不改变原有业务逻辑的基础上，扩展横切逻辑。

4.1.2 Spring AOP 的基本概念

简单了解 Spring AOP 在 Spring 框架中扮演的角色之后，我们需要了解 Spring AOP 的基本概念。

（1）连接点：所有可以被增强（代理）的方法，程序执行过程中明确的点，一般是方法的调用。

（2）切点：已经被或即将被增强的方法，就是带有通知的连接点，在程序中主要体现为书写切点表达式。

（3）通知：AOP 在特定的切点上执行的增强处理，有 before、after、afterReturning、afterThrowing、around。

（4）目标对象：被代理的对象。

（5）代理对象：对目标对象的切点应用通知后生成的对象。

（6）织入：将通知应用到切点的过程，或者说生成代理对象的过程。

（7）切面：通常是一个类，切点+通知称为切面。

（8）AOP 代理：AOP 框架创建的对象，代理就是目标对象的加强。Spring 中的 AOP 代理可以是 JDK 动态代理，也可以是 CGLIB 代理，前者基于接口，后者基于子类。

4.1.3 Spring AOP 的使用场景

了解了 AOP 在项目中所起的作用后，下面介绍 Spring AOP 适用的项目场景。Spring AOP 的使用场景包括权限，缓存，错误处理，内容传递，调试，日志记录、跟踪、优化、校准，懒加载，性能优化，同步，持久化，资源池，事务等。

4.1.4 Spring AOP 的使用步骤

下面简单介绍 Spring AOP 的使用步骤。

（1）导入依赖 jar 包，包括 aspectjweaver.jar、aspectjrt.jar、spring-aop.jar。

（2）编写切面类，代码如下：

```
@Component
@Aspect    //表示当前类为切面类
public class DemoAspect{
   //test 方法在 Service 业务方法之前执行
   @Before("bean(Service)")
   public void test(){
      System.out.println("之前执行");
   }
}
```

（3）配置文件。新建 application-aop.xml，在配置文件中扫描包，识别切面的注解，代码如下：

```
<!-- 注解扫描 -->
<beans>
   <context:component-scan base-package="XX.XXX.XXX.aop"/>
   <!-- 配置自动代理  -->
   <aop:aspectj-autoproxy/>
```

```
</beans>
<!-- 注释
base-package="XX.XXX.XXX.aop"/: package 为建立的包名。
 -->
```

4.2　Spring AOP 的通知类型

Spring AOP 有五种通知类型，下面对这五种通知类型进行具体介绍。

4.2.1　五种通知类型

1. 前置通知

前置通知（@Before）是指在一个连接点之前执行的通知。前置通知没有能力阻止后面的执行（除非它抛异常），也就是说在执行目标方法之前运行。

2. 环绕通知

环绕通知（@Around）是指环绕一个连接点（比如方法调用）的通知，是最强的一种通知。环绕通知可以在方法调用之前或之后执行自定义的行为，环绕通知也可以选择是否要处理连接点方法的执行，通过返回一个值或者直接抛出异常。环绕通知是使用最普遍的一种通知。

3. 返回通知

返回通知（@After (finally)）是指在连接点执行完成后执行，不管是正常执行完成，还是抛出异常，都会执行返回通知中的内容。

4. 异常返回通知

异常返回通知（@AfterThrowing）是指如果方法因为抛出异常而退出了才会执行的通知，也就是说在目标方法出现异常后运行。

5. 正常返回通知

正常返回通知（@AfterReturning）是指在连接点正常执行完成后执行的通知，如果连接点抛出异常，则不会执行。

4.2.2　五种通知类型的代码演示

下面简单介绍这五种通知类型如何使用。

代码如下：

```
@Component
//@Aspect 表示类为切面类
@Aspect
public class DemoAspect {
    //@Before 表示在业务方法之前执行的代码
    //bean(userService)表示横切的 bean 类为 userService
    //userService 表示 Spring 实例化 bean 的名称
    @Before("bean(userService)")
```

```
public void test1(){
    System.out.println("业务方法之前执行。");
}
//@After 后置通知
//最终通知，不管有没有异常都要执行的方法
@After("bean(userService)")
public void test2(){
    System.out.println("业务方法之后执行。");
}
//后置通知
//不发生异常，执行该通知
@AfterReturning("bean(userService)")
public void test3(){
    System.out.println("业务方法之后执行 returning。");
}
//发生异常时执行的通知
@AfterThrowing("bean(userService)")
public void test4(){
    System.out.println("异常通知。");
}
//@Around 表示环绕通知
//1.方法必须有返回值，返回值类型是业务逻辑方法的返回值类型
//2.必须有参数 ProceedingJoinPoint pp
//3.必须把值返回
@Around("bean(userService)")
public Object test5(ProceedingJoinPoint pp) throws Throwable{
    System.out.println("获取之前的系统时间");
    //表示调用业务方法
    Object obj = pp.proceed();
    System.out.println("获取之后的系统时间");
    return obj;
    }
}
try{
    前置通知
    业务逻辑方法
    AfterReturning
}catch(xxx){
    异常通知
}finally{
    After
}
```

4.3　Spring AOP 切点

Spring AOP 的切点可以理解为实际切入切面逻辑的方法，定义如下。
（1）Bean 名称的限定表达式（所有的连接点都是切点），代码如下：

```
@Around("bean(bean的名称)")
@Around("bean(UserService)")
@Around("bean(UserService)||bean(UserService1)")
@Around("bean(*UserService)")
```

提示：包名com.jumooc、类名UserService、方法名login。

（2）类限定表达式（所有的连接点都是切点），代码如下：

```
@Around("within(包名.类名)")
@Around("within(com.jumooc.UserService)")
@Around("within(com.jumooc.*UserService)")
```

（3）方法限定表达式，代码如下：

```
@Around("execution(方法的返回值类型 包名.类名.方法名(..))")
@Around("execution(*com.jumooc.UserService.*.login(..))")
```

4.4　Spring AOP 的实现原理

代理模式是一种设计模式，表示通过间接的方式访问目标对象，好处是可以在实现目标对象的基础上扩展目标对象的功能。

Spring AOP 实现的关键在于 AOP 框架自动创建的 AOP 代理，AOP 代理主要分为动态代理和静态代理，动态代理以 Spring AOP 为代表，而静态代理的代表为 AspectJ。本节分别对 Spring AOP 和 AspectJ 的实现进行分析和介绍。

AspectJ 是静态代理的增强。所谓静态代理，就是 AOP 框架会在编译阶段生成 AOP 代理类，因此也称为编译时增强。

4.4.1　动态代理

动态代理的代理类是在运行时生成的，Java 编译完之后并没有实际的 Class 文件，而是在运行时动态生成类字节码，并加载到 JVM 中。

1. JDK 动态代理（基于接口代理）

JDK 动态代理是指若目标对象实现了若干接口，Spring 使用 JDK 的 java.lang.reflect.Proxy 类代理。JDK 动态代理的优势是因为有接口，所以使系统更加松耦合，不足之处在于需要为每一个目标类创建接口。

JDK 动态代理是使用 java.lang.reflect 包下的代理类来实现的。JDK 动态代理必须有接口，下面通过转账业务介绍 JDK 动态代理，代码如下：

```
/*
*转账业务
*/
package proxy;
public interface IAccountService {
//主业务逻辑:转账业务
void transfer();
}
```

实现 IAccountService 的类 AccountServiceImpl，代码如下：

```java
package proxy;
public class AccountServiceImpl implements IAccountService{
    public void transfer() {
        System.out.println("调用dao层,完成转账");
    }
}
```

因为这里没有配置切点，称为切面会不妥，所以称为增强，代码如下：

```java
package proxy;
import java.lang.reflect.InvocationHandler;
import java.lang.reflect.Method;
public class AccountAdvice implements InvocationHandler {
    //目标对象
    private IAccountService target;
    public AccountAdvice(IAccountService target) {
        this.target = target;
    }
    /**
     *代理方法，每次调用目标方法时都会进入这里
     */
    @Override
    public Object invoke(Object proxy, Method method, Object[] args) throws Throwable {
        before();
        return method.invoke(target, args);
    }
    /**
     * 前置增强
     */
    private void before() {
        System.out.println("对转账人身份进行验证");
    }
}
```

进行测试，代码如下：

```java
package proxy;
import java.lang.reflect.Proxy;
public class Test {
public static void main(String[] args) {
    //创建目标对象
    IAccountService target = new AccountServiceImpl();
    //创建代理对象
    IAccountService proxy =
    (IAccountService) Proxy.newProxyInstance(target.getClass().getClassLoader(),
    target.getClass().getInterfaces(),
        new AccountAdvice(target)
    );
    proxy.transfer();
  }
}
```

运行结果如图 4-1 所示。

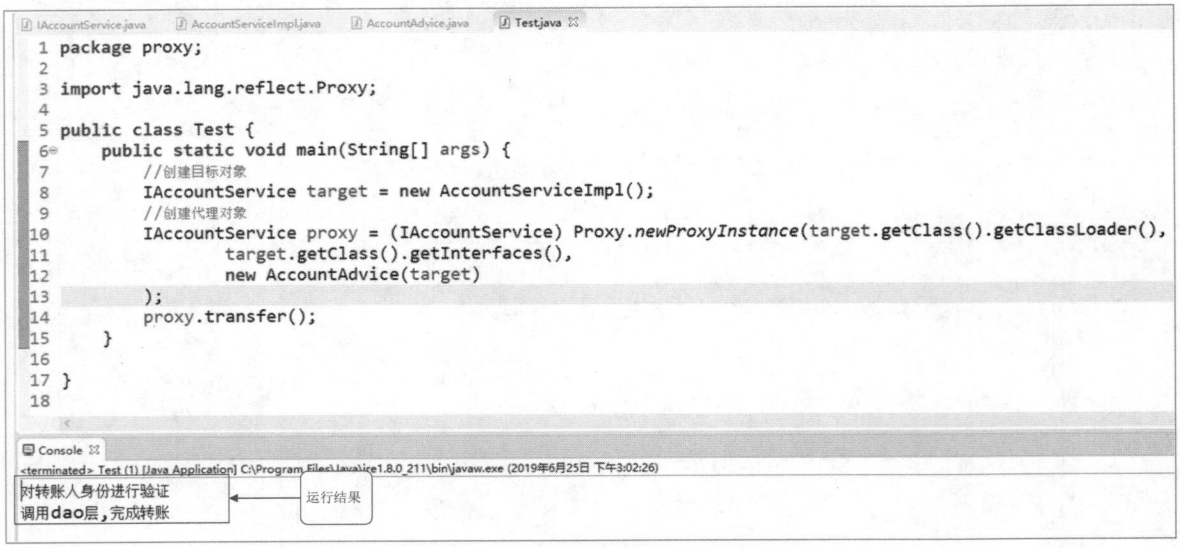

```java
package proxy;

import java.lang.reflect.Proxy;

public class Test {
    public static void main(String[] args) {
        //创建目标对象
        IAccountService target = new AccountServiceImpl();
        //创建代理对象
        IAccountService proxy = (IAccountService) Proxy.newProxyInstance(target.getClass().getClassLoader(),
                target.getClass().getInterfaces(),
                new AccountAdvice(target)
        );
        proxy.transfer();
    }
}
```

控制台输出：
```
对转账人身份进行验证
调用dao层，完成转账
```

图 4-1 JDK 动态代理运行结果

2. Cglib 动态代理（基于继承代理）

使用 JDK 的动态代理有一个限制，就是使用动态代理的对象必须实现一个或多个接口，如果想代理没有实现接口的类，就可以使用 Cglib 动态代理。

Cglib 是一个功能强大的高性能的代码生成包，它可以在运行期扩展 Java 类与实现 Java 接口，被许多 AOP 的框架使用，例如，为 Spring AOP 和 Synaop 提供方法的 Interception（拦截）。Cglib 包的底层是通过使用一个小而快的字节码处理框架 ASM 来转换字节码并生成新的类，不鼓励直接使用 ASM，因为它要求程序开发人员必须对 JVM 的内部结构，包括 Class 文件的格式和指令集都很熟悉。如果目标对象没有实现任何接口，Spring 使用 Cglib 库生成目标对象的子类。Cglib 代理的优势在于代理类与目标类是继承关系，所以不需要有接口的存在。但也存在不足，因为没有使用接口，所以系统的耦合性没有使用 JDK 的动态代理好。

提示：不管有没有接口都可以使用 Cglib 动态代理，而不是只有在无接口的情况下才能使用。

下面通过转账业务介绍 Cglib 动态代理，代码如下：

```java
package cglib;
public class AccountService {
    public void transfer() {
        System.out.println("调用数据库持久层，完成转账业务");
    }
}
```

因为这里没有配置切点，称为切面会不妥，所以称为增强，代码如下：

```java
package cglib;
import java.lang.reflect.Method;
import org.springframework.cglib.proxy.MethodInterceptor;
import org.springframework.cglib.proxy.MethodProxy;
public class AccountAdvice implements MethodInterceptor {
    /**
     * 代理方法，每次调用目标方法时都会进入到这里
```

```
    */
    @Override
    public Object intercept(Object obj, Method method,
        Object[] args, MethodProxy methodProxy) throws Throwable {
        before();
        return methodProxy.invokeSuper(obj, args);
    }
    /**
    * 前置增强
    */
    private void before() {
        System.out.println("开始对转账人身份进行验证了");
    }
}
```

进行测试，代码如下：

```
package cglib;
import org.springframework.cglib.proxy.Enhancer;
public class Test {
    public static void main(String[] args) {
        //创建目标对象
        AccountService target = new AccountService();
        //创建代理对象
        AccountService proxy = (AccountService) Enhancer.create(target.getClass(),
        new AccountAdvice());
        proxy.transfer();
    }
}
```

运行结果如图 4-2 所示。

图 4-2　Cglib 动态代理运行结果

4.4.2　静态代理

简单地说，静态代理就是在程序运行前就已经存在代理类的字节码文件，代理类和原始类的关系在运行前就已经确定。下面通过一段代码简单解释什么是静态代理。

```
//新建接口 IUserDao
package staticProxy;
public interface IUserDao {
    void save();
    void find();
}
```

实现接口，类名为 UserDao，代码如下：

```java
package staticProxy;
public class UserDao implements IUserDao{
    @Override
    public void find() {
        System.out.println("模拟：查询用户!!! ");
    }
    @Override
    public void save() {
        System.out.println("模拟：保存用户!!! ");
    }
}
```

静态代理，实现 IUserDao，代码如下：

```java
package staticProxy;
/**
静态代理的特点：
1.目标对象必须实现接口
2.代理对象要实现与目标对象一样的接口
*/
public class UserDaoProxy implements IUserDao{
    //代理对象需要维护一个目标对象
    private IUserDao target = new UserDao();
    @Override
    public void save() {
        System.out.println("代理操作：开启事务");
        target.save();    //执行目标对象的方法
        System.out.println("代理操作：提交事务");
    }
    @Override
    public void find() {
        target.find();
    }
}
```

进行测试，代码如下：

```java
package staticProxy;
public class Test {
    public static void main(String[] args) {
        //代理对象
        IUserDao proxy = new UserDaoProxy();
        //执行代理方法
        proxy.save();
    }
}
```

运行结果如图 4-3 所示。

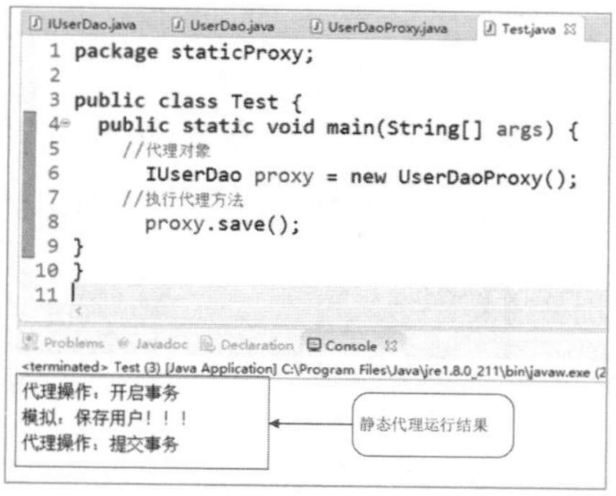

图 4-3　静态代理运行结果

4.5　Spring AOP 应用程序

本节主要介绍如何用 Spring AOP 来编写简单的 Spring AOP 入门程序，具体的操作步骤如下。

步骤 1：新建一个 Maven 项目，在 pom 中依赖 jar 包，代码如下：

```xml
<?xml version="1.0" encoding="UTF-8"?>
<beans xmlns="http://www.springframework.org/schema/beans"
xmlns:xsi="http://www.w3.org/2001/XMLSchema-instance"
xmlns:aop="http://www.springframework.org/schema/aop"
xsi:schemaLocation="http://www.springframework.org/schema/beans
http://www.springframework.org/schema/beans/spring-beans.xsd
http://www.springframework.org/schema/tool
http://www.springframework.org/schema/tool/spring-tool.xsd
http://www.springframework.org/schema/aop
http://www.springframework.org/schema/aop/spring-aop.xsd">
    <bean id="helloworld" class="com.jumooc.controller.HelloWorld" />
    <bean id="timeLog" class="com.jumooc.controller.TimeLoggingAop" />
    <aop:config>
        <aop:pointcut id="hello" expression="execution(public * * (..))"></aop:pointcut>
        <aop:advisor
            id="timelogAdvisor"
            advice-ref="timeLog"
            pointcut-ref="hello"
        />
    </aop:config>
</beans>
```

步骤 2：在 src/main/java 文件夹中新建类，类名为 HelloWorld，包名则为 controller，代码如下：

```
package controller;
public class HelloWorld {
public void sayHello(){
    System.out.println("Hello World");
    }
}
```

步骤 3：在 src/main/java 文件夹的包 controller 中新建类，类名为 LoggingTimeAop，代码如下：

```java
package controller;
import java.lang.reflect.Method;
import java.math.BigDecimal;
import org.springframework.aop.AfterReturningAdvice;
import org.springframework.aop.MethodBeforeAdvice;
/**
 * 记录方法的执行时间
 */
public class LoggingTimeAop implements MethodBeforeAdvice,AfterReturningAdvice{
    private long startTime = 0;
    @Override
    public void afterReturning(Object returnValue, Method method, Object[] args, Object target)
     throws Throwable {
      long spentTime = System.nanoTime() - startTime;
      String clazzName = target.getClass().getCanonicalName();
      String methodName = method.getName();
      System.out.println
       ("执行" + clazzName + "~" + methodName + "消耗了" + new BigDecimal(spentTime).divide(
       new BigDecimal(1000000)) + "毫秒");
    }
   @Override
   public void before(Method method, Object[] args, Object target) throws Throwable {
   startTime = System.nanoTime();
   }
}
```

步骤4：在 src/main/resouce 文件夹中新建文件夹 Spring，在文件夹 Spring 中新建 spring.xml 文件，spring.xml 文件中的代码如下：

```xml
<?xml version="1.0" encoding="UTF-8"?>
<beans xmlns="http://www.springframework.org/schema/beans"
xmlns:xsi="http://www.w3.org/2001/XMLSchema-instance"
xmlns:aop="http://www.springframework.org/schema/aop"
xsi:schemaLocation="http://www.springframework.org/schema/beans
http://www.springframework.org/schema/beans/spring-beans.xsd
http://www.springframework.org/schema/tool
http://www.springframework.org/schema/tool/spring-tool.xsd
http://www.springframework.org/schema/aop
http://www.springframework.org/schema/aop/spring-aop.xsd">
    <bean id="helloworld" class="com.jumooc.controller.HelloWorld" />
    <bean id="timeLog" class="com.jumooc.controller.LoggingTimeAop" />
    <aop:config>
      <aop:pointcut id="hello" expression="execution(public * * (..))"></aop:pointcut>
      <aop:advisor
      id="timelogAdvisor"
      advice-ref="timeLog"
      pointcut-ref="hello"
      />
    </aop:config>
</beans>
```

步骤5：在 src/test/java 文件夹中进行测试，类名为 Test，包名为 test，代码如下：

```
package test;
import org.springframework.context.ApplicationContext;
import org.springframework.context.support.ClassPathXmlApplicationContext;
public class Test {
    public static void main(String[] args) {
        //加载 Spring 中的 spring.xml 配置文件
        ApplicationContext applicationContext = new ClassPathXmlApplicationContext("spring.xml");
        HelloWorld helloWorld = applicationContext.getBean(HelloWorld.class);
        helloWorld.sayHello();
    }
}
```

Spring AOP 程序运行结果如下：

HelloWorld 执行 com.jumooc.controller.HelloWorld~sayHello 消耗了 33.345673 毫秒

4.6 就业面试技巧与解析

学完本章内容，读者应对 Spring AOP 开发和实现有了基本了解，熟悉了代理模式的应用。下面对面试过程中可能出现的相关问题进行解析，更好地帮助读者学习。

4.6.1 面试技巧与解析（一）

面试官：你是如何理解 Spring AOP 的？

应聘者：

AOP 一般称为面向切面，作为面向对象的一种补充，用于将那些与业务无关，但却对多个对象产生影响的公共行为和逻辑抽取出来并封装为一个可重用的模块，这个模块被命名为切面。AOP 的使用有助于减少系统中的重复代码，降低模块间的耦合度，同时提高系统的可维护性，可用于权限认证、日志、事务处理。

AOP 实现的关键在于代理模式，AOP 代理主要分为静态代理和动态代理。静态代理的代表为 AspectJ，动态代理则以 Spring AOP 为代表。

（1）AspectJ 是静态代理的增强。所谓静态代理，就是 AOP 框架会在编译阶段生成 AOP 代理类，因此也称为编译时增强，它会在编译阶段将 AspectJ（切面）织入 Java 字节码中，运行的就是增强之后的 AOP 对象。

（2）Spring AOP 使用的是动态代理。所谓的动态代理，就是 AOP 框架不会去修改字节码，而是每次运行时在内存中临时为方法生成一个 AOP 对象，这个 AOP 对象包含了目标对象的全部方法，在特定的切点做了增强处理，并回调原对象的方法。

4.6.2 面试技巧与解析（二）

面试官：AOP 中的 Aspect、Advice、Advice Arguments、Pointcut、JoinPoint 分别是什么？

应聘者：

（1）Aspect：Aspect 是一个实现交叉问题的类，例如事务管理。Aspect 可以是配置的普通类，可以在 Spring Bean 配置文件中配置。Spring AspectJ 支持使用@Aspect 注解将类声明为 Aspect。

（2）Advice：Advice 是针对特定 JoinPoint 采取的操作。在编程方面，它们是在应用程序中达到具有匹配切点的特定 JoinPoint 时执行的方法。可以将 Advice 视为 Spring 拦截器或 Servlet 过滤器。

（3）Advice Arguments：可以在 Advice 方法中传递参数。我们可以在切点中使用 args()表达式来应用与参数模式匹配的任何方法。如果使用它，那么需要在确定参数类型的 Advice 方法中使用相同的名称。

（4）Pointcut：Pointcut 是与 JoinPoint 匹配的正则表达式，用于确定是否需要执行 Advice。Pointcut 使用与 JoinPoint 匹配的不同类型的表达式。Spring 框架使用 AspectJ Pointcut 表达式语言来确定将应用通知方法的 JoinPoint。

（5）JoinPoint：JoinPoint 是应用程序中的特定点，例如方法执行、异常处理、更改对象变量值等。在 Spring AOP 中，JoinPoint 始终是方法的执行器。

第 5 章

Spring Bean 管理

学习指引

Spring Bean 是 Spring 框架在运行时管理的对象，是任何 Spring 应用程序的基本构建块。大多数应用程序的逻辑代码都将放在 Spring Bean 中。本章主要介绍 Spring Bean 的相关内容。通过本章的学习，读者可以了解 Spring Bean 的定义和属性、如何创建 Spring Bean 对象、Spring Bean 的生命周期、Spring Bean 的作用域、Spring Bean 延迟加载，以及 Spring Bean 的装配方式等。

重点导读

- Spring Bean 基本内容。
- Spring Bean 对象的创建。
- Spring Bean 的生命周期。
- Spring Bean 的作用域。
- Spring Bean 延迟加载。
- Spring Bean 的装配方式。

5.1 Spring Bean 简介

在 Java 开发中，Bean 对于代码重用有很重要的意义。

5.1.1 Spring Bean 是什么

Bean 是 Java 中一种软件组件模型的统称，和 Microsoft 中的 COM 组件比较相似。在 Java 项目模型中，通过 Bean 扩展不同的功能，通过 Bean 之间的组合快速构建新的应用程序。

简而言之，能创建对象的类，在 Spring 中都叫作 Bean，且一般都会有一个无参构造。

5.1.2 Spring Bean 的定义

<beans…/>元素是 Spring 配置文件的根元素，<bean…/>元素是<beans…/>元素的子元素，<beans…/>元素可以包含多个<bean…/>子元素，每个<bean…/>元素可以定义一个 Bean 实例，每个 Bean 对应 Spring

容器里的一个 Java 实例。定义 Bean 时通常需要指定以下两个属性。

ID：确定该 Bean 的唯一标识符，容器对 Bean 管理、访问，以及与该 Bean 的依赖关系，都通过该属性完成。Bean 的 ID 属性在 Spring 容器中是唯一的。

Class：指定该 Bean 的具体实现类。注意这里不能使用接口。通常情况下，Spring 会直接使用 New 关键字创建该 Bean 的实例，因此，这里必须提供 Bean 实现类的类名。

定义 Bean 实例的代码如下：

```xml
<?xml version="1.0" encoding="UTF-8"?>
<beans xmlns="http://www.springframework.org/schema/beans"
xmlns:xsi="http://www.w3.org/2001/XMLSchema-instance"
xmlns:p="http://www.springframework.org/schema/p"
xsi:schemaLocation="http://www.springframework.org/schema/beans
http://www.springframework.org/schema/beans/spring-beans-3.2.xsd">
<!-- 使用 ID 属性定义 person1，其对应的实现类为 com.jumooc.person1 -->
  <bean id="person1" class="com.jumooc.damain.Person1" />
<!--使用 Name 属性定义 person2，其对应的实现类为 com.jumooc.domain.Person2-->
  <bean name="Person2" class="com.jumooc.domain.Person2"/>
</beans>
```

在上述代码中，分别使用 ID 和 Name 属性定义了两个 Bean，并使用 Class 元素指定了 Bean 对应的实现类。

5.1.3 Spring Bean 的属性

Spring Bean 的常用属性如下。

（1）ID 属性：ID 是 Bean 的唯一标识。IoC 容器中，Bean 的 ID 属性不能重复，否则会报错。

（2）Name 属性：Name 是 Bean 的名称标识。Bean 的 Name 属性也不能重复，而且 ID 和 Name 属性不能相同。

```
<bean id="user1" name="user2" class="bean.User"></bean>
```

（3）Class 属性：Class 属性是 Bean 的常用属性，是 Bean 的全限定类名，指向 ClassPath 下类定义所在位置。

（4）Factory-Method 属性：Factory-Method 属性即工厂方法属性，通过该属性，可以调用一个指定的静态工厂方法，创建 Bean 实例。

```
User user = BeanAttribute.createUser();
```

（5）Factory-Bean 属性：Factory-Bean 属性就是生成 Bean 的工厂对象，Factory-Bean 属性和 Factory-Method 属性一起使用，首先要创建生成 Bean 的工厂类和方法。

（6）Init-Method 属性：Init-Method 属性是 Bean 的初始方法，在创建好 Bean 之后调用该方法。

（7）Destory-Method 属性：Destory-Method 属性是 Bean 的销毁方法，在销毁 Bean 之前调用该方法，一般在该方法中释放资源。

（8）Autowire：Autowire 表示 Bean 的自动装配。

Autowire 的值如表 5-1 所示。

表 5-1　Autowire 的值

默 认 值	含 义
no	默认值，不进行自动装配

续表

默 认 值	含 义
byName	根据属性名自动装配
byType	如果容器中存在一个与指定属性类型相同的 Bean，那么将与该属性自动装配；如果存在多个该类型 Bean，那么抛出异常
constructor	与 byType 方式类似，不同之处在于它应用于构造器参数。如果容器中没有找到与构造器参数类型一致的 Bean，则抛出异常
autodetect	通过 Bean 类的内省机制来决定是使用 constructor 方式还是使用 byType 方式进行自动装配。如果发现默认的构造器，那么将使用 byType 方式，否则使用 constructor 方式
default	由上级标签的 default-autowire 属性确定

（9）Scope 属性：Scope 属性表示 Bean 的作用范围。
Scope 的值如表 5-2 所示。

表 5-2　Scope 的值

默 认 值	含 义
singleton	表示整个 IoC 容器共享一个 Bean。也就是说每次通过 getBean 获取的 Bean 都是同一个
prototype	每次对该 Bean 请求时都会创建一个新的 Bean 实例
request	每次 HTTP 请求将会生成各自的 Bean 实例
session	每次会话请求对应一个 Bean 实例，singleton 和 prototype 经常使用，request 和 session 基本不使用

5.1.4　Bean 的命名

（1）ID 和 Name 都可以指定多个名字，名字之间用逗号、分号或空格进行分隔，例如：

```
<bean name="#car,123,$car"class="xxxxxxxxx">
```

用户可以使用 getBean("#car")、getBean("123")、getBean ("$car")获取 Bean。
（2）如果没有指定 ID 和 Name 属性，则 Spring 自动将类的全限定名作为 Bean 的名称。
（3）如果存在多个匿名 Bean，即没有指定 ID 和 Name 的<bean/>，假设类的全限定名为 xxx，则获取第一个 Bean 使用 getBean("xxx")，获取第二个 Bean 使用 getBean("xxx#1")，获取第三个 Bean 使用 getBean("xxx#2")。

5.2　创建 Bean 对象

本节主要介绍了在 Spring 中创建 Bean 对象的 3 种方式，包括使用构造方法、使用静态工厂方法和使用实例工厂方法等，实际开发中可以根据业务场景选择合适的方案。

5.2.1　使用构造方法实例化

Spring Bean 使用构造方法进行实例化的代码如下：

```
<bean id="" class="xx.xx.ClassName"/>
```

5.2.2 使用静态工厂方法实例化

Spring Bean 使用静态工厂方法进行实例化时，首先写一个静态工厂方法类，代码如下：

```java
public class HelloWorldFactory {
    public static HelloWorld getInstance(){
        return new HelloWorld();
    }
}
```

在 Spring 的配置文件中进行声明，代码如下：

```xml
<!-- 静态工厂方法实例化 bean 对象
对象是由静态方法获取的实例，把静态方法获取实例对象的模式称为静态工厂方法实例化 bean 对象 -->
<bean id="helloWorld" class="com.jumooc.HelloWorldFactory"
factory-method="getInstance"></bean>
<!--告诉 Spring 容器利用 HelloWorldFactory 类中的 getInsatance 静态方法产生对象，
但是具体对象的创建过程是由程序开发人员完成的
factory-method: =静态方法
-->
```

5.2.3 使用实例工厂方法实例化

Spring Bean 使用实例工厂方法进行实例化时，首先写一个实例工厂方法类，代码如下：

```java
public class HelloWorldFactory {
    public HelloWorld getInstance(){
        return new HelloWorld();
    }
}
```

在 Spring 的配置文件中进行声明，代码如下：

```xml
<bean id="helloWorld1" class="com.jumooc.HelloWorldFactory1"></bean>
<!--Spring 容器为 HelloWorldFactory1 创建对象-->
<bean id="helloWorldFactory" factory-bean="helloWorld1" factory-method="getInstance"></bean>
<!--告诉 Spring 容器，利用 helloWorld1 对象调用 getInstance 方法
factory-method: =实例方法
factory-bean: =已经实例化好的 id
-->
```

5.3 深入理解容器中的 Bean

本节深入介绍在实际开发中如何运用容器中的 Bean。

5.3.1 抽象 Bean 与子 Bean

在实际开发中，有可能会出现这样的情况：随着项目越来越大，Spring 配置文件出现了多个 Bean，具有大致相同的配置信息，只有少量信息不同，这将导致配置文件出现很多重复的内容。如果保留这些配置，则可能导致配置文件臃肿，且后期难以修改、维护。

为了解决上述问题，可以考虑把多个 Bean 配置中相同的信息提取出来，集中成配置模板，这个配置模板并不是真正的 Bean。因此，Spring 不应该创建该配置模板，于是需要为该 Bean 配置增加 Abstract 属性值并将其设置为 True 来表示这是个抽象 Bean。

抽象 Bean 不能被实例化，Spring 容器不会创建抽象 Bean 实例。抽象 Bean 的价值在于被继承，抽象 Bean 通常作为父 Bean 被继承。抽象 Bean 只是配置信息的模板，指定 Abstract 为 True 即可阻止 Spring 实例化该 Bean。因此，抽象 Bean 可以不指定 Class 属性。

将大部分相同信息配置成抽象 Bean 之后，将实际的 Bean 实例配置成该抽象 Bean 的子 Bean 即可。子 Bean 定义可以从父 Bean 继承实现类、构造参数、属性值等配置信息，除此之外，子 Bean 配置可以增加新的配置信息，并可以指定新的配置信息覆盖父 Bean 的定义。

通过为一个 Bean 元素指定 Parent 属性即可指定该 Bean 是一个子 Bean，Parent 属性指定该 Bean 所继承的父 Bean 的 ID。子 Bean 无法从父 Bean 继承 depends-on、autowire、singleton、scope、lazy-init 属性，这些属性只能从子 Bean 定义中获取，或采用默认值。

配置文件的代码如下：

```xml
<bean id="steelAxe" class="com.jumooc.impl.SteelAxe"/>
<bean id="personTemplete" abstract="true">
<property name="name" value="xiaoming"/>
<property name="axe" ref="steelAxe"/>
</bean>
<bean id="chinese" class="com.jumooc.impl.Chinese" parent="personTemplete"/>
<bean id="american" class="com.jumooc.impl.American" parent="personTemplete"/>
```

在配置文件中，chinese 和 americanBean 都指定了 parent="personTemplete"，表明这两个 Bean 都可以从父 Bean 那里继承得到配置信息。虽然这两个 Bean 没有直接指定 Proerty 子元素，但它们会从 personTemplete 模板那里继承得到两个 Property 子元素。

5.3.2　容器中的工厂 Bean

此处的工厂 Bean 与前面介绍的实例工厂 Bean、静态工厂 Bean 有所区别：实例工厂 Bean 和静态工厂 Bean 是标准的工厂模式，Spring 只是负责调用工厂方法来创建 Bean 的实例，此处的工厂 Bean 是 Spring 的一种特殊 Bean，这种工厂 Bean 必须实现 FactoryBean 接口。

FactoryBean 接口是工厂 Bean 的标准接口，把实现 FactoryBean 接口的工厂 Bean 部署到容器中后，如果程序通过 getBean 方法来获取它时，容器返回的不是 FactoryBean 实现类的实例，而是返回 FactoryBean 的产品（即通过工厂所创建的对象被返回）。

FactoryBean 接口提供如下三个方法：

（1）TgetObject()：负责返回该工厂 Bean 生成的 Java 实例。

（2）Class<?>getObjectType()：返回该工厂 Bean 生成的 Java 实例的实现类。

（3）boolean isSingleton()：表示该工厂 Bean 生成的 Java 实例是否为单例模式。

配置 FactoryBean 与配置普通 Bean 的定义没有区别，但当程序向 Spring 容器请求获取该 Bean 时，容器返回该 FactoryBean 的产品，而不是返回该 FactoryBean 本身。所以，实现 FactoryBean 接口的最大作用在于 Spring 容器返回的是该 Bean 实例的 getObject()方法的返回值。而 getObject()方法由程序开发人员负责实现，所以返回什么类型就由程序开发人员自己决定。

工厂 Bean 的代码如下：

```
import org.springframework.beans.factory.FactoryBean;
```

```java
public class GetMyObjectFactoryBean implements FactoryBean<Object> {
    private String targetClass;
    public void setTargetClass(String targetClass){
        this.targetClass = targetClass;
    }
    @Override
    public Object getObject() throws Exception {
        Class<?> clazz = Class.forName(this.targetClass);
        return clazz.newInstance();
    }
    @Override
    public Class<?> getObjectType() {
        return Object.class;
    }
    @Override
    public boolean isSingleton() {
        return false;
    }
}
```

上面的 GetMyObjectFactoryBean 是一个标准的工厂 Bean，从配置文件来看，部署工厂 Bean 与部署普通 Bean 其实没有任何区别，同样只需要为该 Bean 配置 ID、Class 属性即可。但 Spring 对 FactoryBean 接口的实现类的处理有所不同。Spring 容器会自动检测容器中所有的 Bean，如果发现某个 Bean 实现了 FactoryBean 接口，Spring 容器就会在实例化该 Bean、根据 Property 执行 Setter 方法之后，额外调用该 Bean 的 getObject 方法，并将返回值作为容器中的 Bean。

5.3.3 强制初始化 Bean

在大多数情况下，Bean 之间的依赖非常直接，Spring 容器返回 Bean 实例之前，先要完成 Bean 依赖关系的注入。假如 Bean A 依赖于 Bean B，程序请求 Bean A 时，Spring 容器会自动先初始化 Bean B，再将 Bean B 注入 Bean A，最后将具备完整依赖的 Bean A 返给程序。

在某些情况下，Bean 之间的依赖关系不够直接。比如某个类的初始化块中使用其他 Bean，Spring 总是先初始化主调 Bean，当执行初始化块时，被依赖的 Bean 可能还没有实例化，此时将引发异常。

为了显式指定被依赖 Bean 在目标 Bean 之前初始化，可以使用 depends-on 属性，该属性可以在初始化主调 Bean 之前，强制初始化一个或多个 Bean。配置文件的代码如下：

```xml
<bean id="one" class="com.jumooc.factory.One" />
<bean id="two" class="com.jumooc.factory.Two" />
```

5.4 Spring Bean 的生命周期

Spring 框架中，一旦把一个 Bean 纳入 Spring IoC 容器之中，这个 Bean 的生命周期就会由容器进行管理，一般承担管理角色的是 BeanFactory 或者 ApplicationContext，认识 Bean 的生命周期活动，有助于更好地利用它。

简而言之，Bean 从创建到销毁的过程称为 Bean 的生命周期，如图 5-1 所示。

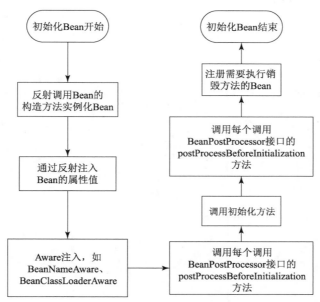

图 5-1　Bean 的生命周期

对于以前的 Java 类来说,其生命周期非常简单,只使用 New 来实例化,通过对象调用,如果长时间不用就可以销毁了。但在 Spring 中,对 Java 类即 Bean 的管理,都是通过 Spring 的 IoC 容器完成的。它们的生命周期与 Spring IoC 容器相关,包括 Bean 定义、Bean 初始化、Bean 使用和 Bean 销毁。

5.4.1　Spring Bean 生命周期接口

简单介绍 Spring Bean 生命周期之后,下面介绍 Spring Bean 生命周期接口。

提示:Spring Bean 生命周期接口有 4 种,都在包 org.springframework.beans.factory 下,由 Bean 类直接实现。

第一种:Spring Bean 中的 BeanNameAware,代码如下:

```
//待对象实例化并设置属性之后调用该方法设置BeanName
void setBeanName(String beanName);
```

第二种:Spring Bean 中的 BeanFactoryAware,代码如下:

```
//待调用setBeanName之后调用该方法设置BeanFactory,BeanFactory对象默认实现类是DefaultListableBeanFactory
void setBeanFactory(BeanFactory bf) throws BeansException;
```

第三种:Spring Bean 中的 InitializingBean,代码如下:

```
//实例化完成之后调用(调用了BeanPostProcessor.postProcessBeforeInitialization方法之后调用该方法)
void afterPropertiesSet() throws Exception;
```

第四种:Spring Bean 中的 DisposableBean,代码如下:

```
//关闭容器时调用
void destroy() throws Exception;
```

5.4.2　Spring Bean 生命周期案例

下面介绍一个 Spring Bean 生命周期的案例。

新建 Maven 项目，包名为 beanlife，在 src/main/java 文件夹中新建以 HelloWorld.java 命名的 Java 类，代码如下：

```java
package beanlife;
  public class HelloWorld {
    private String message;
    public void getMessage() {
      System.out.println("Your message:" + message);
    }
    public void setMessage(String message) {
      this.message = message;
    }
    public void init() {
      System.out.println("Bean 正在初始化");
    }
    public void destroy() {
      System.out.println("Bean 正在被销毁");
    }
  }
}
```

在 src/main/resources 文件夹中新建 XML 文件 beanlife.xml，代码如下：

```xml
<?xml version="1.0" encoding="UTF-8"?>
<beans xmlns="http://www.springframework.org/schema/beans"
xmlns:xsi="http://www.w3.org/2001/XMLSchema-instance"
xmlns:aop="http://www.springframework.org/schema/aop"
xmlns:tx="http://www.springframework.org/schema/tx"
xmlns:context="http://www.springframework.org/schema/context"
xsi:schemaLocation="http://www.springframework.org/schema/beans
http://www.springframework.org/schema/beans/spring-beans-3.0.xsd
http://www.springframework.org/schema/aop
http://www.springframework.org/schema/aop/spring-aop-3.0.xsd
http://www.springframework.org/schema/tx
http://www.springframework.org/schema/tx/spring-tx-3.0.xsd
http://www.springframework.org/schema/context
http://www.springframework.org/schema/context/spring-context-3.0.xsd">
    <bean id = "helloWorld"
    class = "beanlife.HelloWorld" init-method="init" destroy-method= "destroy">
    <property name="message" value ="Hello World!"></property>
    </bean>
<!-- init-method 属性指定一个方法，在实例化 bean 时，立即调用该方法
destroy-method 指定一个方法，只有从容器中移除 bean 之后，才能调用该方法。
上面指定bean对应的类为 HelloWorld，因此会到该 bean(类)下去找对应的方法并调用-->
</beans>
```

下面在 beanlife 包中新建 Java 类 Test，代码如下。

```java
package beanlife;
import org.springframework.context.support.AbstractApplicationContext;
import org.springframework.context.support.ClassPathXmlApplicationContext;
public class Test {
    public static void main(String[] args) {
```

```
AbstractApplicationContext context = new ClassPathXmlApplicationContext("beanlife.xml");
HelloWorld obj = (HelloWorld) context.getBean("helloWorld");
//getBean是用来获取applicationContext.xml文件里bean的，括号内写的是对应的bean的id
obj.getMessage();
context.registerShutdownHook();
    }
}
```

运行结果如图 5-2 所示。

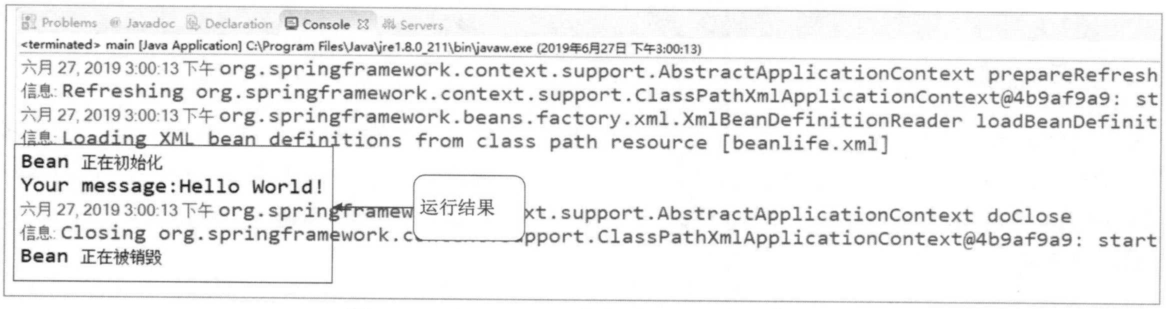

图 5-2　Spring Bean 生命周期案例运行结果

5.5　Spring Bean 的作用域

配置文件中定义 Bean 时，不仅可以配置 Bean 的属性值以及相互之间的依赖关系，还可以定义 Bean 的作用域。作用域会对 Bean 的生命周期和创建方式产生影响。

在 Spring 中，使用 Scope 来表示一个 Bean 定义对应产生的实例的类型，也可以说是对应实例的作用范围。严格来说，Spring 内置支持的 Scope 默认有 5 种。

（1）Singleton：这是默认 Scope，表示在整个 Bean 容器中或者整个应用中只会有一个实例。

（2）Prototype：多例类型，表示每次都会从 Bean 容器中获取一个对应 Bean 定义的全新实例。

（3）Request：仅适用于 Web 环境下的 ApplicationContext，表示每一个 HttpRequest 生命周期内会有一个单独的实例，即每一个 HTTP 请求都会拥有一个单独的实例。

（4）Session：仅适用于 Web 环境下的 ApplicationContext，表示每一个 HttpSession 生命周期内会有一个单独的实例，即每一个 HttpSession 下都会拥有一个单独的实例，即每一个用户都将拥有一个单独的实例。

（5）GlobalSession：仅适用于 Web 环境下的 ApplicationContext，一般来说是 Portlet 环境下，表示每一个全局的 HttpSession 下都会拥有一个单独的实例。

5.5.1　指定 Scope

主要有两种 Scope 指定方式：一种是通过 XML 配置的方式进行指定；另一种是通过注解的形式进行指定。通过 XML 配置进行指定即在 Bean 元素上通过 Scope 属性进行指定。XML 配置方式的指定代码如下：

```
<bean id="hello" class="com.app.Hello" scope="prototype"/>
```

而通过注解的形式进行指定时，即通过注解@Scope 进行指定，代码如下：

```
@Component
```

```
@Scope("prototype")
public class Hello {
}
```

使用注解的形式来指定 Bean 的 Scope 时,需要同时启用 Spring 通过扫描注解来添加对应的 Bean 定义,即需要定义<context:component-scan/>,并在对应的 Bean 上使用@Component 等注解进行标注以表示其需要被作为一个 Bean 定义添加到对应的 Bean 容器中。

定义代码如下:

```
<context:component-scan base-package="com.app"/>
```

5.5.2 单例模式

单例模式表示只有一个共享的实例存在,所有对这个 Bean 的请求都会返回这个唯一的实例。单例模式是默认存在的,简单来说,就是不管给定的 Bean 被注入其他 Bean 多少次,注入的都是同一个实例。在 Spring 中,Scope 参数的默认设定值是每个 Bean 定义只生成一个对象实例,每次 getBean 请求获得的都是此实例。单例模式分为饿汉模式和懒汉模式。

(1)饿汉模式:Spring Singleton 的默认值是饿汉模式,启动容器时(实例化容器时),为所有 Spring 配置文件中定义的 Bean 都生成一个实例。

(2)懒汉模式:在第一个请求时才生成一个实例,以后的请求都需要调用这个实例。懒汉模式也可叫作 Spring Bean 的延迟加载,配置如下:

```
<beans default-lazy-init="true">
```

单例模式中,配置文件的语法如下:

```
<!--
1.实例化对象,默认对象为单例模式
2.scope 属性表示设置 bean 的作用域
默认值 singleton 表示单例模式
-->
<bean id="xxx" class="包名.类名" scope="singleton"/>
```

5.5.3 多例模式

Spring Bean 的作用域多例模式表示任何一个实例都是新的实例,调用 getBean 时,就创建一个新实例。多例模式中,配置文件的语法如下:

```
bean id="user" class="…"scope="prototype"/>
<!--
prototype 表示多例模式
-->
```

5.6 Spring Bean 的装配方式

以前的 Java 框架基本都采用了 XML 作为配置文件,但是现在的 Java 框架又不约而同地支持基于 Annotation 的"零配置"来代替 XML 配置文件,Struts2、Hibernate、Spring 都开始使用 Annotation 来代替

XML 配置文件了。Spring 提供了三种选择，分别是基于注解的方式管理 Bean、基于 Java 的方式管理 Bean 和基于 XML 的方式管理 Bean。

5.6.1 基于注解的方式管理 Bean

基于注解的方式管理 Bean，即在 Bean 实现类中通过一些 Annotation 来标注 Bean 类，注解有以下几种。

（1）@Component：标注一个普通的 Spring Bean 类（可以指定 Bean 名称，未指定时默认为小写字母开头的类名）。

（2）@Controller：标注一个控制器类。

（3）@Service：标注一个业务逻辑类。

（4）@Repository：标注一个 DAO 类，持久层创建对象。

代码如下：

```
@Scope("prototype")
@Lazy(true)
@Component("UserDao")
public class UserDao {
    //用于设置初始化方法
    @PostConstruct
    public void myInit() {
        //...
    }
    //用于设置销毁方法
    @PreDestroy
    public void myDestroy() {
        //...
    }
}
```

一般情况下，在成员变量或者方法入参处标注@Autowired 按类型匹配注入，也可以使用@Qualifier 按名称配置注入。通过在方法上标注@PostConstruct 和 PreDestroy 注解指定的初始化方法和销毁方法。通过@Scope ("prototype")指定 Bean 的作用范围。通过在类定义处标注@Lazy(true)指定 Bean 的延迟加载。

5.6.2 基于 Java 的方式管理 Bean

基于 Java 的方式管理 Bean 的代码如下：

```
@Configuration
public class Conf {
    @Scope("prototype")
    @Bean("loginUserDao")
    public LoginUserDao UserDao() {
        return new UserDao();
    }
}
```

在标注了@Configuration 的 Java 类中，通过在类方法中标注@Bean 定义一个 Bean。方法必须提供 Bean 的实例化逻辑。通过@Bean 的 Name 属性可以定义 Bean 的名称，未指定时默认名称为方法名。在方法处通过@Autowired 使方法入参绑定 Bean，然后在方法中通过代码进行注入，也可以调用配置类的@Bean 方法进行注入。通过@Bean 的 initMethod 或 destroyMethod 指定一个初始化或者销毁方法。通过在 Bean 方法定义处标注@Scope 指定 Bean 的作用范围。通过在 Bean 方法定义处标注@Lazy 指定

Bean 的延迟初始化。

5.6.3 基于 XML 的方式管理 Bean

基于 XML 的方式管理 Bean 的代码如下：

```xml
<bean id="UserDao" class="com.jumooc.UserDaoImpl"
lazy-init="true" init-method="myInit" destroy-method="myDestroy" scope="prototype">
</bean>
<!--
1. id/name: 定义 Bean 的名称，如果没有指定 id 和 name 属性，Spring 则自动将全限定类名作为 Bean 的名称。
2. property: Bean 的注入值。
3. init-method: Bean 的初始化。
4. destory-method: Bean 的销毁方法。
5. lazy-init: 指定 Bean 是否延迟初始化。
-->
```

如果 Bean 的实现类来源于第三方类库，如 DataSource、HibernateTemplate 等，则无法在类中标注注解信息，只能通过 XML 进行配置。命名空间的配置，如 AOP、Context 等，也只能采用基于 XML 的配置。

5.7 基于 Java 类的配置

5.7.1 使用 Java 类提供 Bean 定义信息

（1）普通的 POJO 只要标注@Configuration 注解，就可以为 Spring 容器提供 Bean 定义的信息，每个标注了@Bean 的方法都相当于提供一个 Bean 的定义信息。

（2）Bean 的类型由@Bean 标注的方法的返回值类型决定。

Bean 的名称默认和方法名相同，也可以通过 @Bean(name="xxx") 来显式指定。

可以在@Bean 处使用@Scope，标注 Bean 的使用范围。

（3）由于@Configuration 注解类本身已经标注了@Component 注解，所以任何标注了@Configurstion 的类，都可以使用@Autowired 被自动装配到其他类中。

5.7.2 使用基于 Java 类的配置信息启动 Spring 容器

（1）Spring 提供了一个 AnnotationConfigApplicationContect 类，它能够直接通过标注@Configuration 注解的类启动 Spring 容器。

（2）当有多个配置类时，可以通过 AnnotationConfigApplicationContect 的 Register 方法一起注册，然后再调用 Refresh 方法刷新容器以应用这些注册的配置类。也可以通过@Import（xxx.class）注解，将其他配置类全部引入一个配置类中，这样仅需要注册一个配置类即可。

（3）通过 XML 配置类引用@Configuration 的配置，代码如下：

```
<context:component-scanbase-package="……"resource-pattern="配置类名">。
```

（4）在配置类中引用 XML 配置信息时，在@Configuration 处使用@ImportResource（"classpath…"）来引入 XML 配置文件。

5.7.3 3种配置方式的对比

基于 XML 的配置、基于注解的配置和基于 Java 类的配置 3 种配置方式的对比如表 5-3 所示。

表 5-3 3 种配置方式的比较

基于 XML 的配置	基于注解的配置	基于 Java 类的配置
1. 适用于 Bean 的实现类来源于第三方类库，如 DataSource、JdbcTemplate 等，因无法在类中标注注解 2. 命名空间，如 AOP 等	Bean 的实现类是当前项目开发	通过代码方式控制 Bean 初始化整体逻辑，适用于实例化 Bean 比较复杂的场景

5.8 就业面试技巧与解析

学完本章内容，读者应对 Spring Bean 管理有了基本了解，熟悉了 Spring Bean 对象的创建、作用范围和生命周期。下面对面试过程中可能出现的相关问题进行解析，更好地帮助读者学习。

5.8.1 面试技巧与解析（一）

面试官：请解释 Spring Bean 的生命周期。

应聘者：

Servlet 的生命周期包括实例化、初始 INIT、接收请求 Service、销毁 Destroy。Spring Bean 的生命周期也类似。

（1）实例化 Bean：对于 BeanFactory 容器，当客户向容器请求一个尚未初始化的 Bean 时，或初始化 Bean 的时候需要注入另一个尚未初始化的依赖时，容器就会调用 CreateBean 进行实例化。对于 ApplicationContext 容器，当容器启动结束后，通过获取 BeanDefinition 对象中的信息，实例化所有的 Bean。

（2）设置对象属性（依赖注入）：实例化后的对象被封装在 BeanWrapper 对象中，然后 Spring 根据 BeanDefinition 中的信息并通过 BeanWrapper 提供的设置属性的接口完成依赖注入。

（3）处理 Aware 接口： Spring 会检测该对象是否实现了 xxxAware 接口，并将相关的 xxxAware 实例注入 Bean。

①如果这个 Bean 已经实现了 BeanNameAware 接口，会调用它实现的 setBeanName(String beanId)方法，此处传递的就是 Spring 配置文件中 Bean 的 ID 值。

②如果这个 Bean 已经实现了 BeanFactoryAware 接口，会调用它实现的 setBeanFactory()方法，传递的是 Spring 工厂自身。

③如果这个 Bean 已经实现了 ApplicationContextAware 接口，会调用 setApplicationContext(ApplicationContext)方法，传入 Spring 上下文。

（4）BeanPostProcessor：如果想对 Bean 进行一些自定义的处理，可以让 Bean 实现 BeanPostProcessor 接口，则将调用 postProcessBeforeInitialization(Object obj,String s)方法。由于这个方法是在 Bean 初始化结束时调用的，所以可以被应用于内存或缓存技术。

（5）InitializingBean 与 Init-Method：如果 Bean 在 Spring 配置文件中配置了 Init-Method 属性，则会自动调用其配置的初始化方法。

（6）如果这个 Bean 实现了 BeanPostProcessor 接口，则将调用 postProcessAfterInitialization(Objectobj,String s) 方法。

（7）DisposableBean：当 Bean 不再需要时，会经过清理阶段。如果 Bean 实现了 DisposableBean 这个接口，则会调用其实现的 destroy() 方法。

（8）Destroy-Method：如果这个 Bean 的 Spring 中配置了 Destroy-Method 属性，则会自动调用其配置的销毁方法。

5.8.2 面试技巧与解析（二）

面试官：Spring 支持的 Bean 的作用域有哪几种？

应聘者：Spring 容器中的 Bean 可以分为 5 种。

（1）Singleton：这是默认 Scope，表示在整个 Bean 容器中或者整个应用中只会有一个实例。

（2）Prototype：多例类型，表示每次都会从 Bean 容器中获取一个对应 Bean 定义的全新实例。

（3）Request：仅适用于 Web 环境下的 ApplicationContext，表示每一个 HttpRequest 生命周期内会有一个单独的实例，即每一个 HTTP 请求都会拥有一个单独的实例。

（4）Session：仅适用于 Web 环境下的 ApplicationContext，表示每一个 HttpSession 生命周期内会有一个单独的实例，即每一个 HttpSession 下都会拥有一个单独的实例，即每一个用户都将拥有一个单独的实例。

（5）GlobalSession：仅适用于 Web 环境下的 ApplicationContext，一般来说是 Portlet 环境下，表示每一个全局的 HttpSession 下都会拥有一个单独的实例。

第 2 篇

核心应用

学习了 Spring 的基本概念和基础知识后,读者应已经能够进行简单程序的编写。本篇主要介绍 Spring MVC 框架的核心应用技术,包括 Spring MVC 的控制器、异常处理、过滤器与拦截器等。通过本篇的学习,读者将对 Spring MVC 有深刻的理解,编程能力也会有进一步的提高。

- 第 6 章　MVC 介绍
- 第 7 章　Spring MVC 入门技术
- 第 8 章　Spring MVC 的控制器
- 第 9 章　Spring MVC 异常处理
- 第 10 章　Spring MVC 的拦截器

第 6 章

MVC 介绍

学习指引

本章主要讲解 MVC 的基础知识。通过本章的学习，读者可以了解 MVC 的基本概念、优点和缺点、工作流程，以及如何实现简单的 MVC 框架等。

重点导读

- MVC 的基本概念。
- MVC 的优点和缺点。
- MVC 思想。
- MVC 的工作流程。
- MVC 框架案例。

6.1 MVC 简介

MVC 是一种软件设计典范。MVC 使用一种业务逻辑、数据与界面显示分离的方法来组织代码，将众多的业务逻辑聚集到一个部件里面，在改进、个性化订制界面，以及与用户交互的时候，不需要重新编写业务逻辑，达到减少编码时间的目的。

6.1.1 MVC 是什么

MVC（Model View Controller）是一种软件架构思想，其核心思想是将数据处理与数据展现分开。根据这种思想，可以将一个软件划分成三种不同类型的模块，分别是模型（Model）、视图（View）和控制器（Controller）。

模型用于数据处理（即业务逻辑），视图用于数据展现（即表示逻辑），控制器用于协调模型和视图（视图将请求发送给控制器，由控制器选择对应的模型来处理；模型返回处理结果给控制器，由控制器选择对应的视图来展现处理结果）。

6.1.2 如何使用 MVC

MVC 框架是以请求为驱动，围绕 Servlet 设计，将请求发给控制器，然后通过模型对象，分派器来展示请求结果视图。其中核心类是 DispatcherServlet，它是一个 Servlet，顶层是实现的 Servlet 接口。

关于如何使用 MVC，简单来说就是使用 Servlet 充当控制器，使用 JSP 充当视图，使用 Java 类充当模型，如图 6-1 所示。

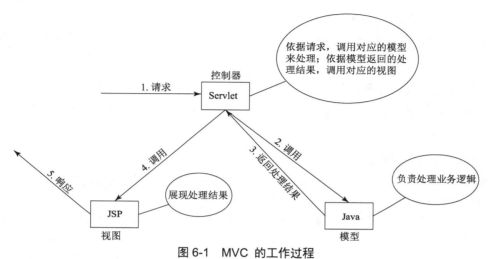

图 6-1 MVC 的工作过程

6.1.3 MVC 的优点

下面介绍 MVC 的优点，可以帮助读者理解 MVC 的思想。

1．便于测试

如果将业务逻辑写在 Java 类里面，可以直接测试；如果将业务逻辑写在 Servlet 里面，需要部署整个应用。

2．部署快

使用 MVC 模式使开发时间得到大幅缩减，它使程序员（Java 开发人员）集中精力于业务逻辑上，界面程序员（HTML 和 JSP 开发人员）集中精力于表现形式上。

3．耦合性低

视图层和业务层分离，这样就允许更改视图层代码而不用重新编译模型和控制器代码，同样，一个应用的业务流程或者业务规则的改变只需要改动 MVC 的模型层即可。因为模型与控制器和视图相分离，所以很容易改变应用程序的数据层和业务规则。

4．方便分工协作、代码重用性高

随着技术的不断进步，需要用越来越多的方式来访问应用程序。MVC 模式允许使用各种不同样式的视图来访问同一个服务器端的代码，因为多个视图能共享一个模型，它包括任何 Web 浏览器（HTTP）或者无线浏览器（Wap）。比如，用户可以通过计算机，也可以通过手机来订购某件产品，虽然订购的方式不一样，但处理订购产品的方式是一样的。

6.1.4 MVC 的缺点

下面介绍使用 MVC 开发的弊端。

1．不适合小型、中等规模的应用程序

花费大量时间将 MVC 应用到规模并不是很大的应用程序通常会得不偿失。

2．增加系统结构和实现的复杂性

对于简单的界面，严格遵循 MVC，使模型、视图与控制器分离，会增加结构的复杂性，并可能产生过多的更新操作，降低运行效率。

3．视图与控制器的连接过于紧密

视图与控制器是相互分离且联系紧密的部件。没有控制器的存在，视图的应用范围是很有限的，反之亦然，这样就妨碍了它们的独立重用。

4．视图对模型数据的低效率访问

依据模型操作接口的不同，视图可能需要多次调用才能获得足够的显示数据。对未变化数据的不必要的频繁访问，也将损害操作性能。

简而言之，使用 MVC 会增加代码量，进而增加软件设计的难度和软件的开发成本。所以，只有一定规模的软件才需要使用 MVC。

6.1.5 MVC 思想

MVC 可以说是一种软件架构的思想，即把一个应用的输入、处理、输出流程按照模型、视图、控制器的方式进行分离。

（1）模型：业务逻辑包含了业务数据的加工与处理，以及相应的基础服务（保证业务逻辑能够正常进行的事务、安全、权限、日志等功能模块）；

（2）视图：展现模型处理的结果，另外，还要提供相应的操作界面，方便用户使用。

（3）控制器：视图发送请求给控制器，由控制器选择相应的模型来处理。

模型返回的结果发送给控制器，由控制器选择合适的视图。

MVC 思想示意如图 6-2 所示。

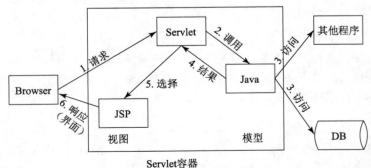

图 6-2　MVC 思想示意图

6.1.6 MVC 的工作流程

通过一张简单的工作流程图来了解 MVC，如图 6-3 所示。

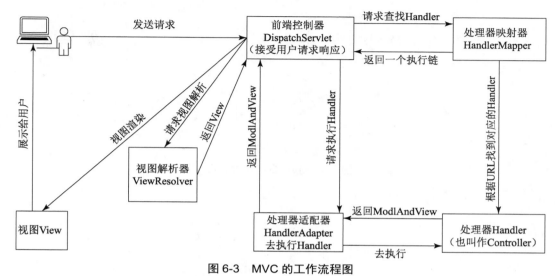

图 6-3 MVC 的工作流程图

由图 6-3 可以清楚地了解 MVC 的工作流程。

（1）客户端浏览器发送请求给 DispatcherServlet。
（2）DispatcherServlet 根据请求信息调用 HandlerMapping，解析请求对应的 Handler。
（3）解析到对应的 Handler 后，发送给 HandlerAdapter 适配器处理。
（4）HandlerAdapter 会根据 Handler 调用真正的处理器处理请求，并处理相应的业务逻辑。
（5）处理器处理完业务后，会返回一个 ModelAndView 对象，Model 是返回的数据对象，View 是指逻辑上的 View。
（6）ViewResolver 会根据逻辑 View 查找实际的 View。
（7）DispaterServlet 把返回的 Model 传给 View。
（8）最后通过 View 返回给请求者。

6.2 实现简单的 MVC 框架

MVC 框架的核心思想是解耦，降低不同的代码块之间的耦合，增强代码的可扩展性和可移植性，实现向后兼容。下面，将搭建一个简单的 MVC 框架。

6.2.1 实现思路及架构

目标：实现一个通用的控制器，开发人员在使用该框架时，只需要写模型和视图，并且将请求路径与模型的对应关系，以及处理结果与视图的对应关系写到配置文件或者 Java 注解里面即可。

实现思路如图 6-4 所示。

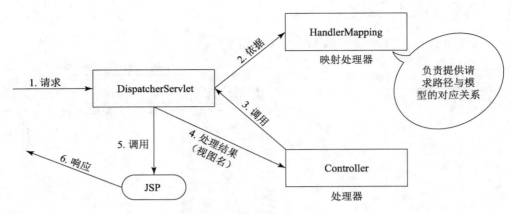

图 6-4　MVC 框架实现思路

下面将以图形的形式来简单描述 MVC 的架构，如图 6-5 所示。

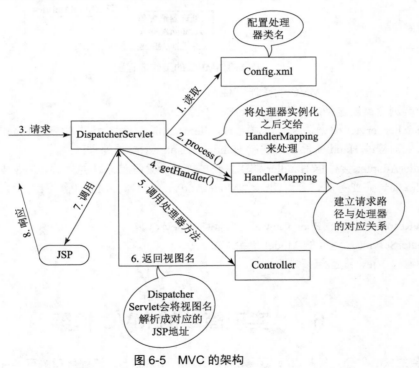

图 6-5　MVC 的架构

6.2.2　MVC 框架的代码实现

下面将详细介绍 MVC 框架的代码。

步骤 1：新建 Maven 项目，设置项目名为 smartmvc2，将该项目添加到 Tomcat 中（详细步骤请参考 2.2 节的内容），在 pom 中进行导包，代码如下：

```
<project xmlns="http://maven.apache.org/POM/4.0.0"
xmlns:xsi="http://www.w3.org/2001/XMLSchema-instance"
    xsi:schemaLocation="http://maven.apache.org/POM/4.0.0
```

```
        http://maven.apache.org/xsd/maven-4.0.0.xsd">
    <modelVersion>4.0.0</modelVersion>
        <groupId>com.jumooc.servlet</groupId>
        <artifactId>smartmvc2</artifactId>
        <version>0.0.1-SNAPSHOT</version>
        <packaging>war</packaging>
    <dependencies>
        <dependency>
            <groupId>dom4j</groupId>
            <artifactId>dom4j</artifactId>
            <version>1.6.1</version>
        </dependency>
    </dependencies>
</project>
```

提示：建 Maven 项目时默认的是 jar 项目，此处选择 war 项目。

步骤2：配置完 pom.xml 文件后，在 src/main/java 文件夹中新建 Annotation 文件，类名为 RequestMapping，包名为 base.annotation，代码如下：

```
package base.annotation;
import java.lang.annotation.Retention;
import java.lang.annotation.RetentionPolicy;
@Retention(RetentionPolicy.RUNTIME)
public @interface RequestMapping {
    public String value();
}
```

步骤3：在 src/main/java 文件夹中新建类 Handler 和 HandlerMapping，包名为 base.common。

Handler 类的代码如下：

```
package base.common;
import java.lang.reflect.Method;
/**
 * 为了方便利用 Java 反射调用处理器的方法而设计的一个类。
 * method.invoke(obj)
 */
public class Handler {
    private Method mh;
    private Object obj;
    public Handler(Method mh, Object obj) {
        this.mh = mh;
        this.obj = obj;
    }
    public Method getMh() {
        return mh;
    }
    public void setMh(Method mh) {
        this.mh = mh;
    }
    public Object getObj() {
        return obj;
    }
    public void setObj(Object obj) {
        this.obj = obj;
    }
}
```

HandlerMapping 类的代码如下：

```
package base.common;
import java.lang.reflect.Method;
```

```java
import java.util.HashMap;
import java.util.List;
import java.util.Map;
import base.annotation.RequestMapping;
/**
 * 映射处理器：负责提供请求路径与处理器的对应关系
 */
public class HandlerMapping {
    //用来存放请求路径与处理器的对应关系
    private Map<String,Handler> handlerMap =
    new HashMap<String,Handler>();
/**
 * 依据请求路径，返回 Handler 对象。
 */
public Handler getHandler(String path){
    return handlerMap.get(path);
}
/**
 * beans：处理器实例。
 * 此方法遍历 beans 集合，利用 Java 反射读取 @RequestMapping 中的路径信息，
 * 然后以路径信息作为 key，以 Handler 对象(处理器及方法的封装)作为 value，添加到 Map 里面。
 */
public void process(List beans) {
    System.out.println("HandlerMapping 的 process 方法");
    for(Object bean : beans){
    //获得 class 对象
    Class clazz = bean.getClass();
    //获得所有方法
    Method[] methods =
    clazz.getDeclaredMethods();
    //对方法进行遍历
    for(Method mh : methods){
    //获得方法前的@RequestMapping 注解
    RequestMapping rm =
    mh.getAnnotation(
    RequestMapping.class);
    //获得路径信息(即请求路径)
    String path = rm.value();
    System.out.println("path:" + path);
    /*
     * 以请求路径作为 key，以 Handler 作为 value，将这个对应关系添加到 Map。
     */
    handlerMap.put(path,
    new Handler(mh,bean));
    }
    }
    System.out.println("handlerMap: " + handlerMap);
    }
}
```

步骤 4：在 src/main/java 文件夹中新建类，类名为 DispatcherServlet，包名为 base.web，代码如下：

```java
package base.web;
import java.io.IOException;
import java.io.InputStream;
```

```java
import java.lang.reflect.InvocationTargetException;
import java.lang.reflect.Method;
import java.util.ArrayList;
import java.util.List;
import javax.servlet.ServletException;
import javax.servlet.http.HttpServlet;
import javax.servlet.http.HttpServletRequest;
import javax.servlet.http.HttpServletResponse;
import org.dom4j.Document;
import org.dom4j.DocumentException;
import org.dom4j.Element;
import org.dom4j.io.SAXReader;
import base.common.Handler;
import base.common.HandlerMapping;
public class DispatcherServlet extends HttpServlet {
    private static final long serialVersionUID = 1L;
    //负责提供请求路径与处理器的对应关系
    private HandlerMapping hMapping;
    @Override
    /**
     * 读取配置文件(config.xml)，获得处理器的类名，
     * 然后利用 Java 反射将处理器实例化，然后将处理器实例交给 HandlerMapping 来处理。
     * 注：HandlerMapping(即映射处理器)利用 Java 反射，
     * 读取@RequestMapping 中的路径信息，建立请求路径与处理器方法的对应关系。
     */
public void init() throws ServletException {
    /*
     * 利用 dom4j 来解析 config.xml 配置文件，主要目的是读取处理器类名。
     */
    SAXReader sax = new SAXReader();
    InputStream in =
    getClass().getClassLoader().getResourceAsStream("config.xml");
    try {
    Document doc = sax.read(in);
    //找到根元素
    Element root = doc.getRootElement();
    //找到根元素下面的所有子元素
    List<Element> eles = root.elements();
    //遍历所有子元素
    List beans = new ArrayList();
    for(Element ele : eles){
    //获得处理器类名
    String className = ele.attributeValue("class");
    System.out.println("className:" + className);
    //将处理器实例化
    Object bean = Class.forName(className).newInstance();
    //将处理器实例放到一个集合里面，方便管理
    beans.add(bean);
    }
    System.out.println("beans:" + beans);
    //将处理器实例交给 HandlerMapping 处理
    hMapping = new HandlerMapping();
    hMapping.process(beans);
```

```java
    } catch (Exception e) {
      e.printStackTrace();
      throw new ServletException(e);
    }
}
    protected void service(
    HttpServletRequest request,
    HttpServletResponse response)
    throws ServletException,
    IOException {
      request.setCharacterEncoding("utf-8");
    //获得请求资源路径
    String uri = request.getRequestURI();
    //截取请求资源路径的一部分(获得请求路径)
    String contextPath = request.getContextPath();
    String path = uri.substring(contextPath.length());
    System.out.println("path:" + path);
    /*
    * 依据请求路径，找到对应的处理器来处理。
    */
    Handler handler = hMapping.getHandler(path);
    Method mh = handler.getMh();
    Object obj = handler.getObj();
    //rv：处理器方法的返回值
    Object rv = null;
    try {
    //调用处理器的方法
    /*
    * 利用java反射，查看处理器的方法带不带参数，
    * 如果带有参数，就要给相应的参数赋值。
    */
    //获得方法的参数类型
    Class[] types = mh.getParameterTypes();
    if(types.length > 0){
    Object[] args = new Object[types.length];
    //执行带有参数的方法
    for(int i = 0; i < types.length; i++){
    if(types[i] ==
    HttpServletRequest.class){args[i] = request;
    }
    if(types[i] ==
    HttpServletResponse.class){
    args[i] = response;
    }
}
    rv = mh.invoke(obj, args);
    }else{
    //执行不带参数的方法
    rv = mh.invoke(obj);
}
    //获得视图名
    String viewName = rv.toString();
    /*
    * 检查视图名，如果是以"redirect:"开头，则重定向，否则转发。
```

```
 */
if(viewName.startsWith("redirect:")){
//重定向
//将视图名转换成重定向地址
String redirectPath = contextPath + "/" + viewName.substring("redirect:".length());
response.sendRedirect(redirectPath);
}else{
//转发
//将视图名转换成jsp的地址
String jspPath = "/WEB-INF/" + viewName + ".jsp";
request.getRequestDispatcher(jspPath).forward(request, response);
}
} catch (Exception e) {
e.printStackTrace();
}
}
}
```

步骤 5：在 src/main/java 文件夹中新建类，类名为 HelloController，包名为 demo.controller，代码如下：

```
package demo.controller;
import javax.servlet.http.HttpServletRequest;
import base.annotation.RequestMapping;
/**
 * 处理器:负责处理业务逻辑。
 */
public class HelloController {
    @RequestMapping("/hello")
    public String hello(){
    System.out.println("HelloController 的 hello 方法");
    //返回视图名
    return "hello";
    }
    @RequestMapping("/toLogin.do")
    public String toLogin(){
    System.out.println(
    "HelloController 的 toLogin 方法");
    return "login";
}
    @RequestMapping("/login.do")
    public String login(
    HttpServletRequest request){
    System.out.println("HelloController 的 login 方法");
    //读取用户名和密码
    String uname = request.getParameter("uname");
    System.out.println("uname:" + uname);
    String pwd = request.getParameter("pwd");
    if("sdd".equals(uname)
    && "test".equals(pwd)){
    //登录成功
    return "redirect:welcome.do";
    }else{
    //登录失败
    request.setAttribute("login_failed", "用户名或密码错误");
```

```
        return "login";
    }
}
    @RequestMapping("/welcome.do")
    public String wel(){
    return "welcome";
}
}
```

步骤 6：src/main/java 文件夹中的 Java 类建成后，需要在 src/main/resources 文件夹中新建 XML 文件 config.xml，代码如下：

```xml
<?xml version="1.0" encoding="UTF-8"?>
<beans>
    <!-- 配置处理器 -->
    <bean class="demo.controller.HelloController"/>
</beans>
```

步骤 7：配置好 config.xml 后，在 webapp/WEB-INF 文件夹中新建 web.xml 文件，代码如下：

```xml
<?xml version="1.0" encoding="UTF-8"?>
<web-app xmlns:xsi="http://www.w3.org/2001/XMLSchema-instance"
xmlns="http://java.sun.com/xml/ns/javaee"
xsi:schemaLocation="http://java.sun.com/xml/ns/javaee
http://java.sun.com/xml/ns/javaee/web-app_2_5.xsd" version="2.5">
    <servlet>
      <servlet-name>DispatcherServlet</servlet-name>
      <servlet-class>base.web.DispatcherServlet</servlet-class>
      <load-on-startup>1</load-on-startup>
    </servlet>
    <servlet-mapping>
      <servlet-name>DispatcherServlet</servlet-name>
      <url-pattern>*.do</url-pattern>
    </servlet-mapping>
</web-app>
```

步骤 8：web.xml 配置完成后，编写前端页面，包括 hello.jsp、login.jsp、welcome.jsp 文件。
hello.jsp 文件代码如下：

```jsp
<%@ page contentType="text/html; charset=utf-8"
    pageEncoding="utf-8"%>
<html>
<head>
<title>Insert title here</title>
</head>
<body style="font-size:30px;">
    Hello,SmartMVC!
</body>
</html>
```

login.jsp 文件代码如下：

```jsp
<%@ page contentType="text/html; charset=utf-8"
    pageEncoding="utf-8"%>
<html>
<head>
<title>Insert title here</title>
</head>
<body style="font-size:30px;">
    <form action="login.do" method="post">
    <fieldset>
      <legend>登录</legend>
```

```
    用户名:<input name="uname"/>
    ${login_failed}
    <br/>
    密码:<input name="pwd" type="password"/><br/>
    <input type="submit" value="确定"/>
  </fieldset>
 </form>
</body>
</html>
```

welcome.jsp 文件代码如下:

```
<%@ page contentType="text/html; charset=utf-8"
    pageEncoding="utf-8"%>
<html>
<head>
<title>Insert title here</title>
</head>
<body style="font-size:30px;">
    登录成功
</body>
</html>
```

代码编写已经完成，该项目包含的文件如图 6-6 所示。

图 6-6　smartmvc2 项目包含的文件

运行结果如图 6-7 所示（用户名：sdd，密码：test）。

图 6-7 运行结果

登录成功，如图 6-8 所示。

图 6-8 登录成功界面

提示：登录失败，则不进行跳转，仍显示 login.jsp 页面。

6.3 就业面试技巧与解析

学完本章内容，读者应对 Spring MVC 有了基本了解，熟悉了 Spring MVC 的搭建步骤。下面对面试过程中可能出现的相关问题进行解析，更好地帮助读者学习。

6.3.1 面试技巧与解析（一）

面试官：简述 MVC 的工作流程。
应聘者：
（1）用户发送请求至前端控制器 DispatcherServlet。
（2）DispatcherServlet 收到请求调用 HandlerMapping 处理器映射器。
（3）处理器映射器根据请求 URL 找到具体的处理器，生成处理器对象及处理器拦截器，一并返回给 DispatcherServlet。
（4）DispatcherServlet 通过 HandlerAdapter 处理器适配器调用处理器。
（5）执行控制器 Controller。
（6）Controller 执行完成返回 ModelAndView。
（7）HandlerAdapter 将 Controller 执行结果 ModelAndView 返回给 DispatcherServlet。
（8）DispatcherServlet 将 ModelAndView 传给 ViewReslover 视图解析器。
（9）ViewReslover 解析后返回具体 View。
（10）DispatcherServlet 对 View 进行渲染视图，即将模型数据填充至视图中。
（11）DispatcherServlet 响应用户。

6.3.2 面试技巧与解析（二）

面试官： MVC 的主要组件是什么？

应聘者：

（1）前端控制器（DispatcherServlet）。

（2）处理器映射器（HandlerMapping）。

（3）处理器适配器（HandlerAdapter）。

（4）处理器（Handler）。

（5）视图解析器（ViewResolver）。

（6）视图 View，View 是一个接口，它的实现类支持不同的视图类型，如 jsp、freemarker、pdf 等。

第 7 章

Spring MVC 入门技术

学习指引

Spring MVC 可以帮助开发人员快速开发 MVC 应用。

本章首先介绍 Spring MVC 的基础内容、工作原理及优势，然后开发一个入门 Spring MVC 应用。

重点导读

- Spring MVC 的基础内容。
- Spring MVC 的工作原理。
- Spring MVC 的五大组件。
- Spring MVC 应用程序。
- Spring MVC 的优势。

7.1 Spring MVC 介绍

大部分 Java 应用都是 Web 应用，展现层是 Web 应用不可忽略的重要环节。Spring 为展现层提供了一个优秀的 Web 框架——Spring MVC。Spring MVC 采用了松散耦合和可插拔的组件结构，比其他 MVC 框架具有更大的扩展性和灵活性。Spring MVC 通过一套 MVC 注解，让 POJO 成为处理请求的处理器，无须实现任何接口。同时，Spring MVC 还支持 REST 风格的 URL 请求，注解驱动及 REST 风格的 Spring MVC 是 Spring 的出色功能之一。

7.1.1 Spring MVC 是什么

Spring MVC 是 Spring 提供的一个强大而灵活的 Web 框架。借助注解，Spring MVC 提供了类似于 POJO 的开发模式，使控制器的开发和测试更加简单。这些控制器一般不直接处理请求，而是将其委托给 Spring 上下文中的其他 Bean，通过 Spring 的依赖注入功能，这些 Bean 被注入到控制器中。

Spring MVC 主要由 DispatcherServlet、处理器映射、处理器（控制器）、视图解析器、视图组成，它的两个核心是处理器映射和视图解析器。通过这两个核心，Spring MVC 保证了选择控制处理请求和选择视图展现输出之间的松耦合。

简而言之，Spring MVC 就是一种 Web 层 MVC 框架，用于替代 Servlet（处理/响应请求、获取表单参数、表单校验等）。

7.1.2　Spring MVC 的工作原理

Spring MVC 的工作原理如图 7-1 所示。

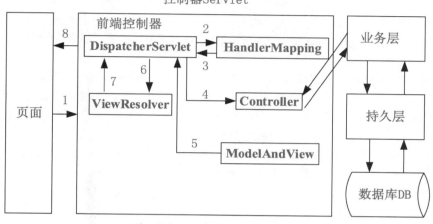

注：图中 1~8 表示 Spring MVC 的工作顺序。

图 7-1　Spring MVC 的工作原理

Spring MVC 的工作原理介绍如下。

（1）浏览器将指定的请求发送给 DispatcherServlet，让模块进行真正的业务和数据处理。

（2）DispatcherServlet 会查找到 HandleMapping，根据浏览器的请求找到对应的 Controller，并将请求发送给目标 Controller。

（3）目标 Controller 处理完业务后，返回一个 ModelAndView 给 DispatcherServlet。

（4）DispatcherServlet 通过 ViewResolver 视图解析器找到对应的视图对象 View。

（5）视图对象 View 负责渲染，并将结果返回给浏览器。

7.1.3　Spring 和 Spring MVC 的区别

Spring 是 IoC 和 AOP 的容器框架，Spring MVC 是在 Spring 功能的基础上添加的 Web 框架，想使用 Spring MVC 必须先依赖 Spring。

Spring 可以说是一个管理 Bean 的容器，也可以说是包括很多开源项目的总称，Spring MVC 是其中一个开源项目，所以简单走个流程的话，HTTP 请求一到，由容器（如 Tomcat）解析 HTTP 成为一个 Request，通过映射关系（路径、方法、参数等）被 Spring MVC 的一个分发器找到可以处理这个请求的 Bean，那么在 Tomcat 中就由 Spring Bean 容器来进行处理，处理完成后将响应返回即可。

Spring MVC 是一个 MVC 模式的 Web 开发框架。

7.1.4　Spring MVC 的优势

下面介绍使用 Spring MVC 进行程序开发的优势。

（1）可重用的业务代码：可以使用现有的业务对象作为命令或表单对象，而不需要扩展某个特定框架的基类。

（2）灵活的 Model 转换：在 Spring Web 框架中，使用基于 Map 的键/值对来达到轻易地与各种视图技术集成。

（3）清晰的角色划分：控制器（Controller）、验证器（Validator）、命令对象（Command Object）、表单对象（FormObject）、模型对象（ModelObject）、Servlet 分发器（DispatcherServlet）、处理器映射（Handler Mapping）、试图解析器（ViewResoler）等，每一个角色都可以由一个专门的对象来实现。

（4）简单、强大的 JSP 表单标签库：Spring 2.0 中引入的表单标签库，使用 JSP 编写表单更加容易，而且支持包括诸如数据绑定和主题（Theme）之类的许多功能。JSP 表单标签库可以在标记方面提供最大的灵活性。

（5）强大而直接的配置方式：框架类和应用程序类都能作为 Java Bean 配置，支持跨多个 Context 的引用，例如，可以检验用户输入，若校验不通过，则重定向回输入表单。输入校验是可选的，支持编码方式及声明，Spring MVC 内置了常见的校验器。

（6）Spring MVC 支持国际化和本地化，支持根据用户区域显示多国语言。

（7）支持多种视图技术：最常见的有 JSP 技术及其他技术，包括 Velocity 和 FreeMarker。

（8）Spring Bean 的生命周期可以被限制在当前的 HttpRequest 或者 HttpSession。

准确地说，以上优势并非来自 Spring MVC 框架本身，而是来自 Spring MVC 使用的 WebApplication Context 容器。

7.2 Spring MVC 的五大组件

本节将介绍 Spring MVC 中五大组件的内容及作用。

7.2.1 DispatcherServlet

DispatcherServlet：前端控制器。用户请求到达前端控制器，它就相当于 MVC 模式中的 C，DispatcherServlet 是整个流程控制的中心，由它调用其他组件处理用户的请求，DispatcherServlet 的存在降低了组件之间的耦合性。

下面介绍 DispatcherServlet 的使用及配置，代码如下：

```xml
<!--DispatcherServlet 属于 Servlet，所以配置在 web.xml 文件中。init-param 为该 Servlet 启动所需参数-->
<!-- 配置前端控制器，配置 Servlet -->
<servlet>
  <servlet-name>springMvc</servlet-name>
  <servlet-class>org.springframework.web.servlet.DispatcherServlet</servlet-class>
  <!--DispatcherServlet 会读取初始化 contextConfigLocation 参数里面的值，
  从而获取 spring 的配置位置，然后自启动容器-->
  <init-param>
    <param-name>contextConfigLocation</param-name>
    <param-value>classpath:springmvc.xml</param-value>
  </init-param>
  <load-on-startup>1</load-on-startup>
</servlet>
```

```xml
<!--配置请求路径-->
<servlet-mapping>
   <servlet-name>springMvc</servlet-name>
   <url-pattern>*.form</url-pattern>
</servlet-mapping>
```

7.2.2 HandlerMapping

(1)Handler：处理器。Handler 是继 DispatcherServlet 前端控制器之后的后端控制器，在 DispatcherServlet 的控制下，Handler 对具体的用户请求进行处理。由于 Handler 涉及具体的用户业务请求，所以一般情况下需要程序开发人员根据业务需求开发 Handler。

(2) HandlAdapter：处理器适配器。通过 HandlerAdapter 对处理器进行执行，这是适配器模式的应用，通过扩展适配器可以对更多类型的处理器进行执行。

(3) HandlerMapping：处理器映射器。HandlerMapping 负责根据用户请求找到 Handler 即处理器，Spring MVC 提供了不同的映射器，以实现不同的映射方式，如配置文件方式、实现接口方式、注解方式等。

下面介绍 HandlerMapping 的使用及配置，代码如下：

```xml
<!--mvc:annotation-driven 配置mvc注解扫描,可以将注解@RequestMapping("url")加在方法上,
简化配置 prop 标明路径和 XXController 的关系-->
<!--开启mvc注解扫描-->
<mvc:annotation-driven/>
<!--创建Controller bean-->
<bean id="loginController" class="包名+类名"/>
<bean class="org.springframework.web.servlrt.handler.SimpleUrlHandlerMapping">
   <property name="mappings">
     <props>
        <prop key="/login.form">loginController</prop>
     </props>
   </property>
</bean>
```

7.2.3 Controller

Controller：业务控制器。用来处理业务逻辑的 Java 类。

下面介绍 Controller 的使用及配置，代码如下：

```java
<!--处理 getData.form该路径的业务逻辑-->
@Controller
public class DataController {
  @RequestMapping("getData.form")
  public ModeAndView hello(String stationId) {
     System.out.println("hello");
     return new ModeAndView("hello")
  }
}
```

7.2.4 ModelAndView

ModelAndView：模型视图对象。Model 用来绑定处理后所得的数据，View 为视图名。

下面介绍 ModelAndView 的使用及配置，代码如下：

```
<!--两种 ModeAndView 的构造方法：第一种是视图名，第二种是需要绑定的数据-->
<!-- 配置视图解析器 -->
ModeAndView(String viewName)
ModeAndView(String viewName ,Map data)
```

7.2.5　ViewResolver

（1）ViewResolver：视图解析器。ViewResolver 负责将处理结果生成 View 视图（JSP、Freemarker），ViewResolver 首先根据逻辑视图名解析成物理视图名即具体的页面地址，然后生成 View 视图对象，最后对 View 进行渲染，并将处理结果通过页面展示给用户。

（2）View：视图。Spring MVC 框架提供对很多 View 视图类型的支持，包括 JstlView、FreemarkerView、pdfView 等。最常用的视图就是 JSP。

下面介绍 ViewResolver 的使用及配置，代码如下：

```
<!--前缀+视图名+后缀=映射到页面-->
<!-- 配置视图解析器 -->
<bean class="org.springframework.web.servlet.view.InternalResour ceViewResolver">
   <property name="prefix" value="/WEB-INF/"/>
   <property name="suffix" value=".html"></property>
</bean>
```

7.3　Spring MVC 的 DispatcherServlet

DispatcherServlet 是前置控制器，配置在 web.xml 文件中。拦截匹配的请求时，Servlet 拦截匹配规则要自己定义，把拦截下来的请求依据相应的规则分发到目标 Controller 来处理。这是配置 Spring MVC 的第一步。

DispatcherServlet 是前端控制器设计模式的实现，提供 Spring Web MVC 的集中访问点，负责职责的分派，而且与 Spring IoC 容器无缝集成，从而获得 Spring 的所有好处。

DispatcherServlet 是整个 Spring MVC 的核心，它负责接收 HTTP 请求组织协调 Spring MVC 的各个组成部分，其主要工作有以下三项。

（1）截获符合特定格式的 URL 请求。

（2）初始化 DispatcherServlet 上下文对应 WebApplicationContext，并将其与业务层、持久层的 WebApplicationContext 建立关联。

（3）初始化 Spring MVC 的各个组成组件，并装配到 DispatcherServlet 中。

作为 Servlet，DispatcherServlet 的启动过程与 Servlet 的启动过程是互相联系的。在 Servlet 的初始化过程中，Servlet 的 init()方法会被调用，以进行初始化。该初始化方法在基类 HttpServletBean 中被实现，在该过程中，initServetBean()、initwebApplicationContext()、createWebApplicationContext(rootContext)方法将被逐层调用，最后通过 ContextRefreshlistener 监听 refresh()方法后，调用 DispatcherServletonRefresh()方法。最终调用 initStrategies()方法初始化所有配置好的 Spring MVC 组件。

DispatcherServlet 实现了 Servlet 接口的实现类。Servlet 的生命周期分为 3 个阶段：初始化、运行和销毁。其中，初始化阶段需要完成的工作如下。

（1）Servlet 容器加载 Servlet 类，把类的.class 文件中的数据读到内存中。

（2）Servlet 容器中创建一个 ServletConfig 对象，该对象包含了 Servlet 的初始化配置信息。
（3）Servlet 容器创建一个 Servlet 对象。
（4）Servlet 容器调用 Servlet 对象的 init()方法进行初始化。

Servlet 的初始化阶段会调用 init()方法，DispatcherServlet 也不例外，可在其父类 HttpServletBean 中找到该方法，代码如下：

```java
public final void init() throws ServletException {
    if (logger.isDebugEnabled()) {
        logger.debug("Initializing servlet '" + getServletName() + "'");
    }
    try {
        PropertyValues pvs = new ServletConfigPropertyValues(getServletConfig(),
        this.required Properties);
        BeanWrapper bw = PropertyAccessorFactory.forBeanPropertyAccess(this);
        ResourceLoader resourceLoader = new ServletContextResourceLoader(getServletContext());
        bw.registerCustomEditor(Resource.class,
        new ResourceEditor(resourceLoader, getEnvironment()));
        initBeanWrapper(bw);
        bw.setPropertyValues(pvs, true);
    }
    catch (BeansException ex) {
        logger.error("Failed to set bean properties on servlet '" + getServletName() + "'", ex);
        throw ex;
    }
    initServletBean();
    if (logger.isDebugEnabled()) {
        logger.debug("Servlet '" + getServletName() + "' configured successfully");
    }
}
```

init()方法中先通过 ServletConfigPropertiesValues()方法对 Servlet 初始化参数进行封装，然后再将 Servlet 转换成一个 BeanWrapper 对象，从而使其能够以 Spring 的方式来对初始化参数的值进行注入。这些属性如 contextConfigLocation、namespace 等，将同时注册一个属性编辑器，一旦在属性注入的时候遇到 Resource 类型的属性，就会使用 ResourceEditor 去解析。再保留一个 initBeanWrapper(bw)方法给子类覆盖，让子类真正执行 BeanWrapper 的属性注入工作。

程序继续往下执行，运行 initServletBean()方法，代码如下：

```java
protected final void initServletBean() throws ServletException {
    getServletContext().log("Initializing Spring FrameworkServlet '" + getServletName() + "'");
    if (this.logger.isInfoEnabled()) {
        this.logger.info("FrameworkServlet '" + getServletName() + "': initialization started");
    }
    long startTime = System.currentTimeMillis();
    try {
        this.webApplicationContext = initWebApplicationContext();
        initFrameworkServlet();
    }
    catch (ServletException ex) {
        this.logger.error("Context initialization failed", ex);
        throw ex;
```

```
        }
        catch (RuntimeException ex) {
            this.logger.error("Context initialization failed", ex);
            throw ex;
        }
    if (this.logger.isInfoEnabled()) {
        long elapsedTime = System.currentTimeMillis() - startTime;
        this.logger.info("FrameworkServlet '" +
            getServletName() + "': initialization completed in " +elapsedTime + " ms");
    }
}
```

在 initServletBean()方法中,设计了一个计时器来统计初始化的执行时间,还提供了一个 initFramework Servlet()方法用于子类的覆盖操作,而关键的初始化逻辑给出了 initWebApplicationContext()方法,代码如下:

```
protected WebApplicationContext initWebApplicationContext() {
    WebApplicationContext rootContext =
    WebApplicationContextUtils.getWebApplicationContext (getServletContext());
    WebApplicationContext wac = null;
    if (this.webApplicationContext != null) {
    wac = this.webApplicationContext;
    if (wac instanceof ConfigurableWebApplicationContext) {
        ConfigurableWebApplicationContext cwac = (ConfigurableWebApplicationContext) wac;
        if (!cwac.isActive()) {
            if (cwac.getParent() == null) {
                cwac.setParent(rootContext);
            }
            configureAndRefreshWebApplicationContext(cwac);
        }
    }
}
    if (wac == null) {
        wac = findWebApplicationContext();
    }
    if (wac == null) {
        wac = createWebApplicationContext(rootContext);
    }
    if (!this.refreshEventReceived) {
        onRefresh(wac);
    }
    if (this.publishContext) {
        String attrName = getServletContextAttributeName();
        getServletContext().setAttribute(attrName, wac);
        if (this.logger.isDebugEnabled()) {
            this.logger.debug("Published WebApplicationContext of servlet ' " +
            getServletName() +" ' as ServletContext attribute with name [" + attrName + "]");
        }
    }
    return wac;
}
```

onRefresh(wac)方法是 FrameworkServlet 提供的模板方法,在其子类 DispatcherServlet 的 onRefresh()方

法中进行了重写，代码如下：

```
if (!this.refreshEventReceived) {
    onRefresh(wac);
}
```

在 onRefresh()方法中调用了 initStrategies()方法来完成初始化工作，初始化 Spring MVC 的 9 个组件，代码如下：

```
@Override
protected void onRefresh(ApplicationContext context) {
    initStrategies(context);
}
```

7.4 Spring MVC 的执行流程

为了帮助读者更加深刻地理解 Spring MVC，下面将介绍 Spring MVC 的执行流程，如图 7-2 所示。

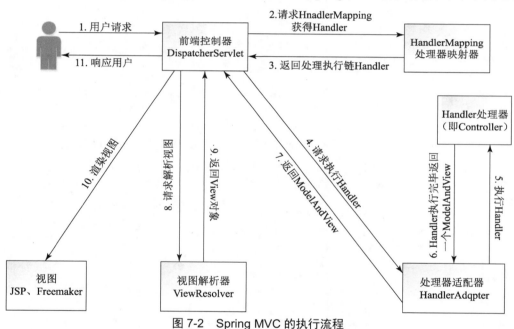

图 7-2 Spring MVC 的执行流程

简单地说，Spring MVC 的执行流程如下。

（1）客户端发送请求，请求交给前端控制器，前端控制器把请求交给映射处理器。

（2）映射处理器绑定一个控制器类（进行业务处理），返回结果给前端控制器。

（3）前端控制器调用控制器的方法，处理业务（调用业务层，业务层调用持久层），把模型和视图封装成 ModelAndView 对象返回。

（4）前端控制器调用视图解析器，解析视图，把结果返回给前端控制器。

（5）前端控制器响应视图到客户端。

7.5 一个 Spring MVC 应用

本节主要介绍一个 Spring MVC 应用。

步骤 1：新建 Maven 项目，设置项目名为 SpringMvc，将该项目添加到 Tomcat 中（详细步骤请参考 2.2 节的内容），在 pom 中进行导包，代码如下：

```xml
<project xmlns="http://maven.apache.org/POM/4.0.0"
xmlns:xsi="http://www.w3.org/2001/XMLSchema-instance"
xsi:schemaLocation="http://maven.apache.org/POM/4.0.0
http://maven.apache.org/xsd/maven-4.0.0.xsd">
  <modelVersion>4.0.0</modelVersion>
  <groupId>com.jumooc</groupId>
  <artifactId>springMvc</artifactId>
  <version>0.0.1-SNAPSHOT</version>
  <packaging>war</packaging>
   <dependencies>
    <!-- Spring 依赖 jar -->
     <dependency>
        <groupId>org.springframework</groupId>
        <artifactId>spring-webmvc</artifactId>
        <version>4.3.9.RELEASE</version>
     </dependency>
   </dependencies>
</project>
```

提示：建 Maven 项目时，默认的是 jar 项目，此处选择 war 项目。

步骤 2：配置好 pom.xml 文件后，在 webapp/WEB-INF 文件夹中新建 web.xml 文件，代码如下：

```xml
<?xml version="1.0" encoding="UTF-8"?>
<web-app xmlns:xsi="http://www.w3.org/2001/XMLSchema-instance"
xmlns="http://java.sun.com/xml/ns/javaee"
xsi:schemaLocation="http://java.sun.com/xml/ns/javaee
http://java.sun.com/xml/ns/javaee/web-app_2_5.xsd" version="2.5">
   <display-name>springMvc</display-name>
   <!-- 配置前端控制器 -->
   <servlet>
    <servlet-name>dispatcherServlet</servlet-name>
    <servlet-class>
    org.springframework.web.servlet.DispatcherServlet
    </servlet-class>
    <!-- 配置初始化参数（读配置文件） -->
    <init-param>
      <param-name>contextConfigLocation</param-name>
      <param-value>classpath:spring-mvc.xml</param-value>
    </init-param>
    <load-on-startup>1</load-on-startup>
   </servlet>
  <servlet-mapping>
    <servlet-name>dispatcherServlet</servlet-name>
    <url-pattern>*.do</url-pattern>
```

```
    </servlet-mapping>
</web-app>
```

提示：如果 web.xml 已经存在，只需配置即可，如果不存在则需要新建。

步骤 3：配置完 web.xml 文件后，在 src/main/java 文件夹中新建 Java 类，包名为 com.jumooc.controller，类名为 UserController，代码如下：

```
package com.jumooc.controller;
import org.springframework.stereotype.Controller;
import org.springframework.web.bind.annotation.RequestMapping;
//@Controller:表示实例化控制器类
@Controller
@RequestMapping("/user")
public class UserController {
    //定义方法，显示注册页面
    @RequestMapping("/showRegister.do")
    public String showRegister(){
        //框架会把字符串封装到 ModelAndView 对象中
        return "register";
    }
    //显示登录的页面
    @RequestMapping("/showLogin.do")
    public String showLogin(){
        return "login";
    }
}
```

步骤 4：在 Java 类 UserController 完成后，需要在 src/main/resources 文件夹中新建 XML 文件 spring-mvc.xml，代码如下：

```
<?xml version="1.0" encoding="UTF-8"?>
<beans xmlns="http://www.springframework.org/schema/beans"
  xmlns:xsi="http://www.w3.org/2001/XMLSchema-instance"
  xmlns:context="http://www.springframework.org/schema/context"
  xmlns:jdbc="http://www.springframework.org/schema/jdbc"
  xmlns:jee="http://www.springframework.org/schema/jee"
  xmlns:tx="http://www.springframework.org/schema/tx"
  xmlns:aop="http://www.springframework.org/schema/aop"
  xmlns:mvc="http://www.springframework.org/schema/mvc"
  xmlns:util="http://www.springframework.org/schema/util"
  xmlns:jpa="http://www.springframework.org/schema/data/jpa"
  xsi:schemaLocation="
      http://www.springframework.org/schema/beans
      http://www.springframework.org/schema/beans/spring-beans-3.2.xsd
      http://www.springframework.org/schema/context
      http://www.springframework.org/schema/context/spring-context-3.2.xsd
      http://www.springframework.org/schema/jdbc
      http://www.springframework.org/schema/jdbc/spring-jdbc-3.2.xsd
      http://www.springframework.org/schema/jee
      http://www.springframework.org/schema/jee/spring-jee-3.2.xsd
      http://www.springframework.org/schema/tx
      http://www.springframework.org/schema/tx/spring-tx-3.2.xsd
```

```xml
            http://www.springframework.org/schema/data/jpa
            http://www.springframework.org/schema/data/jpa/spring-jpa-1.3.xsd
            http://www.springframework.org/schema/aop
            http://www.springframework.org/schema/aop/spring-aop-3.2.xsd
            http://www.springframework.org/schema/mvc
            http://www.springframework.org/schema/mvc/spring-mvc-3.2.xsd
            http://www.springframework.org/schema/util
            http://www.springframework.org/schema/util/spring-util-3.2.xsd">
    <!-- 注解扫描 -->
    <context:component-scan base-package="com.jumooc.controller"/>
    <!-- 配置视图解析器 -->
      <bean id="viewResolver"
       class="org.springframework.web.servlet.view.InternalResource ViewResolver">
      <!--
      prefix 表示前缀
      suffix 表示后缀
      -->
        <property name="prefix" value="/WEB-INF/web/"/>
        <property name="suffix" value=".jsp"/>
      </bean>
      <!-- mvc 注解驱动（功能更加强大） -->
      <mvc:annotation-driven/>
</beans>
```

步骤5：配置好 spring-mvc.xml 后，在 webapp/WEB-INF 文件夹中新建 web 文件夹，在 web 文件夹中新建 login.jsp 和 register.jsp。

login.jsp 的代码如下：

```jsp
<%@ page contentType="text/html; charset=utf-8" pageEncoding="utf-8"%>
<html>
<head>
<title>Insert title here</title>
</head>
<body style="font-size:30px;">
    登录页面
</body>
</html>
```

register.js 的代码如下：

```jsp
<%@ page contentType="text/html; charset=utf-8" pageEncoding="utf-8"%>
<html>
<head>
<title>Insert title here</title>
</head>
<body style="font-size:30px;">
    注册页面
</body>
</html>
```

运行结果如图 7-3 所示。

图 7-3 运行结果

7.6 就业面试技巧与解析

学完本章内容，读者应对 Spring MVC 组件、工作原理、执行流程有了基本了解，熟悉了 Spring MVC 应用的搭建。下面对面试过程中可能出现的相关问题进行解析，更好地帮助读者学习。

7.6.1 面试技巧与解析（一）

面试官：简述 Spring MVC 的请求处理过程。
应聘者：
（1）用户向服务器发送请求，请求被 Spring MVC 前端控制器（DispatchServlet）捕获。
（2）前端控制器对请求 URL 进行解析，得到请求资源标识符（URL），然后根据该 URL 调用页面处理器（HandlerMapping）获得该 Handler 配置的所有相关对象（包括 Handler 对象以及 Handler 对象对应的拦截器），最后以 HandlerExecutionChain 对象的形式返回。
（3）前端控制器根据获得的 Handler 选择一个合适的 HandlerAdapter 适配器处理。
（4）Handler 对数据处理完成以后将返回一个 ModelAndView()对象给前端控制器。
（5）Handler 返回的 ModelAndView()只是一个逻辑视图，并不是一个正式的视图，前端控制器通过 ViewResolver 视图解析器将逻辑视图转化为真正的视图 View。
（6）DispatcherServle 通过 Model 解析出 ModelAndView()中的参数，最终展现完整的 View 并返回给客户端。

7.6.2 面试技巧与解析（二）

面试官：Spring MVC 的常用注解有哪些？
应聘者：
（1）@requestMapping：用于请求 URL 映射。
（2）@RequestBody：实现接收 HTTP 请求的 Json 数据，将 Json 数据转换为 Java 对象。
（3）@ResponseBody：实现将 Controller 方法返回对象转化为 Json 响应给客户。
（4）@Conntroller：控制器的注解，表示是表现层，不能用其他注解代替。

第 8 章

Spring MVC 的控制器

学习指引

本章主要讲解 Spring MVC 的控制器，带领读者深入了解 Spring MVC，为后面创建项目做准备。通过本章内容的学习，读者可以了解 Spring MVC 的注解类型、Spring MVC 的传值、Spring MVC 的请求参数和路径问题，以及 Spring MVC 的转发和重定向。

重点导读

- Spring MVC 基于注解的控制器。
- Spring MVC 的传值。
- Spring MVC 的请求参数和路径变量。
- Spring MVC 的转发和重定向。

8.1 基于注解的控制器

Spring MVC 基于注解的控制器有两个主要的优点。
（1）控制器可以处理多个动作，允许将相关操作写在一个类中。
（2）控制器的请求映射不需要存储在配置文件中。使用 RequestMapping 注释类型可以对一个方法进行请求处理。

8.1.1 RequestMapping 的注解类型

RequestMapping 映射了一个请求和一种方法。可以使用@RequestMapping 注解一种方法或类，代码如下：

```
@Controller
public class CustemerController{
  @RequestMapping(value = "/customer_input")
  public String inputCustemer(){
    return "CustemerForm";
```

```
    }
}
<!--value 属性就是将 URI 映射到方法。value 属性是默认的属性,如果只有一个属性,则可省略属性名称。-->
<!-- @RequestMapping("/customer_input")超过一个属性,则必须写 value 属性名称。
除了 value 属性,还有其他属性,如 method 属性可以用来指示该方法处理哪些 HTTP 方法。-->
<!-- @RequestMapping(value="/customer_input",method={RequestMethod.POST,RequestMethod.PUT})
如果只有一个 HTTP 方法值,则使用
@RequestMapping(value = "/customer_input", method=RequestMethod.POST)-->
```

RequestMapping 注释类型也可用来注释一个控制类,代码如下:

```
@Controller
@RequestMapping(value = "/customer_input")
public class inputCustemer(){
@RequestMapping(value = "/delete", method={RequestMethod.POST,RequestMethod.PUT})
pulic String deleteCustemer(){
   return "CustemerForm";
   }
}
```

8.1.2 控制器的注解类型

声明一个控制器类,Spring MVC 使用扫描机制来找到应用程序中所有基于注解的控制器类,控制器类的内部包含每个动作相应的处理方法。这种注释类型用于指示 Spring MVC 类的实例是一个实例,代码如下:

```
package com.jumooc.controller;
import org.springframework.web.servlet.mvc.support.RedirectAttributes;
@Controller
public class ProductController {
//request-handling 方法
}
```

为了保证 Spring MVC 能扫描到控制器类,需要完成两个配置,首先要在 Spring MVC 的配置文件中声明 Spring-context,代码如下:

```
<beans xmlns:context="http://www.springframework.org/schema/context">
```

其次需要应用<component-scan/>元素,在该元素中指定控制器类的基本包。例如,所有的控制器类都在 com.jumooc.controller 及其子包下,则该元素代码如下:

```
<context:component-scan base-package="com.jumooc.controller"/>
```

8.2 Spring MVC 的请求参数和路径变量

8.2.1 Spring MVC 的请求参数

请求参数是指表单"/URL?"后面的参数,例如,xxxx:8080?name=springmvc&age=6 中的 name 和 age 就是请求参数。

URL 请求参数实例如下。

(1)请求地址,请求参数为 name,代码如下:

```
http://localhost:8080/springDemo/test?name=springmvc
```

（2）参数接收，指定和请求参数同样的名称，代码如下：

```
@Controller
Public class MyController{
   @RequestMapping("/test")
   Public String main(String name){
       System.out.println("接收到参数:"+name);
       return "test";
   }
}
```

（3）如果请求参数名和控制器指定名称不一致，则无法取得参数。

（4）可以在控制器的参数中通过@ReqeustParam 指定 URL 传递参数名称，代码如下：

```
@Controller
Public class MyController{
   @RequestMapping("/test")
   Public String main(@RequesParam("name")String uname){
       System.out.println("接收到参数:"+uname);
       return "test";
   }
}
```

8.2.2 Spring MVC 的路径变量

（1）Spring MVC 的路径变量是指 URL 项目名之后,问号(?)之前的信息,例如 http://localhost:8080/springDemo/1234?name=xiaoming，1234 就可以作为路径变量，具体哪一部分算作路径变量是由控制器指定的。

（2）路径变量在控制器映射路径中通过{路径映射名}进行指定，在形参上通过@Path Variable("id 名")获取路径变量。代码如下：

```
@Controller
Public class MyController{
   @RequestMapping("/test/{id}")
   Public String main(@PathVariable("id")String id){
       System.out.println("接收到路径参数:"+id);
       return "test";
   }
}
```

（3）可以通过多个路径变量请求参数。

提示：接收到路径变量之后，Spring MVC 可以自动将 URL 字符中的字符串转换为参数指定格式，例如 1234 会自动解析为对应的 int 类型。

//1234 和 5678 就可以作为两个路径变量,例如 localhost:8080/springDemo/demo/demo-1 和 http://localhost:8080/springDemo/1234/5678。

获取路径变量，代码如下：

```
@Controller
Public class MyController{
   @RequestMapping("/test/{id}/{no}")
```

```
    Public String main(@PathVariable("id")int id,@PathVariable("no") int no){
        System.out.println("接收到路径参数:"+id+" "+no);
        return "test";
    }
}
```

8.3　使用 Spring MVC 传值

编写程序时，会出现不同模板之间互相交互传递数据的情况，本节主要讲解在 Spring MVC 中传值的两种方式：Spring MVC 页面传值到控制器和 Spring MVC 控制器传值到页面。

8.3.1　Spring MVC 页面传值到控制器

Spring MVC 页面传值到控制器有以下三种方式。

1. 使用 Request 进行页面传值到控制器（不建议使用）

提示：使用 Request 传值的特点是直接，但是不能自动进行类型转换。

新建 Maven 项目 springDemo，导入 jar 包编辑 pom.xml 文件，代码如下：

```xml
<project xmlns="http://maven.apache.org/POM/4.0.0"
xmlns:xsi="http://www.w3.org/2001/XMLSchema-instance"
xsi:schemaLocation="http://maven.apache.org/POM/4.0.0
http://maven.apache.org/xsd/maven-4.0.0.xsd">
    <modelVersion>4.0.0</modelVersion>
    <groupId>com.jumooc</groupId>
    <artifactId>springDemo</artifactId>
    <version>0.0.1-SNAPSHOT</version>
    <packaging>war</packaging>
    <dependencies>
      <!-- Spring 依赖 jar -->
      <dependency>
        <groupId>org.springframework</groupId>
        <artifactId>spring-webmvc</artifactId>
        <version>4.3.9.RELEASE</version>
      </dependency>
    </dependencies>
</project>
```

pom.xml 文件编辑完成后，在 WEB-INF 文件夹中进行配置，编辑 web.xml 文件，代码如下：

```xml
<?xml version="1.0" encoding="UTF-8"?>
<web-app xmlns:xsi="http://www.w3.org/2001/XMLSchema-instance"
xmlns="http://java.sun.com/xml/ns/javaee"
xsi:schemaLocation="http://java.sun.com/xml/ns/javaee
http://java.sun.com/xml/ns/javaee/web-app_2_5.xsd" version="2.5">
    <display-name>springDemo</display-name>
    <!-- 配置前端控制器 -->
    <servlet>
```

```xml
    <servlet-name>dispatcherServlet</servlet-name>
    <servlet-class>org.springframework.web.servlet.DispatcherServlet
    </servlet-class>
    <!-- 配置初始化参数(读配置文件) -->
    <init-param>
        <param-name>contextConfigLocation</param-name>
        <param-value>classpath:spring-mvc.xml</param-value>
    </init-param>
    <load-on-startup>1</load-on-startup>
    </servlet>
 <servlet-mapping>
    <servlet-name>dispatcherServlet</servlet-name>
    <url-pattern>*.do</url-pattern>
 </servlet-mapping>
</web-app>
```

web.xml 文件配置完成后,在 WEB-INF 文件夹中新建一个 web 文件夹,在 web 文件夹中新建 demo.jsp 页面和 ok.jsp 页面。

demo.jsp 页面代码如下:

```jsp
<%@ page contentType="text/html; charset=utf-8" pageEncoding="utf-8"%>
<html>
<head>
<title>Insert title here</title>
</head>
<body style="font-size:30px;">
<form action="${pageContext.request.contextPath}/demo/test1.do" method="post">
    姓名:<input type="text" name="name" id="name"/><br>
    年龄:<input type="text" name="age" id="age"/><br>
    密码:<input type="password" name="pwd" id="pwd"/><br>
    <input type="submit" value="提交"/>
</form>
</body>
</html>
```

ok.jsp 页面代码如下:

```jsp
<%@ page contentType="text/html; charset=utf-8" pageEncoding="utf-8"%>
<html>
<head>
<title>Insert title here</title>
</head>
<body style="font-size:30px;">
    成功!<br>
    name:${requestScope.name}<br>
    age:${sessionScope.age}
</body>
</html>
```

在 src/main/resources 文件夹中新建 spring-mvc.xml 文件进行编辑,代码如下:

```xml
<?xml version="1.0" encoding="UTF-8"?>
<beans xmlns="http://www.springframework.org/schema/beans"
```

```xml
    xmlns:xsi="http://www.w3.org/2001/XMLSchema-instance"
    xmlns:context="http://www.springframework.org/schema/context"
    xmlns:jdbc="http://www.springframework.org/schema/jdbc"
    xmlns:jee="http://www.springframework.org/schema/jee"
    xmlns:tx="http://www.springframework.org/schema/tx"
    xmlns:aop="http://www.springframework.org/schema/aop"
    xmlns:mvc="http://www.springframework.org/schema/mvc"
    xmlns:util="http://www.springframework.org/schema/util"
    xmlns:jpa="http://www.springframework.org/schema/data/jpa"
    xsi:schemaLocation="http://www.springframework.org/schema/beans
http://www.springframework.org/schema/beans/spring-beans-3.2.xsd
http://www.springframework.org/schema/context
http://www.springframework.org/schema/context/spring-context-3.2.xsd
http://www.springframework.org/schema/jdbc
http://www.springframework.org/schema/jdbc/spring-jdbc-3.2.xsd
http://www.springframework.org/schema/jee
http://www.springframework.org/schema/jee/spring-jee-3.2.xsd
http://www.springframework.org/schema/tx
http://www.springframework.org/schema/tx/spring-tx-3.2.xsd
http://www.springframework.org/schema/data/jpa
http://www.springframework.org/schema/data/jpa/spring-jpa-1.3.xsd
http://www.springframework.org/schema/aop
http://www.springframework.org/schema/aop/spring-aop-3.2.xsd
http://www.springframework.org/schema/mvc
http://www.springframework.org/schema/mvc/spring-mvc-3.2.xsd
http://www.springframework.org/schema/util
http://www.springframework.org/schema/util/spring-util-3.2.xsd">
<!-- 注解扫描 -->
<context:component-scan
    base-package="com.jumooc.controller"/>
<!-- 配置视图解析器 -->
    <bean id="viewResolver"
    class="org.springframework.web.servlet.view.InternalResourceViewResolver">
<!--
    prefix 表示前缀
    suffix 表示后缀
-->
    <property name="prefix" value="/WEB-INF/web/"/>
    <property name="suffix" value=".jsp"/>
    </bean>
    <!-- mvc 注解驱动（功能更加强大） -->
    <mvc:annotation-driven/>
</beans>
```

spring-mvc.xml 配置完成后，在 src/main/java 文件夹中新建类 DemoController，包名为 com.jumooc.controller，代码如下：

```
package com.jumooc.controller;
import javax.servlet.http.HttpServletRequest;
import org.springframework.stereotype.Controller;
import org.springframework.web.bind.annotation.RequestMapping;
```

```java
@Controller
@RequestMapping("/demo")
public class DemoController {
    //显示 demo 页面
    @RequestMapping("/showDemo.do")
    public String showDemo(){
    return "demo";
}
    //使用 request 传值
    @RequestMapping("/test1.do")
    public String test1(HttpServletRequest request){
    String name  = request.getParameter("name");
    Integer age = Integer.parseInt(request.getParameter("age"));
    System.out.println(age+","+name);
    return "ok";
    }
}
```

运行结果如图 8-1 所示。

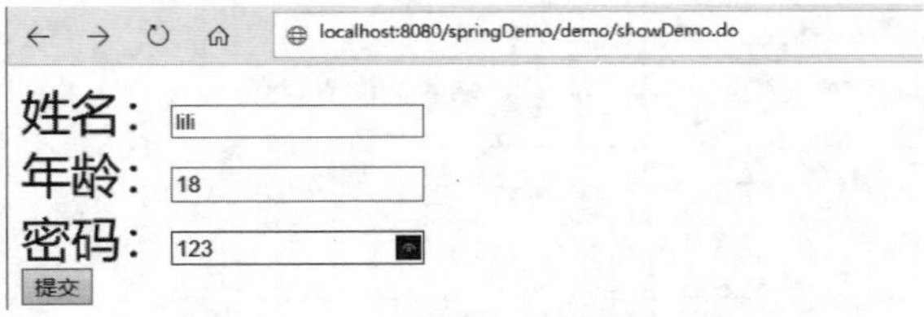

图 8-1 Request 传值运行结果

提示：访问路径为 localhost:8080/springDemo/demo/showDemo.do。

填写图 8-1 所示页面上的信息，单击"提交"按钮，弹出 ok.jsp 页面，并且控制器会输出年龄和姓名，如图 8-2 所示。

2. 使用属性进行页面传值到控制器

提示：属性传值的特点：① 变量名必须和表单组件的 name 值相同；② 可以实现类型转换；③ 进行类型转换时可能会出现异常。

在 Request 传值的 src/main/java 文件夹中的 DemoController 类中写入方法，代码如下：

```java
@RequestMapping("/test2.do")
public String test2(String name,Integer age,String pwd){
    System.out.println(name+","+age+","+pwd);
    return "ok";
}
```

提示：使用属性传值时应注意：① 表单组件的 name 属性值和变量名不相同时，需要使用@RequestParam("pwd")辅助完成赋值；② pwd 表示表单组件的 name 属性值；③如果@RequestParam("pwd")中的 pwd 在页面不存在，会产生 400 错误。

代码如下：

```java
@RequestMapping("/test3.do")
    public String test3(String name,Integer age,@RequestParam("pwd") String password){
    System.out.println(password);
```

```
        return "ok";
}
```

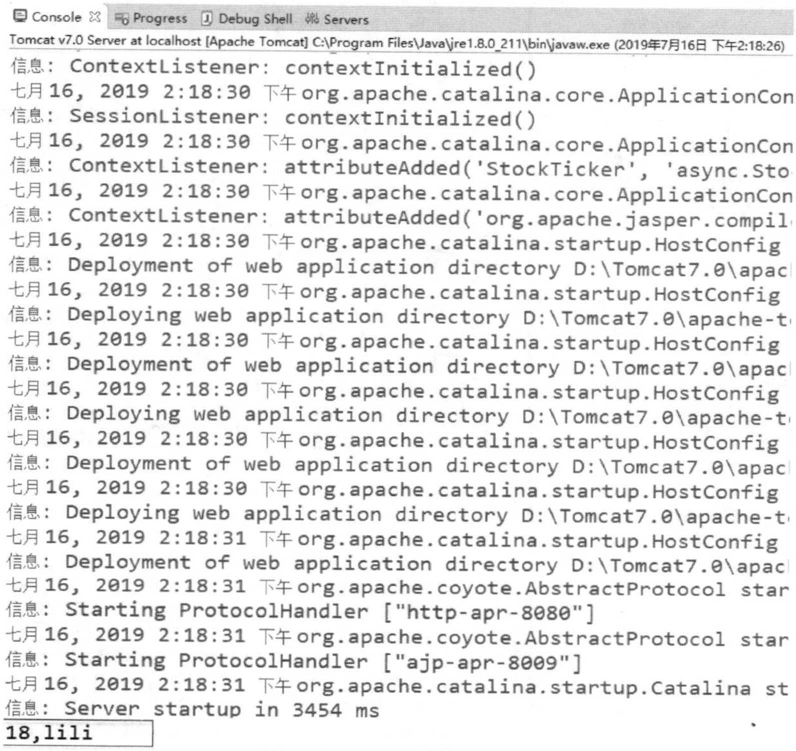

图 8-2 使用 Request 传值将页面信息传入控制器

提示：将 demo.jsp 中的<form action="${pageContext.request.contextPath}/demo/test1.do" method="post">修改为<form action="${pageContext.request.contextPath}/demo/test2.do" method="post">，一般测试哪个传值信息就用哪个方法。

运行的结果如图 8-3 所示。

3. 使用 Bean 对象进行页面传值到控制器

提示：Bean 对象传值的特点：①把表单组件的 name 属性值封装到 Bean 类中；②方法的参数传递封装类型的对象即可；③如果前端提交数据较多，建议使用此种方式。

在 src/main/java 文件夹中新建类 User，包名为 com.jumooc.bean，代码如下：

```
package com.jumooc.bean;
public class User {
    private String name;
    private Integer age;
    private String pwd;
    public String getName() {
        return name;
    }
    public void setName(String name) {
        this.name = name;
    }
```

```java
    public Integer getAge() {
        return age;
    }
    public void setAge(Integer age) {
        this.age = age;
    }
    public String getPwd() {
        return pwd;
    }
    public void setPwd(String pwd) {
        this.pwd = pwd;
    }
     @Override
    public String toString() {
        return "User [name=" + name + ", age=" + age + ", pwd=" + pwd + "]";
    }
}
```

图 8-3　使用属性传值将页面信息传入控制器

User 类创建成功后，在 src/main/java 文件夹的 DemoController 类中写入以下方法的代码：

```java
@RequestMapping("/test4.do")
   public String test4(User user){
       System.out.println(user);
       return "ok";
   }
```

提示：将 demo.jsp 中 form action 路径中的 "/demo/test2.do" 修改为 "/demo/test4.do"。
运行结果如图 8-4 所示。

```
Tomcat v7.0 Server at localhost [Apache Tomcat] C:\Program Files\Java\jre1.8.0_211\bin\javaw.exe (2019年7月16日 下午4:30:08)
七月 16, 2019 4:30:13 下午 org.apache.catalina.core.ApplicationCor
信息: ContextListener: attributeAdded('StockTicker', 'async.Sto
七月 16, 2019 4:30:13 下午 org.apache.catalina.core.ApplicationCor
信息: ContextListener: attributeAdded('org.apache.jasper.compil
七月 16, 2019 4:30:13 下午 org.apache.catalina.startup.HostConfig
信息: Deployment of web application directory D:\Tomcat7.0\apac
七月 16, 2019 4:30:13 下午 org.apache.catalina.startup.HostConfig
信息: Deploying web application directory D:\Tomcat7.0\apache-t
七月 16, 2019 4:30:14 下午 org.apache.catalina.startup.HostConfig
信息: Deployment of web application directory D:\Tomcat7.0\apac
七月 16, 2019 4:30:14 下午 org.apache.catalina.startup.HostConfig
信息: Deploying web application directory D:\Tomcat7.0\apache-t
七月 16, 2019 4:30:14 下午 org.apache.catalina.startup.HostConfig
信息: Deployment of web application directory D:\Tomcat7.0\apac
七月 16, 2019 4:30:14 下午 org.apache.catalina.startup.HostConfig
信息: Deploying web application directory D:\Tomcat7.0\apache-t
七月 16, 2019 4:30:14 下午 org.apache.catalina.startup.HostConfig
信息: Deployment of web application directory D:\Tomcat7.0\apac
七月 16, 2019 4:30:14 下午 org.apache.coyote.AbstractProtocol star
信息: Starting ProtocolHandler ["http-apr-8080"]
七月 16, 2019 4:30:14 下午 org.apache.coyote.AbstractProtocol star
信息: Starting ProtocolHandler ["ajp-apr-8009"]
七月 16, 2019 4:30:14 下午 org.apache.catalina.startup.Catalina st
信息: Server startup in 4550 ms
User [name=lili, age=16, pwd=123456]
```

图 8-4　使用 Bean 对象将页面信息传入控制器

8.3.2　Spring MVC 控制器传值到页面

Spring MVC 控制器传值到页面有以下三种方式。

1. 使用 Request、Session 进行控制器传值到页面（不建议使用）

在 springDemo 项目 src/main/java 文件夹中的类 DemoController 中写入方法，代码如下：

```
@RequestMapping("/test5.do")
    public String test5( HttpServletRequest request,HttpSession session){
        request.setAttribute("name", "admin");
        session.setAttribute("age",18);
        return "ok";
    }
```

提示：将 demo.jsp 中 form action 路径中的“/demo/test4.do”修改为“/demo/test5.do”。

ok.jsp 的代码如下：

```
<%@ page contentType="text/html; charset=utf-8" pageEncoding="utf-8"%>
<html>
<head>
<title>Insert title here</title>
</head>
<body style="font-size:30px;">
   成功! <br>
name:${requestScope.name}<br>
age:${sessionScope.age}<br>
</body>
</html>
```

提示：直接访问路径为 http://localhost:8080/springDemo/demo/test5.do。
运行结果如图 8-5 所示。

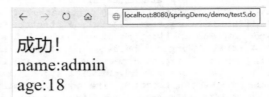

图 8-5　使用 Request、Session 进行控制器传值到页面

2．使用 ModelAndView 进行控制器传值到页面

提示：使用 ModelAndView 传值的特点：①可以在 ModelAndView 构造方法中设置一个 Map 对象；②Map 对象经过框架处理后，会把 key-value 设置到 Request 对象中。

在 src/main/java 文件夹中的 DemoController 类中写入方法，代码如下：

```java
@RequestMapping("/test6.do")
public ModelAndView test6(){
    Map<String,Object> map = new HashMap<String,Object>();
    map.put("message", "控制器向页面传值");
    ModelAndView mv = new ModelAndView("ok",map);
    return mv;
}
```

提示：将 demo.jsp 中 form action 路径中的 "/demo/test5.do" 修改为 "/demo/test6.do"。

ok.jsp 的代码如下：

```jsp
<%@ page contentType="text/html; charset=utf-8" pageEncoding="utf-8"%>
<html>
<head>
<title>Insert title here</title>
</head>
<body style="font-size:30px;">
    成功！<br>
    name:${requestScope.name}<br>
    age:${sessionScope.age}<br>
    message:${requestScope.message}<br>
    error:${requestScope.error}<br>
    ${success}
</body>
</html>
```

提示：直接访问路径为 http://localhost:8080/springDemo/demo/test6.do。
运行结果如图 8-6 所示。

3．使用 ModelMap 进行控制器传值到页面（建议使用）

提示：使用 ModelMap 传值的特点：①ModelMap 是框架提供的 Map 集合；②ModelMap 同样被框架设置到 Request 对象中。

在 src/main/java 文件夹中的 DemoController 类中写入方法，代码如下：

图 8-6 使用 ModelAndView 进行控制器传值到页面

```
@RequestMapping("/test7.do")
    public String test7(ModelMap map){
    //设置属性值
    map.addAttribute("error","登录失败！");
    return "ok";
    }
```

提示：将 demo.jsp 中 form action 路径中的"/demo/test6.do"修改为"/demo/test7.do"，然后访问路径 http://localhost:8080/springDemo/demo/test7.do。

运行结果如图 8-7 所示。

图 8-7 使用 ModelMap 进行控制器传值到页面

8.3.3 Spring MVC 登录程序

在本节中，为 springDemo 项目添加登录验证。

在 src/main/java 文件夹中的 DemoController 类中写入方法，代码如下：

```
@RequestMapping("/test8.do")
   public String test8(String name,String pwd,ModelMap map){
   //1.获取用户名和密码
   //2.用户名和密码必须是admin和123456，则表示登录成功，转到ok.jsp页面，页面显示登录成功
if("admin".equals(name)&&"123456".equals(pwd)){
   map.addAttribute("success","登录成功！");
   return "ok";
}else{
   //3.如果用户名或密码错误，转到demo.jsp页面，页面上显示相关错误信息
   map.addAttribute("error","用户名或密码错误！");
   return "demo";
   }
}
```

提示：将 demo.jsp 中 form action 路径中的"/demo/test7.do"修改为"/demo/test8.do"，然后访问路径 localhost:8080/springDemo/demo/showDemo.do。

输入信息如图 8-8 所示。

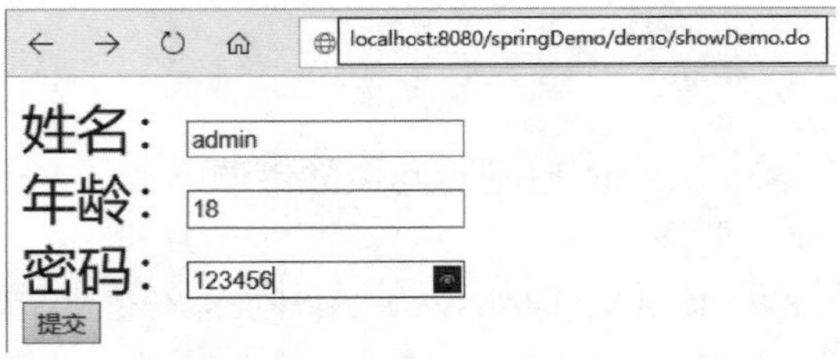

图 8-8　输入信息

单击"提交"按钮，页面跳转，如图 8-9 所示。

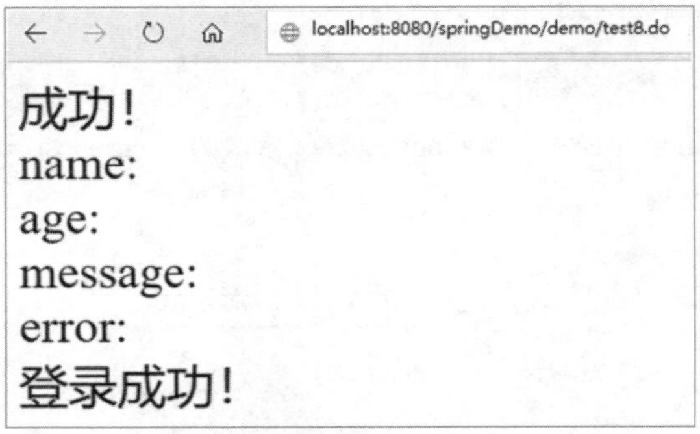

图 8-9　显示登录成功信息

提交错误信息，页面如图 8-10 所示。

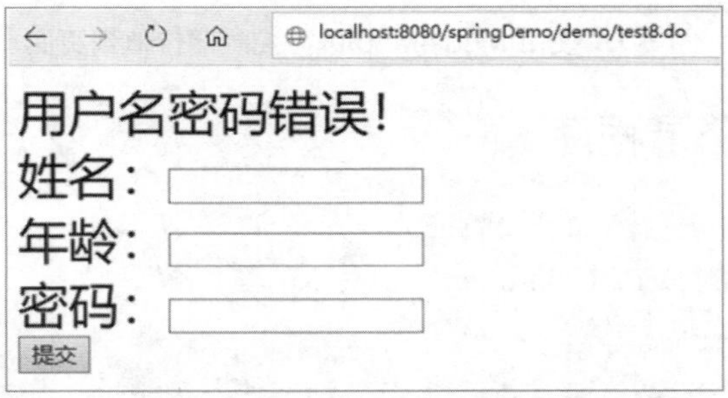

图 8-10　显示登录失败信息

8.4　Spring MVC 的转发和重定向

Spring MVC 的转发和重定向的作用也非常重要。转发发生在服务端，重定向发生在客户端。转发属于同一次请求，而重定向属于客户端重新发送了一次新的请求。在程序开发过程中，由于框架的使用，Spring MVC 请求转发和请求重定向都经过了框架的封装，使其使用起来更加方便。

8.4.1　Spring MVC 的转发和重定向介绍

在程序开发过程中，Spring MVC 的请求转发运用得比较多。在控制器中，处理完表单传递过来的数据，一般会返回一个字符串或者 ModelandView，然后经过 Spring MVC 的视图解析器进行解析。拼接成返回视图的路径，将数据通过 model.addAttribute 放在 Model 中传递到页面上进行渲染。本质上还是将要返回的数据保存在 Response 中，经过转发的页面能够通过 EL 表达式来获取对应的数据。

一般情况下，在控制器中处理相关数据之后会直接返回对应的页面，但是有些时候需要在控制器中处理完数据之后，跳转到另一个控制器中进行相关操作，这时可能就会用到请求重定向。这里的重定向可以细分为无参重定向（通过 URL 拼接带参重定向）和 RedirectAttributes 带参重定向。对于无参重定向跳转，可以在返回的字符串中直接跳转，也可以用 ModelAndView 来进行重定向，和在返回的字符串中直接跳转结果类似。

转发原理：

```
request.getRequestDispatcher("转发的页面").forward(xxx,xxx);
```

重定向原理：

```
response.sendRedirect("重定向的页面");
```

框架实现转发和重定向，如果框架解析出相关重定向关键字，则不实现拼接，而是使用以上代码实现。

转发：

```
return "forward:xxx.do/xxx.jsp";
```

重定向：

```
return "redirect:xxx.do/xxx.jsp";
```

在 springDemo 应用程序 src/main/java 文件夹中的 DemoController 类中写入方法，代码如下：

```java
@RequestMapping("/test9.do")
public String test9(String name){
    //如果用户名是 admin，那么转发到 ok.jsp;否则重定向到 demo.jsp (showDemo.do)
    if("admin".equals(name)){
        return "forward:/WEB-INF/web/ok.jsp";
    }else{
        return "redirect:showDemo.do";
    }
}
```

提示：将 demo.jsp 中 form action 路径中的"/demo/test8.do"修改为"/demo/test9.do"，然后访问路径 localhost:8080/springDemo/demo/showDemo.do。

用户名和密码正确，则转发到 ok.jsp 页面，如图 8-11 所示。

用户名和密码错误，则重定向到 demo.jsp 页面，如图 8-12 所示。

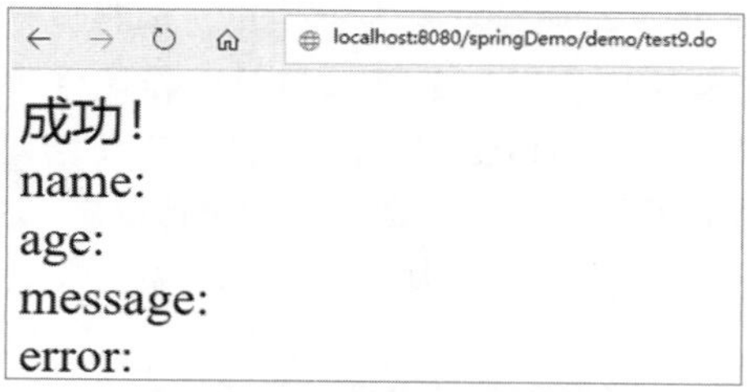

图 8-11　显示登录成功信息

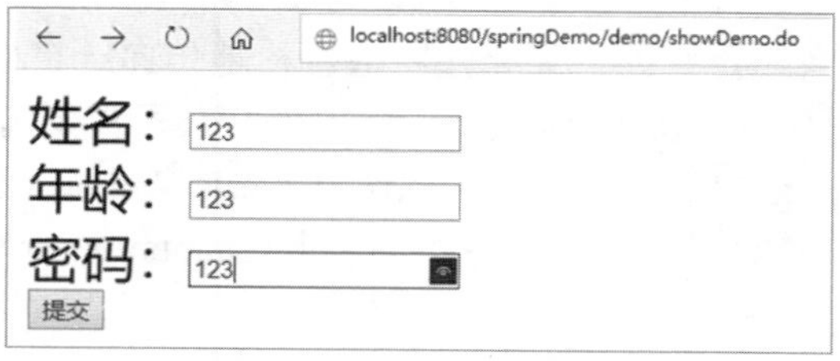

图 8-12　输入错误信息

8.4.2 Spring MVC 转发和重定向的区别

Spring MVC 的转发和重定向同为跳转页面，它们之间的区别主要体现在以下几个方面。

（1）转发可以进行 Request 对象共享，而重定向不可以进行 Request 对象共享。

提示：①当容器收到请求之后，会立即创建 Request 和 Response 对象，当响应发送完毕，容器会立即删除这两个对象。也就是说，Request 和 Response 对象的生存时间是一次请求与响应期间。②转发是一次请求，而重定向是两次请求。

（2）转发的地址栏是没有变化的，而重定向的地址栏会发生变化。

（3）转发的目的地受限制，而重定向的目的地不受限制。

Spring MVC 的转发和重定向的区别如图 8-13 所示。

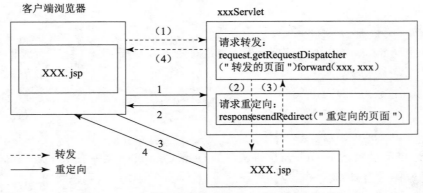

图 8-13 Spring MVC 的转发和重定向的区别

8.4.3 Spring MVC 转发和重定向的使用场景

转发比重定向速度快，重定向需要经过客户端，而转发不需要经过客户端。一般情况下采用转发，如果跳转到一个外部网站，则无法使用转发。另外，使用重定向可以避免在客户端重新加载页面时两次调用相同的动作。

例如，提交产品表单的时候，执行保存的方法将会被调用，并执行相应的动作，这在一个真实的应用程序中，很有可能将表单中的所有产品信息加入数据库中。但是如果在提交表单后重新加载页面，执行保存的方法就很有可能再次被调用，同样的产品信息将可能再次被添加。为了避免这种情况，提交表单后，可以将用户重定向到一个不同的页面，那么这个网页任意重新加载都没有副作用。但是，使用重定向也有不足之处，即无法将值轻松地传递给目标页面。如果使用转发，则可以简单地将属性添加到 Model，使目标视图可以轻松地被访问。由于重定向经过客户端，所以 Model 中的一切都会在重定向时丢失。Spring 3.1 版本以后，可以通过 Flash 属性解决重定向时传值丢失的问题。要使用 Flash 属性，必须在 Spring MVC 的配置文件中添加一个<annotation-driven/>，还必须在方法上添加一个新的参数类型，代码如下：

```
org.springframework.web.servlet.mvc.support.RedirectAttributes
```

插件代码如下：

```
@RequestMapping(value="saveProduct",method=RequestMethod.POST)
public String saveProduct(ProductForm productForm,RedirectAttributes redirectAttributes){
    //执行产品保存的业务逻辑等
    //传递参数
    redirectAttributes.addFlashAttribute("message","The product is saved successfully");
    //执行重定向
    return "redirect:/XXX";
}
```

8.5 就业面试技巧与解析

学完本章内容，读者应对 Spring MVC 的控制器有了基本了解，熟悉了 Spring MVC 的转发和重定向。下面对面试过程中可能出现的相关问题进行解析，更好地帮助读者学习。

8.5.1 面试技巧与解析（一）

面试官：Spring MVC 进行传值的方式有哪些？

应聘者：

（1）页面传值到控制器有三种方式。

① 使用 Request 传值的特点：直接，但是不能自动进行类型转换。

② 通过属性传值的特点：第一，变量名必须和表单组件的 name 值相同；第二，可以实现类型转换；第三，进行类型转换时可能会出现异常。

③ 使用 Bean 对象传值的特点：第一，把表单组件的 name 属性值封装到 Bean 类中；第二，方法的参数传递封装类型的对象即可；第三，如果前端提交数据较多，建议使用此种方式。

（2）控制器传值到页面有三种方式。

① 使用 Request 和 Session 对象。

② 使用 ModelAndView 传值的特点：第一，可以在 ModelAndView 构造方法中设置一个 Map 对象；第二，Map 对象经过框架处理后，会把 key-value 设置到 Request 对象中。

③ ModelMap 传值的特点：第一，ModelMap 是框架提供的 Map 集合；第二，ModelMap 同样被框架设置到 Request 对象中。

8.5.2 面试技巧与解析（二）

面试官：Spring MVC 如何进行重定向和转发，它们的区别是什么？

应聘者：

（1）重定向是指服务器通知浏览器向一个新的地址发送请求。

```
response.sendRedirect(String url);
```

特点：① 重定向地址是任意的；② 重定向之后，浏览器地址栏的地址会发生变化。

（2）转发是指一个 Web 组件将未完成的处理交给另外一个 Web 组件继续完成。

```
rd.forward(request,response);
```

特点：① 转发之后，浏览器地址栏的地址不变；② 转发的目的地必须是同一个 Web 应用中的某个地址。

（3）重定向和转发的区别如下。

① 能否共享 Request 对象：转发可以，而重定向不行。

② 地址栏的地址有无变化：转发不变，重定向会变。

③ 目的地有无限制：转发有限制，重定向没有限制。

第 9 章

Spring MVC 异常处理

学习指引

本章主要讲解 Spring MVC 在编写过程中经常出现的问题。通过本章内容的学习，读者可以了解如何编写一个基本的登录应用程序、Spring MVC 如何处理中文乱码，以及 Spring MVC 如何进行统一异常处理。

重点导读

- Spring MVC 登录应用程序案例。
- Spring MVC 处理中文乱码。
- Spring MVC 统一异常处理。

9.1 一个简单的登录应用程序案例

本节编写一个简单的 Spring MVC 登录应用程序，帮助读者深入了解 Spring MVC。

9.1.1 Spring MVC 登录应用程序前期准备

本小节主要运用 Spring MVC 的知识，开发一个具有登录功能的应用程序，具体步骤如下。

步骤 1：打开数据库，建库、建表并设置字段信息。MySQL 数据库可视化软件工具中，使用的是 Navicat（可去官网下载，也可不使用可视化工具，运用 DoS 窗口的命令也是可行的）。打开 Navicat 进行连接，如图 9-1 所示。

步骤 2：数据库连接成功后，右击"连接"命令，在菜单中选择"新建数据库"，设置数据库名为 db，如图 9-2 所示。

提示：创建数据库的 SQL 语句为"create database 数据库名称;"，例如"create database db;"。

步骤 3：db 数据库创建完成后，选择"查询"→"新建"，创建 t_use 表，如图 9-3 所示。在编辑栏中写入创建 t_user 表的语句：

```
create table t_user(
    id int auto_increment primary key,
    username varchar(50),
```

```
    password varchar(32),
    phone varchar(20),
    email varchar(30)
)
```

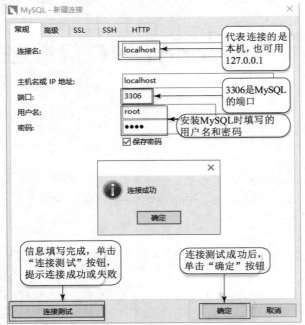

图 9-1 连接 MySQL 数据库

图 9-2 创建 db 数据库

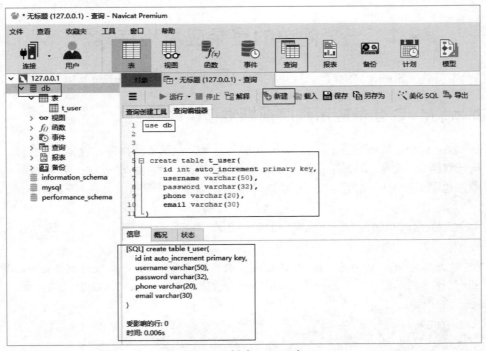

图 9-3 创建 t_user 表

步骤 4：创建 Maven 项目，在 New Maven Project 对话框中填写相关信息，Group Id 为 com.jumooc，Artifact Id 为 springLogin，Version 选择默认选项即可，Packaging 修改为 war，默认为 jar 项目，如图 9-4 所示。

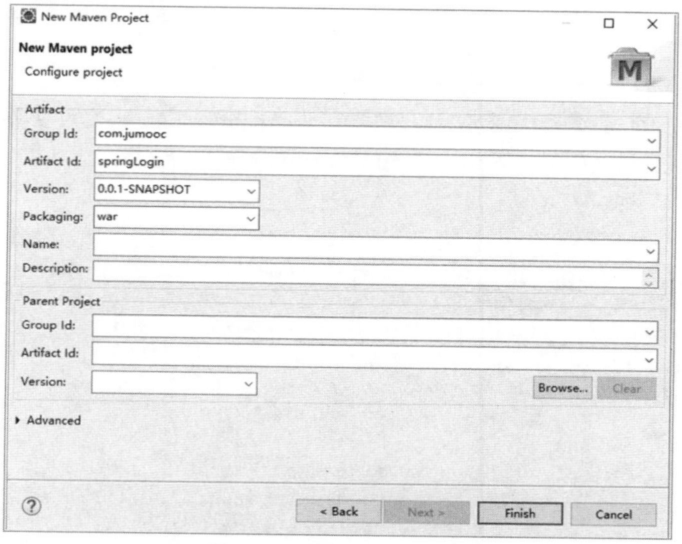

图 9-4　创建 Maven 项目

提示：项目创建完成后，会发现存在报错的情况，右击新建项目下的 Deployment Descriptor，在弹出的对话框中单击 Generate Deployment Descriptor Stub 即可。

步骤 5：Maven 项目创建完成后，在 pom 文件中添加依赖的 jar 包，代码如下：

```xml
<project xmlns="http://maven.apache.org/POM/4.0.0"
xmlns:xsi="http://www.w3.org/2001/XMLSchema-instance"
xsi:schemaLocation="http://maven.apache.org/POM/4.0.0 http://maven.apache.org/xsd/maven-4.0.0.xsd">
    <modelVersion>4.0.0</modelVersion>
    <groupId>com.jumooc</groupId>
    <artifactId>springLogin</artifactId>
    <version>0.0.1-SNAPSHOT</version>
    <packaging>war</packaging>
    <!--导入jar包-->
    <dependencies>
    <!-- Spring 依赖 jar -->
      <dependency>
        <groupId>org.springframework</groupId>
        <artifactId>spring-webmvc</artifactId>
        <version>4.3.9.RELEASE</version>
      </dependency>
    <!-- junit 依赖 jar -->
      <dependency>
        <groupId>junit</groupId>
        <artifactId>junit</artifactId>
        <version>4.12</version>
      </dependency>
    <!-- 第三方数据库连接池子系统 -->
      <dependency>
        <groupId>commons-dbcp</groupId>
        <artifactId>commons-dbcp</artifactId>
        <version>1.4</version>
      </dependency>
    <!-- mysql 驱动程序 -->
```

```xml
    <dependency>
      <groupId>MySQL</groupId>
      <artifactId>mysql-connector-java</artifactId>
      <version>5.1.6</version>
    </dependency>
  </dependencies>
</project>
```

步骤 6：Spring MVC 的 jar 包添加完成后，需要在 src/main/resources 文件夹中添加配置文件，配置文件名分别为 spring-mvc.xml、application-dao.xml、application-service.xml。

spring-mvc.xml 代码如下：

```xml
<?xml version="1.0" encoding="UTF-8"?>
<beans xmlns="http://www.springframework.org/schema/beans"
  xmlns:xsi="http://www.w3.org/2001/XMLSchema-instance"
  xmlns:context="http://www.springframework.org/schema/context"
  xmlns:jdbc="http://www.springframework.org/schema/jdbc"
  xmlns:jee="http://www.springframework.org/schema/jee"
  xmlns:tx="http://www.springframework.org/schema/tx"
  xmlns:aop="http://www.springframework.org/schema/aop"
  xmlns:mvc="http://www.springframework.org/schema/mvc"
  xmlns:util="http://www.springframework.org/schema/util"
  xmlns:jpa="http://www.springframework.org/schema/data/jpa"
  xsi:schemaLocation="http://www.springframework.org/schema/beans
  http://www.springframework.org/schema/beans/spring-beans-3.2.xsd
  http://www.springframework.org/schema/context
  http://www.springframework.org/schema/context/spring-context-3.2.xsd
  http://www.springframework.org/schema/jdbc
  http://www.springframework.org/schema/jdbc/ spring-jdbc- 3.2.xsd
  http://www.springframework.org/schema/jee
  http://www.springframework.org/schema/jee/spring-jee-3.2. xsd
  http://www.springframework.org/schema/tx
  http://www.springframework.org/schema/tx/spring-tx-3.2.xsd
  http://www.springframework.org/schema/data/jpa
  http://www.springframework.org/schema/data/jpa/spring- jpa-1.3.xsd
  http://www.springframework.org/schema/aop
  http://www.springframework.org/schema/aop/spring-aop-3.2. xsd
  http://www.springframework.org/schema/mvc
  http://www.springframework.org/schema/mvc/spring-mvc- 3.2.xsd
  http://www.springframework.org/schema/util
  http://www.springframework.org/schema/util/spring-util- 3.2.xsd">
<!-- 注解扫描 -->
  <context:component-scan base-package="com.jumooc.controller"/>
<!-- 配置视图解析器 -->
  <bean id="viewResolver"
    class="org.springframework.web.servlet.view.InternalResource ViewResolver">
<!--
    prefix 表示前缀
    suffix 表示后缀
-->
    <property name="prefix" value="/WEB-INF/web/"/>
    <property name="suffix" value=".jsp"/>
  </bean>
  <!-- mvc注解驱动（功能更加强大） -->
  <mvc:annotation-driven/>
</beans>
```

application-dao.xml 代码如下：

```xml
<?xml version="1.0" encoding="UTF-8"?>
<beans xmlns="http://www.springframework.org/schema/beans"
  xmlns:xsi="http://www.w3.org/2001/XMLSchema-instance"
  xmlns:context="http://www.springframework.org/schema/context"
  xmlns:jdbc="http://www.springframework.org/schema/jdbc"
  xmlns:jee="http://www.springframework.org/schema/jee"
  xmlns:tx="http://www.springframework.org/schema/tx"
  xmlns:aop="http://www.springframework.org/schema/aop"
  xmlns:mvc="http://www.springframework.org/schema/mvc"
  xmlns:util="http://www.springframework.org/schema/util"
  xmlns:jpa="http://www.springframework.org/schema/data/jpa"
  xsi:schemaLocation="http://www.springframework.org/schema/beans
  http://www.springframework.org/schema/beans/spring-beans-3.2.xsd
  http://www.springframework.org/schema/context
  http://www.springframework.org/schema/ context/spring-context-3.2.xsd
  http://www.springframework.org/schema/jdbc
  http://www.springframework.org/schema/jdbc/spring- jdbc-3.2.xsd
  http://www.springframework.org/schema/jee
  http://www.springframework.org/schema/jee/spring- jee-3.2.xsd
  http://www.springframework.org/schema/tx
  http://www.springframework.org/schema/tx/spring- tx-3.2.xsd
  http://www.springframework.org/schema/data/jpa
  http://www.springframework.org/schema/data/ jpa/spring-jpa-1.3.xsd
  http://www.springframework.org/schema/aop
  http://www.springframework.org/schema/aop/spring- aop-3.2.xsd
  http://www.springframework.org/schema/mvc
  http://www.springframework.org/schema/mvc/spring- mvc-3.2.xsd
  http://www.springframework.org/schema/util
  http://www.springframework.org/schema/util/spring- util-3.2.xsd">
    <!-- 读属性文件
        1.id 表示读取属性文件的唯一名字
        2.location 表示要读取的配置（属性）文件的位置
        3.classpath: 表示在类路径下（resoures 文件夹）
    -->
    <util:properties id="dbConfig" location="classpath:db.properties"/>
    <!-- #{dbConfig.url}表示 Spring 的表达式语法 -->
    <bean id="dataSource" class="org.apache.commons.dbcp.BasicDataSource">
        <property name="url" value="#{dbConfig.url}"/>
        <property name="username" value="#{dbConfig.username}"/>
        <property name="password" value="#{dbConfig.password}"/>
        <property name="driverClassName" value="#{dbConfig.driverClassName}"/>
    </bean>
    <!-- 注解扫描 -->
    <context:component-scan base-package="com.jumooc.dao"/>
</beans>
```

application-service.xml 代码如下：

```xml
<?xml version="1.0" encoding="UTF-8"?>
<beans xmlns="http://www.springframework.org/schema/beans"
  xmlns:xsi="http://www.w3.org/2001/XMLSchema-instance"
  xmlns:context="http://www.springframework.org/schema/context"
  xmlns:jdbc="http://www.springframework.org/schema/jdbc"
  xmlns:jee="http://www.springframework.org/schema/jee"
  xmlns:tx="http://www.springframework.org/schema/tx"
  xmlns:aop="http://www.springframework.org/schema/aop"
  xmlns:mvc="http://www.springframework.org/schema/mvc"
  xmlns:util="http://www.springframework.org/schema/util"
```

```xml
    xmlns:jpa="http://www.springframework.org/schema/data/jpa"
    xsi:schemaLocation="http://www.springframework.org/schema/beans
    http://www.springframework.org/schema/beans/spring-beans-3.2.xsd
    http://www.springframework.org/schema/context
    http://www.springframework.org/schema/context/ spring-context-3.2.xsd
    http://www.springframework.org/schema/jdbc
    http://www.springframework.org/schema/jdbc/spring- jdbc-3.2.xsd
    http://www.springframework.org/schema/jee
    http://www.springframework.org/schema/jee/spring- jee-3.2.xsd
    http://www.springframework.org/schema/tx
    http://www.springframework.org/schema/tx/spring-tx- 3.2.xsd
    http://www.springframework.org/schema/data/jpa
    http://www.springframework.org/schema/data/jpa/ spring-jpa-1.3.xsd
    http://www.springframework.org/schema/aop
    http://www.springframework.org/schema/aop/spring-aop- 3.2.xsd
    http://www.springframework.org/schema/mvc
    http://www.springframework.org/schema/mvc/spring- mvc-3.2.xsd
    http://www.springframework.org/schema/util
    http://www.springframework.org/schema/util/spring- util-3.2.xsd">
    <!-- 注解扫描 -->
      <context:component-scan base-package="com.jumooc.service"/>
</beans>
```

步骤 7：文件配置完成后，由于使用到了数据库，所以要进行数据库连接的配置，文件名为 db.properties，配置代码如下：

```
url=jdbc:mysql://localhost:3306/db
driverClassName=com.mysql.jdbc.Driver
username=root
password=root
```

提示：url 即数据库连接的路径，格式为 "jdbc:数据库://服务器名:端口/库名"。

步骤 8：数据库文件配置完成后，需要在 WEB-INF 中配置 web.xml 文件，具体配置代码如下：

```xml
<?xml version="1.0" encoding="UTF-8"?>
<web-app xmlns:xsi="http://www.w3.org/2001/XMLSchema-instance"
xmlns="http://java.sun.com/xml/ns/javaee"
xsi:schemaLocation="http://java.sun.com/xml/ns/javaee
http://java.sun.com/xml/ns/javaee/web- app_2_5.xsd" version="2.5">
    <display-name>springLogin</display-name>
    <!-- 设置Web应用的上下文参数 -->
    <context-param>
      <param-name>contextConfigLocation</param-name>
      <param-value>classpath:application-*.xml</param-value>
    </context-param>
    <!-- 使用Spring提供的Listener加载上下文的配置文件 -->
    <listener>
      <listener-class>org.springframework.web.context.ContextLoaderListener</listener-class>
    </listener>
    <!-- 配置过滤器，实现post请求的编码格式的设置 -->
    <filter>
      <filter-name>encodingFilter</filter-name>
      <filter-class>org.springframework.web.filter.CharacterEncodingFilter</filter-class>
    <init-param>
      <param-name>encoding</param-name>
      <param-value>utf-8</param-value>
    </init-param>
    </filter>
    <filter-mapping>
      <filter-name>encodingFilter</filter-name>
```

```xml
        <url-pattern>/*</url-pattern>
    </filter-mapping>
    <!-- 配置前端控制器 -->
    <servlet>
        <servlet-name>dispatcherServlet</servlet-name>
        <servlet-class>org.springframework.web.servlet.DispatcherServlet</servlet-class>
        <!-- 配置初始化参数（读配置文件） -->
        <init-param>
            <param-name>contextConfigLocation</param-name>
            <param-value>classpath:spring-mvc.xml</param-value>
        </init-param>
        <load-on-startup>1</load-on-startup>
    </servlet>
    <servlet-mapping>
        <servlet-name>dispatcherServlet</servlet-name>
        <url-pattern>*.do</url-pattern>
    </servlet-mapping>
</web-app>
```

9.1.2　Spring MVC 登录应用程序代码实现

本节使用 Spring MVC 来完成登录应用程序的代码。在框架中，通常将代码分为四层：页面、控制层、业务层、持久层（数据库）。编写代码时，先写持久层、业务层、控制层，再写页面，具体步骤如下：

步骤 1：配置完成后，可以进行业务逻辑的实现。在 src/main/java 文件夹中新建实体类 User.java，包名为 com.jumooc.bean，具体配置代码如下：

```java
package com.jumooc.bean;
public class User {
    private Integer id;
    private String username;
    private String password;
    private String phone;
    private String email;
    //下面需要写 get、set、toString、equals 和 hashCode
    public Integer getId() {
        return id;
    }
    public void setId(Integer id) {
        this.id = id;
    }
    public String getUsername() {
        return username;
    }
    public void setUsername(String username) {
        this.username = username;
    }
    public String getPassword() {
        return password;
    }
    public void setPassword(String password) {
        this.password = password;
    }
    public String getPhone() {
        return phone;
    }
    public void setPhone(String phone) {
        this.phone = phone;
```

```java
        }
        public String getEmail() {
          return email;
        }
        public void setEmail(String email) {
          this.email = email;
        }
        @Override
        public int hashCode() {
          final int prime = 31;
          int result = 1;
          result = prime * result + ((email == null) ? 0 : email.hashCode());
          result = prime * result + ((id == null) ? 0 : id.hashCode());
          result = prime * result + ((password == null) ? 0 : password.hashCode());
          result = prime * result + ((phone == null) ? 0 : phone.hashCode());
          result = prime * result + ((username == null) ? 0 : username.hashCode());
          return result;
        }
        @Override
        public boolean equals(Object obj) {
          if (this == obj)
          return true;
          if (obj == null)
          return false;
            if (getClass() != obj.getClass())
              return false;
              User other = (User) obj;
            if (email == null) {
            if (other.email != null)
              return false;
            } else if (!email.equals(other.email))
              return false;
            if (id == null) {
            if (other.id != null)
              return false;
            } else if (!id.equals(other.id))
              return false;
            if (password == null) {
            if (other.password != null)
              return false;
            } else if (!password.equals(other.password))
              return false;
            if (phone == null) {
            if (other.phone != null)
              return false;
            } else if (!phone.equals(other.phone))
              return false;
            if (username == null) {
            if (other.username != null)
              return false;
            } else if (!username.equals(other.username))
              return false;
              return true;
            }
    @Override
      public String toString() {
        return "User [id=" + id + ", username=" +
      username + ", password=" + password + ", phone=" + phone + ", email=" + email + "]";
  }
}
```

提示：字段设置完成后，右击选择 source，可以选择自动生成 get、set、toString、equals 和 hashCode 方法。

步骤 2：在 Spring MVC 框架中，Bean 的实体类 User 创建完成后，需要写数据库的 Dao 层代码，新建包 com.jumooc.dao，在包下新建一个 UserDao 接口，并使 UserDaoImpl.java 实现接口 UserDao。

UserDao 接口的代码如下：

```java
package com.jumooc.dao;
import com.jumooc.bean.User;
public interface UserDao {
    User selectByUsername(String username);
}
```

UserDaoImpl 的代码如下：

```java
package com.jumooc.dao;
import java.sql.Connection;
import java.sql.PreparedStatement;
import java.sql.ResultSet;
import java.sql.SQLException;
import javax.annotation.Resource;
import javax.sql.DataSource;
import org.springframework.stereotype.Repository;
import com.jumooc.bean.User;
//实例化持久层对象
@Repository
public class UserDaoImpl implements UserDao{
    @Resource
    private DataSource dataSource;
    public User selectByUsername(String username) {
        User user = null;
        try {
        //1.获取连接对象
        Connection conn = dataSource.getConnection();
        //2.获取预编译对象
        String sql = "select * from t_user where username=?";
        PreparedStatement ps = conn.prepareStatement(sql);
        //3.给? 设置值
        ps.setString(1, username);
        //4.执行
        ResultSet rs = ps.executeQuery();
        //5.处理结果集
        if(rs.next()){
        user = new User();
        user.setId(rs.getInt("id"));
        user.setUsername(rs.getString("username"));
        user.setPassword(rs.getString("password"));
        }
        rs.close();
        ps.close();
        conn.close();
        } catch (SQLException e) {
        throw new RuntimeException(e.getMessage());
        }
        return user;
```

```
    }
  }
```

步骤3：下面介绍业务层（Service）的代码实现。在 src/main/java 文件夹中新建包 com.jumooc.service，在包下新建一个 UserService 接口和实现接口的 UserServiceImpl.java 类，并在 UserServiceImpl.java 类中对用户和密码进行判断。

UserService 接口的代码如下：

```
package com.jumooc.service;
import com.jumooc.bean.User;
public interface UserService {
    User login(String username,String password);
}
```

UserServiceImpl 的代码如下：

```
package com.jumooc.service;
import javax.annotation.Resource;
import org.springframework.stereotype.Service;
import com.jumooc.bean.User;
import com.jumooc.dao.UserDao;
@Service
public class UserServiceImpl implements UserService{
   @Resource
   private UserDao userDao;
   public User login(String username, String pwd) {
     //1.调用持久层的方法，返回user对象
     User user = userDao.selectByUsername(username);
     //2.判断user不存在，则报用户名错误
   if(user==null){
     throw new RuntimeException("用户名错误");
   }else{
     //3.如果存在，则判断密码
     if(user.getPassword().equals(pwd)){
     //4.如果密码相同，则返回user对象
       return user;
     }else{
     //5.如果密码不相同，则抛出异常
       throw new RuntimeException("密码错误");
       }
      }
     }
   }
}
```

步骤4：UserServiceImpl 配置完成后，使用 JUnit 来进行测试。在 src/test/java 文件夹中新建类 TestUser，包名为 test，完成代码后，在 TestUser 中右击@Test 选择 Run As→JUnit Test。跳转的页面中，进度条呈现绿色则表示成功，进度条呈现红色则表示代码中出现错误。TestUser 中的代码如下：

```
package test;
import org.junit.Test;
import org.springframework.context.ApplicationContext;
import org.springframework.context.support.ClassPathXmlApplicationContext;
import com.jumooc.dao.UserDaoImpl;
import com.jumooc.service.UserService;
public class TestUser {
 @Test
```

```
  public void testSelectByUsername(){
    //1.获取容器对象
    ApplicationContext ac = new ClassPathXmlApplicationContext("application-dao.xml");
    //2.获取bean对象
    UserDaoImpl userDao = ac.getBean("userDaoImpl",UserDaoImpl.class);
    //3.调用方法
    System.out.println(userDao.selectByUsername("admin1"));
  }
  @Test
  public void testLogin(){
    ApplicationContext ac =
    new ClassPathXmlApplicationContext("application-dao.xml","application- service.xml");
    UserService us = ac.getBean("userServiceImpl",UserService.class);
    System.out.println(us.login("admin", "12345"));
    }
}
```

提示：JUnit是一个Java语言的单元测试框架，多数Java开发环境都已经集成了JUnit作为单元测试的工具。JUnit是由Erich Gamma和Kent Beck编写的一个回归测试框架。Junit测试是程序开发人员测试，即白盒测试，因为程序开发人员知道被测试的软件如何完成功能和完成什么样的功能。JUnit是一套框架，继承TestCase类，就可以用JUnit进行自动测试了。

测试结果如图9-5所示。

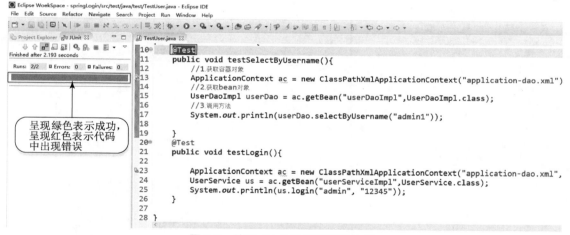

图9-5　使用JUnit进行测试的结果

步骤5：业务层配置完成后，要进行控制层的代码实现。在src/main/java文件夹中新建类LoginController，包名为com.jumooc.controller，具体代码如下：

```
package com.jumooc.controller;
import javax.annotation.Resource;
import javax.servlet.http.HttpSession;
import org.springframework.stereotype.Controller;
import org.springframework.ui.ModelMap;
import org.springframework.web.bind.annotation.RequestMapping;
import com.jumooc.bean.User;
import com.jumooc.service.UserService;
@Controller
@RequestMapping("/user")
```

```java
public class LoginController {
    @Resource
    private UserService userService;
    //显示登录页面
    @RequestMapping("/showLogin.do")
    public String showLogin(){
        return "login";
    }
    //登录
    @RequestMapping("/login.do")
    public String login(String username,String pwd,ModelMap map,HttpSession session){
        System.out.println("name:"+username);
        try{
            User user = userService.login(username, pwd);
            session.setAttribute("user",user);
            return "index";
        }catch(RuntimeException e){
            if(e.getMessage().equals("用户名错误")||e.getMessage().equals("密码错误")){
                map.addAttribute("error",e.getMessage());
                return "login";
            }
            throw new RuntimeException(e.getMessage());
        }
    }
    //显示个人信息页面
    @RequestMapping("/showInfo.do")
    public String showInfo(){
        return "info";
    }
    //退出
    @RequestMapping("/exit.do")
    public String exit(HttpSession session){
        //session 立即无条件失效
        session.invalidate();
        return "index";
    }
}
```

提示：参数列表：username、pwd、ModelMap map；请求方式：post；响应方式：转发。

步骤 6：控制层配置完成后，下面需要实现简单的页面。在 WEB-INF 文件夹中新建文件夹 web，在 web 文件夹中新建 login.jsp、index.jsp、error.jsp、info.jsp 页面。

login.jsp 代码如下：

```jsp
<%@ page contentType="text/html; charset=utf-8" pageEncoding="utf-8"%>
<html>
<head>
<title>Insert title here</title>
</head>
<body style="font-size:30px;">
${error}<br>
<form action="${pageContext.request.contextPath}/user/login.do" method="get">
    账号：<input type="text" name="username"/><br>
    密码：<input type="password" name="pwd"/><br>
    <input type="submit" value="登录">
```

index.jsp 代码如下：

```jsp
<%@ page contentType="text/html; charset=utf-8" pageEncoding="utf-8"%>
<html>
<head>
<title>Insert title here</title>
</head>
<body style="font-size:30px;">
${sessionScope.user.username}登录成功！
<div align="left" color="red">
   <a href="${pageContext.request.contextPath}/user/exit.do" >退出</a>
   <br>
   <a href="${pageContext.request.contextPath}/user/showInfo.do">显示个人信息</a>
</div>
</body>
</html>
```

error.jsp 代码如下：

```jsp
<%@ page contentType="text/html; charset=utf-8" pageEncoding="utf-8"%>
<html>
<head>
<title>Insert title here</title>
</head>
<body style="font-size:30px;">
    服务器错误，请联系管理员！<br>
    ${error}
</body>
</html>
```

info.jsp 代码如下：

```jsp
<%@ page contentType="text/html; charset=utf-8" pageEncoding="utf-8"%>
<html>
<head>
<title>Insert title here</title>
</head>
<body style="font-size:30px;">
    ${user.username}的个人信息如下：<br>
    编号：${user.id}<br>
    用户名：${user.username}<br>
    密码：${user.password}
</body>
</html>
```

步骤 7：页面创建完成后，运行程序进行检验。运行之前需要在数据库 db 的 t_user 表的字段中插入一些数据，然后根据插入的数据在页面上进行登录验证。

提示：例如插入数据库 SQL 语句 "INSERT INTO t_user VALUES(1,'admin','12345','17839678654','2355678903')" 等，运行代码后，在浏览器中访问 localhost:8080/springLogin/user/showLogin.do，显示效果如图 9-6 所示。

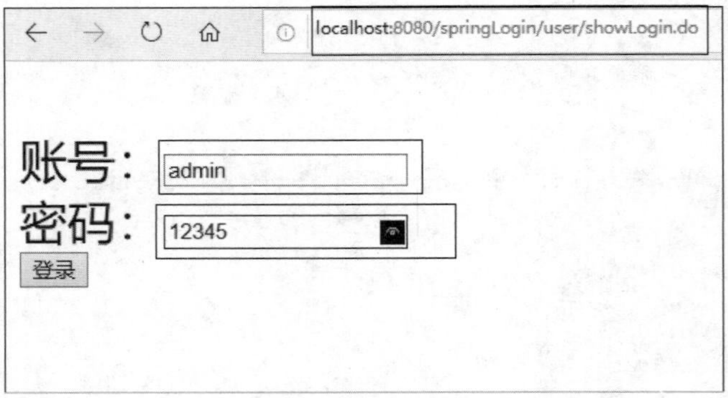

图 9-6　程序显示页面

登录成功，如图 9-7 所示。

图 9-7　程序登录成功页面

单击图 9-7 中的"显示个人信息"链接，如图 9-8 所示。

图 9-8　显示个人信息页面

在登录注册时填入错误信息则登录失败，如图 9-9 所示。

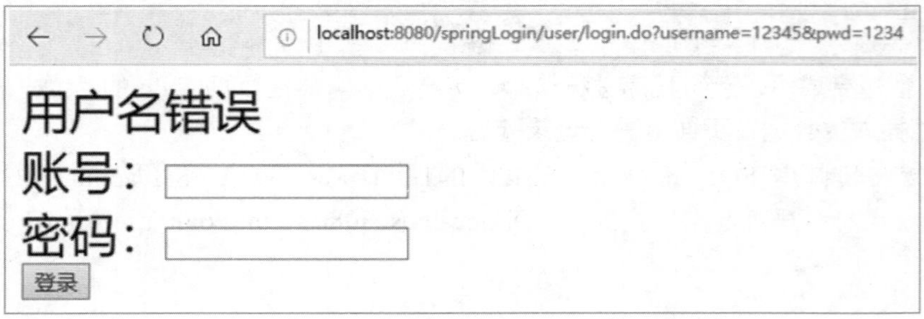

图 9-9　程序登录失败页面

9.2　Spring MVC 处理中文乱码

所谓乱码，是指由于本地计算机在用文本编辑器打开源文件时，使用了不相应字符集而造成部分或所有字符无法被阅读的一系列字符。在代码编写的过程中，经常会出现中文乱码的情况，造成这种情况的原因是多种多样的。

9.2.1　Spring MVC 页面处理乱码问题

页面乱码一般有四种类型：文本乱码、文档乱码、文件乱码、网页乱码，针对不同的乱码，有不同的处理方式。

对于页面乱码，一般在页面的头部添加 charset 为 utf-8，代码如下：

```
<%@ page contentType="text/html; charset=utf-8" pageEncoding="utf-8"%>
```

9.2.2　Spring MVC 请求处理乱码问题

本小节主要讲解如何处理 POST、GET 请求时遇到的乱码问题。

1. POST 请求处理乱码问题

在项目的 WEB-INF 文件夹的 web.xml 文件中配置过滤器，实现 POST 请求的编码格式设置，配置代码如下：

```xml
<filter>
<filter-name>encodingFilter</filter-name>
<filter-class>
   org.springframework.web.filter.CharacterEncodingFilter
</filter-class>
<init-param>
   <param-name>encoding</param-name>
   <param-value>utf-8</param-value>
</init-param>
</filter>
<filter-mapping>
   <filter-name>encodingFilter</filter-name>
   <url-pattern>/*</url-pattern>
</filter-mapping>
```

2. GET 请求处理乱码问题

对于 GET 请求乱码，需要在安装 Tomcat 文件中找到 conf，双击打开 conf 文件，找到 server.xml，用编辑器将文件打开，避免直接双击打开文件，直接打开可能会损坏文件。在 server.xml 文件中找代码 <Connector connectionTimeout="20000" port="8080" protocol="HTTP/1.1" redirectPort="8443"/>，如图 9-10 所示，在本行代码中设置 URIEncoding="utf-8"，代码如下：

```
<Connector URIEncoding="utf-8" connectionTimeout="20000"
port="8080" protocol="HTTP/1.1" redirectPort="8443"/>
```

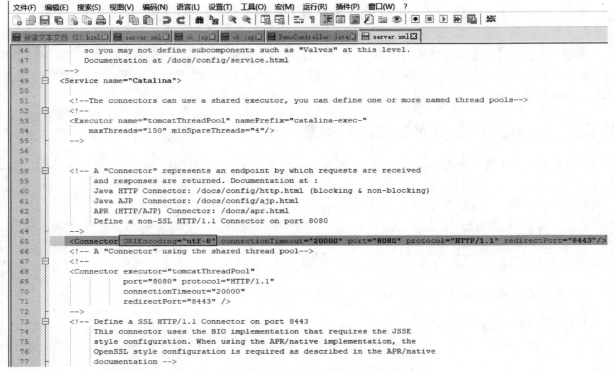

图 9-10　GET 请求处理乱码问题

9.2.3　数据库处理乱码问题

在查看数据库数据时，有时也会看到乱码。实际上，无论何种数据库，只要出现乱码问题，大多是由于数据库字符集设定导致的。

MySQL 支持多种字符集。在同一个数据库的不同表、同一个表的不同字段中，都可以指定使用不同的字符集，MySQL 可以设定的字符集有服务器的字符集、数据库的字符集、表的字符集、字段的字符集等，下面介绍数据库的字符集的设定及乱码问题的解决。

（1）安装数据库时，选择编码格式为 utf8。

（2）进行数据库连接时，可在配置文件中写入以下代码处理乱码问题：

```
url=jdbc:mysql://localhost:3306/db?useUnicode=true&characterEncoding=utf8
```

（3）创建表时，进行字符集的设置，代码如下：

```
create table xx(..)default charset=utf8
```

9.3　Spring MVC 统一异常处理方式

在 J2EE 项目的开发中，不管是底层数据库的操作过程、业务层的处理过程，还是控制层的处理过程，会不可避免地遇到各种可预知的、不可预知的异常需要进行处理。如果每个过程都单独处理异常，系统的代码耦合度高，代码编写的工作量大且不好统一，维护的工作量也很大。

下面给大家介绍一下 Spring MVC 中处理异常的方式。

9.3.1 使用配置文件

Spring MVC 中可以使用 ExceptionResolver 异常处理器进行异常处理。例如，在 9.1.1 节的 spring-mvc.xml 中进行 Bean 配置，具体代码如下：

```xml
<!-- 配置文件的方式，处理异常 -->
<bean id="exceptionResolver"
class="org.springframework.web.servlet.handler.SimpleMappingException Resolver">
<property name="exceptionMappings">
  <props>
    <!-- key 表示定义异常类型 -->
    <!-- error 表示页面的名称-->
    <prop key="java.lang.RuntimeException">error</prop>
  </props>
</property>
</bean>
```

9.3.2 使用注解

Spring MVC 中还可以使用 @ExceptionHandler 注解进行异常信息的处理，在 springLogin 项目的 src/main/java 文件夹下的 cn.tedu.controller 包中，新建 Java 类 HandlerException.java，具体代码如下：

```java
package com.jumooc.controller;
import javax.servlet.http.HttpServletRequest;
import org.springframework.web.bind.annotation.ControllerAdvice;
import org.springframework.web.bind.annotation.ExceptionHandler;
//@ControllerAdvice 表示当前项目的所有异常都可以处理
@ControllerAdvice
public class HandlerException {
  //@ExceptionHandler 表示处理异常的方法
  @ExceptionHandler
  public String handlerException(HttpServletRequest req,Exception e){
      req.setAttribute("error",e.getMessage());
      return "error";
  }
}
```

9.4 就业面试技巧与解析

学完本章内容，读者应对 Spring MVC 的异常处理有所了解，并对 Spring MVC 处理乱码的知识有所熟悉。下面对面试过程中可能出现的相关问题进行解析，更好地帮助读者学习。

9.4.1 面试技巧与解析（一）

面试官：Spring MVC 如何进行乱码处理？

应聘者：
（1）对于 POST 乱码，在 web.xml 文件中添加 POST 乱码过滤器——CharacterEncodingFilter。
（2）对于 GET 请求中文参数出现乱码的情况，解决方法有两个。
① 修改 Tomcat 配置文件，添加编码与工程编码一致，代码如下：

```
<Connector URIEncoding="utf-8" connectionTimeout="20000" port="8080" protocol="HTTP/1.1" redirectPort="8443"/>。
```

② 对参数进行重新编码，代码如下：

```
String userName = new String(request.getParamter("userName").getBytes("ISO8859-1"),"utf-8")
```

ISO8859-1 是 Tomcat 默认编码，需要将 Tomcat 编码后的内容按 utf-8 编码。

9.4.2　面试技巧与解析（二）

面试官： 简述 Java 异常处理机制的简单原理和应用。

应聘者：
异常是指 Java 程序运行时（非编译）发生的非正常情况或错误。与现实生活中的事件很相似，现实生活中的事件可以包含事件发生的时间、地点、人物、情节等信息。可以用一个对象来表示。Java 使用面向对象的方式来处理异常，它把程序中发生的每个异常分别封装到一个对象中，该对象中包含异常的信息。

Java 对异常进行了分类，不同类型的异常分别用不同的 Java 类表示。所有异常的根类为 java.lang.Throwable，Throwable 下面又派生了两个子类：Error 和 Exception。Error 表示应用程序本身无法克服和恢复的严重问题，例如内存溢出和线程死锁等系统问题。Exception 表示程序还能够克服和恢复的问题，其中又分为系统异常和普通异常。系统异常是程序本身的缺陷所导致的问题，也就是程序开发人员考虑不周所导致的问题，程序使用者无法克服和恢复这种问题，但出现这种问题时可以让程序继续运行或者让程序停止运行，例如数组脚本越界、空指针异常、类转换异常；普通异常是运行环境的变化或异常所导致的问题，是用户能够克服的问题，例如网络断线、硬盘空间不够，发生这样的异常后，程序不应该停止运行。

Java 为系统异常和普通异常提供了不同的解决方案，编译器强制普通异常必须用 Try…Catch 处理或用 Throws 声明继续抛给上层调用方法处理，所以普通异常又称 Checked 异常；而系统异常可以处理也可以不处理，编译器不强制用 Try…Catch 处理或用 Throws 声明，所以系统异常又称 Unchecked 异常。

第 10 章

Spring MVC 的拦截器

学习指引

Spring MVC 的拦截器可以拦截从浏览器发往服务器的一些请求，一般在一个请求发生前、发生时、发生后都可以对请求进行拦截。通过本章的学习，读者可以了解什么是拦截器，拦截器的作用、执行流程、实现方法和使用方法，以及拦截器与过滤器的区别等。

重点导读

- 拦截器是什么。
- 拦截器的作用。
- 拦截器的执行流程。
- 拦截器的使用。
- 拦截器与过滤器的区别。

10.1 拦截器的基本知识

拦截器是 Spring MVC 的一个非常重要功能，主要作用是拦截用户的请求并进行相应的处理。Spring MVC 拦截器是可插拔式的设计，需要使用哪个拦截器，只需在配置文件中配置即可。不管是否使用某个拦截器，都不会对 Spring MVC 框架产生影响。

10.1.1 什么是拦截器

Spring MVC 的拦截器（Interceptor）类似于 Servlet 中的过滤器（Filter），主要用于拦截用户请求并进行相应的处理，也就是对处理器进行预处理和后处理。

使用拦截器常见场景如下。

（1）日志记录：记录请求信息的日志，以便进行信息监控、信息统计等。

（2）权限检查：如登录检测，进入处理器检测是否登录，如果没有则返回登录页面。

（3）性能监控：系统运行有时会变慢，可以在进入处理器之前通过拦截器记录开始时间，在处理完后记录结束时间，从而得到该请求的处理时间。

10.1.2 拦截器的作用

Spring MVC 的拦截器提供的是非系统级别的拦截，拦截器的覆盖面没有过滤器大，但是更有针对性。

Spring MVC 的拦截器是基于 Java 反射机制实现的，准确地说是基于 JDK 实现的动态代理，它依赖于具体的接口，在运行期间动态生成字节码。

拦截器是动态拦截 Action 调用的对象，它提供了一种机制，可以使开发者在一个 Action 执行的前后分别执行一段代码，也可以在一个 Action 执行前阻止其执行，同时也提供了一种可以提取 Action 中可重用部分代码的方式。在 AOP 中，拦截器用于在某个方法或者字段被访问之前进行拦截，然后在之前或者之后加入某些操作。Spring MVC 的拦截器主要用在插件、扩展件上，如 Hibernate、Spring、Struts2 等。

10.2 拦截器的执行流程

在 Spring MVC 中，可以设置一个拦截器，也可以多个拦截器；可以在 XML 文件中配置，也可以使用实体类实现拦截。

10.2.1 单个拦截器的执行流程

在运行程序时，拦截器的执行是有一定顺序的，该顺序与配置文件中所定义的拦截器的顺序相关。

单个拦截器在程序中的执行流程如图 10-1 所示。

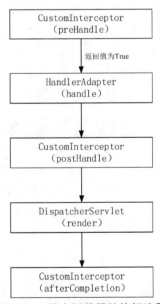

图 10-1　单个拦截器的执行流程

（1）程序执行 preHandle()方法，返回值为 True 则继续向下执行处理器中的方法，返回值为 False 则无法向下执行。

（2）业务处理器请求处理完成后，执行 postHandle()方法，之后通过 DispatcherServlet 向客户端返回响应。

（3）DispatcherServlet 处理完请求后，执行 afterCompletion()方法。

10.2.2　多个拦截器的执行流程

Spring MVC 中还可以设置多个拦截器（假设有两个拦截器 Interceptor_1 和 Interceptor_2，并且在配置文件中，Interceptor_1 拦截器配置在前），在程序中的执行流程如图 10-2 所示：

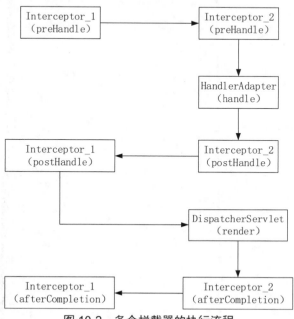

图 10-2　多个拦截器的执行流程

由图 10-2 可以看出，当有多个拦截器同时工作时，它们的 preHandle()方法会按照配置文件中拦截器的配置顺序执行，而它们的 postHandle()方法和 afterCompletion()方法则会按照配置顺序的反序执行。

10.3　拦截器的实现方法

在 Spring 框架中，要想实现拦截器的功能，主要有以下三种方法。

（1）实现 HandlerInterceptor 接口，还要实现这个接口中的三个方法。

（2）继承自 AbstractInterceptor 类。这是一个抽象类，实现了 Interceptor 接口，并且对里面的 init()方法和 destroy()方法进行空实现。把 intercept()方法设置为抽象方法，让继承它的子类去实现，这样的话，子类只要实现这个 intercept()方法就可以了，比直接实现接口要简单。

（3）继承 MethodFilterInterceptor，这个类叫作方法过滤拦截器，继承自 AbstractInterceptor，并且提供了一种机制，即可以指定对 Action 中某些方法进行拦截或者是不拦截。是否拦截是指拦截器中的 intercept()方法是否被执行了，若没有执行，就是没有拦截；若执行了，就是进行了拦截。

以上三种方法实际上是一种方法，即只要这个类实现了 Interceptor 接口，即可成为一个拦截器类。下面主要介绍第三种方法，即 MethodFilterInterceptor 的使用。

MethodFilterInterceptor 类的部分代码如下：

```java
public abstract class MethodFilterInterceptor extends AbstractInterceptor {
  protected transient Logger log = LoggerFactory.getLogger(getClass());
  protected Set<String> excludeMethods = Collections.emptySet();
  protected Set<String> includeMethods = Collections.emptySet();
  public void setExcludeMethods(String excludeMethods) {
    this.excludeMethods = TextParseUtil.commaDelimitedStringToSet(excludeMethods);
  }
  public Set<String> getExcludeMethodsSet() {
     return excludeMethods;
  }
  public void setIncludeMethods(String includeMethods) {
     this.includeMethods = TextParseUtil.commaDelimitedStringToSet(includeMethods);
  }
  public Set<String> getIncludeMethodsSet() {
     return includeMethods;
  }
  @Override
  public String intercept(ActionInvocation invocation) throws Exception {
     if (applyInterceptor(invocation)) {
        return doIntercept(invocation);
     }
     return invocation.invoke();
  }
  protected boolean applyInterceptor(ActionInvocation invocation) {
     String method = invocation.getProxy().getMethod();
     boolean applyMethod =
     MethodFilterInterceptorUtil.applyMethod(excludeMethods, includeMethods, method);
     if (log.isDebugEnabled()) {
        if (!applyMethod) {
           log.debug("Skipping Interceptor... Method [" + method + "] found in exclude list.");
        }
     }
     return applyMethod;
  }
  protected abstract String doIntercept(ActionInvocation invocation) throws Exception;
}
```

可以看到这里面有两个成员变量：includeMethods 和 excludeMethods，并且有对应的 get/set 方法。这两个变量的类型为 String 类型的集合，可以放置多个 String 类型的数据，其实，这两个变量就是用来存放要拦截或者是不拦截的方法的名称的。includeMethods 存放要进行拦截的方法名称，excludeMethods 存放不进行拦截的方法名称。

其中还实现了 Intercept 方法，经过某个判断后，调用了一个 doIntercept()方法，这个方法是抽象的，就是要由其子类去实现的。这个判断是什么呢？这个判断就是根据 includeMethods 和 excludeMethods 中存放的方法名称，判断是否要对其进行拦截。

因为类中已经实现了 intercept()方法，并且提供了一个抽象的 doIntercept()方法，所以只要实现这个抽象的方法，就可以实现针对方法的拦截器了。

下面介绍一个简单的实现拦截器的例子。

拦截器类代码如下：

```
package com.suo.interceptor;
import com.opensymphony.xwork2.ActionInvocation;
import com.opensymphony.xwork2.interceptor.MethodFilterInterceptor;
import com.suo.listeners.BeforeResultListener;
public class MyInterceptor3 extends MethodFilterInterceptor {
  @Override
    protected String doIntercept(ActionInvocation invocation) throws Exception {
    System.out.println("before MyInterceptor3 invoke !");
    String result=invocation.invoke();
    System.out.println("after MyInterceptor3 invoke !");
    return result;
  }
}
```

配置拦截器，代码如下：

```
<interceptor name="myInterceptor3" class="com.suo.interceptor.MyInterceptor3"></interceptor>
```

在 action 中引用拦截器，代码如下：

```
<action name="action1" class="com.suo.actions.Action1" method="myExecute">
<result name="success" type="chain">
<param name="actionName">action2</param>
</result>
<interceptor-ref name="myInterceptor3">
<param name="includeMethods">myExecute</param>
<param name="excludeMethods">execute</param><!--对 myExecute 进行拦截，对 execute 不拦截-->
</interceptor-ref>
</action>
```

10.4 拦截器的使用

要使用 Spring MVC 中的拦截器，就需要对拦截器类进行定义和配置。

10.4.1 单个拦截器的使用

通常，单个拦截器可以通过两种方式来定义。

1. 自定义拦截器

可以通过集成 Spring MVC 框架中的 HandlerInterceptor 类自定义拦截器。例如 9.1 节编写了登录应用程序 springLogin，在 springLogin 项目中配置拦截器即可。

使用实体类进行配置，在 springLogin 项目下的 src/main/java 文件夹中新建包 com.jumooc.interceptor，新建类 DemoInterceptor，代码如下：

```
public class DemoInterceptor implements HandlerInterceptor{
//1.表示在控制器方法之前执行
//2.方法的返回值如果为 false，则不再继续向下执行，表示请求到此结束
//3.方法的返回值如果为 true，则继续执行控制器方法
```

```java
//适合做登录验证
public boolean preHandle(HttpServletRequest request,
HttpServletResponse response, Object handler) throws Exception {
   System.out.println("preHandle");
   return true;
}
//表示在控制器的方法之后，在响应页面之前执行
//对响应视图对象进行处理
public void postHandle(HttpServletRequest request, HttpServletResponse response, Object handler,
ModelAndView modelAndView) throws Exception {
   System.out.println("postHandle");
}
//当页面响应成功，适合处理一些收尾的操作，比如性能测试
public void afterCompletion(HttpServletRequest request,
HttpServletResponse response, Object handler, Exception ex)throws Exception {
   System.out.println("afterCompletion");
   }
}
```

上述代码主要通过实现 HandlerInterceptor 接口或继承 HandlerInterceptor 接口的实现类来定义。

preHandle()方法：该方法会在控制器方法调用之前执行，其返回值表示是否中断后续操作。当其返回值为 True 时，表示继续向下执行；当其返回值为 False 时，会中断后续的所有操作（包括调用下一个拦截器和控制器类中的方法执行等）。

postHandle()方法：该方法会在控制器方法调用之后，解析视图之前执行。可以通过此方法对请求域中的模型和视图做进一步的修改。

afterCompletion()方法：该方法会在整个请求完成，即视图渲染结束之后执行。可以通过此方法实现资源清理、日志信息记录等工作。

2. 通过 XML 配置文件定义拦截器

Spring MVC 使用的拦截器可以在 XML 中进行配置。例如在 springLogin 应用程序中找到 src/main/resources 文件夹中的 spring-mvc.xml 配置文件，写入以下代码：

```xml
<!-- 配置拦截器 -->
<mvc:interceptors>
   <mvc:interceptor>
   <!-- path 表示拦截的路径，如果想要拦截所有，path 可以写成：/** -->
     <mvc:mapping path="/user/*"/>
     <!-- 实例化拦截器对象 -->
     <!-- exclude-mapping 表示不拦截的 url -->
     <mvc:exclude-mapping path="/user/showLogin.do"/>
     <mvc:exclude-mapping path="/user/login.do"/>
     <bean class="cn.tedu.interceptor.DemoInterceptor"/>
   </mvc:interceptor>
</mvc:interceptors>
```

上面的代码中，<mvc:interceptors>元素用于配置一组拦截器，其子元素<bean>中定义的是全局拦截器，它会拦截所有的请求；而<mvc:interceptor>元素中定义的是指定路径的拦截器，它会对指定路径下的请求生效。<mvc:interceptor>元素的子元素<mvc:mapping>用于配置拦截器作用的路径，该路径在其属性 path 中定义。例如上述代码中，<mvc:mapping path="/user/*"/>表示拦截所有路径。如果请求路径中包含不需要拦截

的内容，还可以通过<mvc:exclude-mapping>元素进行配置。

提示：<mvc:interceptor>中的子元素必须按照<mvc:mapping> <mvc:exclude-mapping> <bean>的配置顺序进行编写，否则文件会报错。

10.4.2 多个拦截器的使用

在 Spring MVC 框架的拦截器中，除了可以配置单个拦截器，还可配置多个拦截器。

当拦截多个或部分请求时，可以写多个 bean 来实现，在 XML 文件中进行配置即可，代码如下：

```xml
<mvc:interceptors>
<!-- path:需要拦截的请求，省略则会拦截所有请求 -->
  <mvc:mapping path="/user/*"/>
    <bean id="XXX_1" class="com.jumooc.XXX_1" />
    <bean id="XXX_2" class="com.jumooc.XXX_2" />
</mvc:interceptors>
```

提示：当配置多个拦截器的时候，会顺序执行 preHandle 方法，再倒序执行 postHandle 和 afterCompletion 方法。

10.5 拦截器的应用

在实际应用程序中，拦截器的使用是非常普遍的。例如在购物网站中，可以通过拦截器拦截未登录的用户，禁止其购买商品，或者使用拦截器来验证已登录用户是否有相应的操作权限等。Spring MVC 提供了拦截器功能，通过配置即可对请求进行拦截处理。

10.5.1 登录检测

在访问某些资源时，需要用户登录后才能查看，因此需要进行登录检测。

如果请求的 URL 是公开地址（无需登录即可访问的 URL）则放行，否则检测用户 Session 是否存在。如果用户 Session 不存在，则跳转到登录页面；如果用户 Session 存在，则放行，然后继续操作。

实现登录的 Controller 方法的代码如下：

```java
//登录
@RequestMapping("/login")
public String login(HttpServletRequest request, String username,
String password) throws Exception {
    //实际应用程序中要去和数据库匹配
    //此处假设登录成功了
    HttpSession session = request.getSession();
    session.setAttribute("username", username);
    return "redirect:queryItems.action";
}
    //退出
    @RequestMapping("/logout")
public String logout(HttpServletRequest request) throws Exception {
HttpSession session = request.getSession();
```

```
    session.invalidate();
    return "redirect:queryItems.action";
}
```

登录验证拦截器的实现，代码如下：

```
//测试拦截器 1
public class LoginInterceptor implements HandlerInterceptor{
    //进入 Handler 方法之前执行
    //可以用于身份认证、身份授权。如果认证没有通过表示用户没有登录，需要此方法拦截不再往下执行，否则就放行
    @Override
    public boolean preHandle(HttpServletRequest request,
    HttpServletResponse response, Object handler) throws Exception {
        //获取请求的 url
        String url = request.getRequestURI();
        //判断 url 是否公开地址（实际使用时将公开地址配置到配置文件中）
        //此处假设公开地址是登录提交的地址
        if(url.indexOf("login.action") > 0) {
            //如果进行登录提交，则放行
            return true;
        }
        //判断 session
        HttpSession session = request.getSession();
        //从 session 中取出用户身份信息
        String username = (String) session.getAttribute("username");
        if(username != null) {
            return true;
        }
        //执行到这里表示用户身份需要验证，跳转到登录页面
        request.getRequestDispatcher("/WEB-INF/jsp/login.jsp").forward(request, response);
        return false;
    }
    //为节省空间，另外两个方法省略不写了，也不需要处理
}
```

配置该拦截器，代码如下：

```
<!-- 配置拦截器 -->
<mvc:interceptors>
<!-- 多个拦截器，按顺序执行 -->
<mvc:interceptor>
<mvc:mapping path="/**"/> <!-- 拦截所有url，包括子url路径 -->
<bean class="ssm.interceptor.LoginInterceptor"/>
</mvc:interceptor>
<!-- 其他拦截器 -->
</mvc:interceptors>
```

任意请求一个 URL 时，就会被刚刚定义的拦截器给捕获到，然后会判断 Session 中是否有用户信息，没有的话就会跳到登录页面继续登录。

10.5.2 性能监控

如何记录请求的处理时间，得到一些慢请求（如处理时间超过 500 毫秒），从而进行性能改进？

实现分析：
（1）在进入处理器之前记录开始时间，即在拦截器的 preHandle 中记录开始时间。
（2）在结束请求处理之后记录结束时间，即在拦截器的 afterCompletion 中记录结束时间，并用结束时间减去开始时间得到这次请求的处理时间。

拦截器实现的代码如下：

```java
package com.etc.interceptor;
import org.springframework.core.NamedThreadLocal;
import org.springframework.web.servlet.handler.HandlerInterceptorAdapter;
import javax.servlet.http.HttpServletRequest;
import javax.servlet.http.HttpServletResponse;
public class PerformanceMonitorInterceptor extends HandlerInterceptorAdapter{
private NamedThreadLocal<Long> threadLocal = new NamedThreadLocal<>("PerformanceMonitor");
@Override
public boolean preHandle(HttpServletRequest request,
HttpServletResponse response, Object handler) throws Exception {
   //请求开始时间
   long startTime = System.currentTimeMillis();
   //线程绑定变量（该数据只有当前请求的线程可见）
   threadLocal.set(startTime);
   return true;
}
@Override
   public void afterCompletion(HttpServletRequest request,
   HttpServletResponse response, Object handler, Exception ex)
     throws Exception {
     //请求结束时间
     long endTime = System.currentTimeMillis();
   //获取线程绑定的局部变量（开始时间）
   long startTime = threadLocal.get();
   long elapse = endTime - startTime;
   //为了测试，只要大于零就记录，一般设置为一个比较大的数，如300，代表300毫秒
   if(elapse > 0){
      System.out.println(String.format("%s elapse %d 毫秒", request.getRequestURI(), elapse));
     }
   }
}
```

进行拦截器配置时，将该拦截器放在拦截器链的第一个位置，这样得到的时间才比较准确，代码如下：

```xml
<mvc:interceptor>
<!-- 拦截所有的请求，这个必须写在前面，也就是写在不拦截请求的上面 -->
<mvc:mapping path="/**"/>
<!--排除下面这些不拦截请求 -->
<mvc:exclude-mapping path="/login"/>
<mvc:exclude-mapping path="/logout"/>
<mvc:exclude-mapping path="/doLogin" />
<bean class="com.etc.interceptor.PerformanceMonitorInterceptor"/>
</mvc:interceptor>
```

10.6 拦截器与过滤器的原理和区别

过滤器也可以将某些请求过滤掉，但是和拦截器又有所不同，本节主要介绍它们之间的区别。

10.6.1 什么是过滤器

为了方便区分，首先介绍什么是过滤器。

过滤器实际上就是对 Web 资源进行拦截，做一些处理后再交给下一个过滤器或 Servlet 处理，通常都是对 Request 进行拦截处理，也可以对返回的 Response 进行拦截处理。

过滤器是一个程序，它先于与之相关的 Servlet 或 JSP 页面在服务器上运行。过滤器可附加到一个或多个 Servlet 或 JSP 页面上，并且可以检查进入这些资源的请求信息。此后，过滤器可以做如下选择：

（1）以常规的方式调用资源（即调用 Servlet 或 JSP 页面）；
（2）利用修改过的请求信息调用资源；
（3）调用资源，但在发送响应到客户机前对其进行修改；
（4）阻止该资源调用，代之以转到其他的资源，返回一个特定的状态代码或生成替换输出。

10.6.2 拦截器和过滤器的原理

了解拦截器和过滤器是什么之后，下面简单了解一下它们的运行原理。

Spring MVC 的拦截器的实现原理：拦截器方法都是通过代理的方式来调用的。例如，使用代理 Struts 2 的拦截器，Struts 2 的拦截器实现相对简单。当请求到达 Struts 2 的 ServletDispatcher 时，Struts 2 会查找配置文件，并根据其配置实例化相对应的拦截器对象，然后串成一个列表（List），最后一个个地调用列表中的拦截器。

Servlet 过滤器的基本原理：Servlet 作为过滤器使用时，它可以对客户的请求进行处理。处理完成后，交给下一个过滤器处理，这样客户的请求会逐个依次处理，直到请求发送到目标为止。例如，某个网站中，当用户填写完修改信息并提交后，服务器在进行处理时需要做两项工作：判断客户端的会话是否有效；对提交的数据进行统一编码。这两项工作可以在由两个过滤器组成的过滤链里进行处理。如果过滤器处理成功，把提交的数据发送到成功的目标中；如果过滤器处理不成功，则把视图派发到指定的错误页面。

Filter 过滤器的工作分为两步：第一步，Java 类实现 Fiter 接口，并实现其 doFilter 方法；第二步，在 web.xml 文件中使用<filter>和<filter-mapping>元素对编写的 filter 类进行注册，并设置它所能拦截的资源。

在 springLogin 项目的 src/main/java 文件夹中新建 com.jumooc.filter 包，在包下新建 FilterTest 类，在 FilterTest 类中实现 Filter 接口，代码如下：

```
import java.io.IOException;
import javax.servlet.Filter;
import javax.servlet.FilterChain;
import javax.servlet.FilterConfig;
import javax.servlet.ServletException;
import javax.servlet.ServletRequest;
import javax.servlet.ServletResponse;
/**
 * @description 过滤器 Filter 的工作原理
```

```java
*/
public class FilterTest implements Filter{
public void destroy() {
System.out.println("----Filter 销毁----");
}
public void doFilter(ServletRequest request, ServletResponse response,
FilterChain filterChain) throws IOException, ServletException {
  //对 request、response 进行一些预处理
  request.setCharacterEncoding("UTF-8");
  response.setCharacterEncoding("UTF-8");
  response.setContentType("text/html;charset=UTF-8");
  System.out.println("----调用 service 之前执行一段代码----");
  filterChain.doFilter(request, response); //执行目标资源，放行
  System.out.println("----调用 service 之后执行一段代码----");
}
public void init(FilterConfig arg0) throws ServletException {
    System.out.println("----Filter 初始化----");
  }
}
```

在 springLogin 项目中，编辑 web.xml 文件时，为了防止出现乱码，一般会配置过滤器，代码已经在 springLogin 的 WEB-INF 文件夹中的 web.xml 文件中配置：

```xml
<!-- 配置过滤器，实现 post 请求的编码格式的设置 -->
  <filter>
    <filter-name>encodingFilter</filter-name>
    <filter-class>org.springframework.web.filter.CharacterEncodingFilter</filter-class>
    <init-param>
      <param-name>encoding</param-name>
      <param-value>utf-8</param-value>
    </init-param>
  </filter>
  <filter-mapping>
    <filter-name>encodingFilter</filter-name>
    <url-pattern>/*</url-pattern>
  </filter-mapping>
```

10.6.3 拦截器和过滤器的区别

拦截器和过滤器的区别如下。
（1）过滤器依赖于 Servlet 容器，基于回调函数；拦截器依赖于框架，基于反射机制。
（2）过滤器的过滤范围更大，还可以过滤一些静态资源；拦截器只拦截请求。
（3）拦截器基于 Java 的反射机制，而过滤器基于函数回调。
（4）拦截器不依赖于 Servlet 容器，过滤器依赖于 Servlet 容器。
（5）拦截器只能对 Action 请求起作用，而过滤器则可以对几乎所有的请求起作用。
（6）拦截器可以访问 Action 上下文、值栈里的对象，而过滤器不能访问。
（7）在 Action 的生命周期中，拦截器可以多次被调用，而过滤器只能在容器初始化时被调用一次。

10.7 就业面试技巧与解析

学完本章内容，读者应对 Spring MVC 的拦截器有了基本了解，了解了 Spring MVC 的拦截器与过滤器的区别。下面对面试过程中可能出现的相关问题进行解析，更好地帮助读者学习。

10.7.1 面试技巧与解析（一）

面试官：Spring MVC 的拦截器应如何使用？

应聘者：

定义拦截器，实现 HandlerInterceptor 接口，接口中提供三个方法。

（1）preHandle：在进入 Handler 方法之前执行，用于身份认证、身份授权。例如进行身份认证，如果认证通过则表示当前用户没有登录，需要此方法拦截不再向下执行。

（2）postHandle：在进入 Handler 方法之后，返回 ModelAndView 之前执行，应用场景从 ModelAndView 出发，将公用的模型数据（如菜单导航）在这里传到视图，也可以在这里统一指定视图。

（3）afterCompletion：Handler 执行完成之后执行此方法，应用场景包括统一异常处理、统一日志处理。

拦截器配置如下。

针对 HandlerMapping 配置（不推荐）：Spring MVC 拦截器针对 HandlerMapping 进行拦截设置，如果在某个 HandlerMapping 中配置拦截，经过该 HandlerMapping 映射成功的 Handler 最终使用该拦截器。

类似全局的拦截器：Spring MVC 配置类似全局的拦截器，Spring MVC 框架将配置的类似全局的拦截器注入每个 HandlerMapping 中。

10.7.2 面试技巧与解析（二）

面试官：Spring MVC 拦截器的三个方法的执行时机是什么？

应聘者：

（1）当两个拦截器都实现放行操作时，顺序为 preHandle 1、preHandle 2、postHandle 2、postHandle 1、afterCompletion 2、afterCompletion 1。

（2）当第一个拦截器 preHandle 返回 False，也就是对其进行拦截时，第二个拦截器是完全不执行的，第一个拦截器只执行 preHandle 部分。

（3）当第一个拦截器 preHandle 返回 True，第二个拦截器 preHandle 返回 False，顺序为 preHandle 1、preHandle 2、afterCompletion 1。

第 3 篇

核心技术

本篇将介绍 Spring MVC 框架中使用的 MyBatis，并结合案例介绍 MyBatis 开发中的一些核心技术，如 MyBatis 的映射器、MyBatis 的事务管理、MyBatis 的缓存机制和 MyBatis 的动态 SQL 等。

- 第 11 章　MyBatis 入门
- 第 12 章　MyBatis 的映射器
- 第 13 章　Spring JDBC 和 MyBatis 事务管理
- 第 14 章　MyBatis 缓存机制
- 第 15 章　MyBatis 动态 SQL

第 11 章

MyBatis 入门

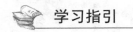 学习指引

本章讲解了 MyBatis 工作环境的构建、MyBatis 的工作原理和相关配置文件。通过本章的学习，读者应了解 MyBatis 的工作原理，能够进行 MyBatis 工作环境的搭建，并能够进行相关的配置分析。

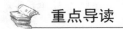 重点导读

- MyBatis 的框架结构。
- MyBatis 的运行流程。
- MyBatis 的工作环境。
- SqlMapConfig 配置文件。
- Mapper 映射文件。

11.1 MyBatis 简介

11.1.1 什么是 MyBatis

MyBatis 是支持普通 SQL 查询、存储过程和高级映射的优秀持久层框架。MyBatis 消除了几乎所有的 JDBC 代码和参数的手工设置，以及结果集的检索。MyBatis 使用简单的 XML 或注解用于配置和原始映射，将接口和 Java 的 POJO（Plain Ordinary Java Objects，普通的 Java 对象）映射成数据库中的记录。

每个 MyBatis 应用程序都主要使用 SqlSessionFactory 实例，一个 SqlSessionFactory 实例可以通过 SqlSessionFactoryBuilder 获得。SqlSessionFactoryBuilder 可以从一个 XML 配置文件或者一个预定义的配置类的实例中获得。

用 XML 文件构建 SqlSessionFactory 实例是非常简单的事情。推荐在这个配置中使用类路径资源，但可以使用任何 Reader 实例，包括用文件路径或 file://开头的 URL 创建的实例。MyBatis 有一个实用类——Resources，它有很多方法，可以方便地从类路径及其他位置处加载资源。

MyBatis 是一个轻量级的 ORM 框架，它简化了对关系型数据库的使用，程序开发人员可以在 XML 或注解中编写 SQL 来完成对数据库的操作。

如果完全使用 XML 方式，SQL 语句可以集中维护，做到与 Java 代码完全隔离，便于对 SQL 调优。

11.1.2 MyBatis 导入 jar 包

要使用 MyBatis，只须将 mybatis-x.x.x.jar 文件置于 classpath 中即可。

如果使用 Maven 来构建项目，则须将 dependency 代码置于 pom.xml 文件中，代码如下：

```xml
<dependency>
  <groupId>org.mybatis</groupId>
  <artifactId>mybatis</artifactId>
  <version>x.x.x</version>
</dependency>
```

11.1.3 MyBatis 的优点

MyBatis 的优点如下。

（1）简单易学：MyBatis 本身很小，没有任何第三方依赖，最简单的安装只需要两个 jar 文件、配置 SQL 映射文件等。易于学习，易于使用，通过文档和源代码，可以比较全面地掌握它的设计思路和实现。

（2）灵活：MyBatis 不会对应用程序或者数据库的现有设计强加任何影响。SQL 写在 XML 里，便于统一管理和优化。通过 SQL，基本上可以实现不使用数据访问框架就可以实现的所有功能，或许更多。

（3）解除 SQL 与程序代码的耦合：通过提供 DAL 分层，将业务逻辑和数据访问逻辑分离，使系统的设计更清晰，使系统更易维护，更易进行单元测试。SQL 和代码的分离提高了程序的可维护性。

（4）提供映射标签，支持对象与数据库的 ORM 字段关系映射。

（5）提供对象关系映射标签，支持对象关系组建维护。

（6）提供 XML 标签，支持编写动态 SQL。

11.1.4 MyBatis 的缺点

MyBatis 也存在一定的缺点，下面简单介绍一下它的缺点。

（1）编写 SQL 语句时工作量很大，尤其是字段多、关联表多时，更是如此。

（2）SQL 语句依赖于数据库，导致数据库移植性差，不能更换数据库。

（3）框架还是比较简陋，功能尚有缺失，虽然简化了数据绑定代码，但是整个底层数据库的查询代码实际还是由程序开发人员编写，工作量也比较大，而且不太容易适应快速数据库修改。

（4）二级缓存机制不佳。

11.1.5 MyBatis 的框架结构

MyBatis 是目前非常流行的 ORM 框架，它的功能很强大，实现却比较简单。

可以将 MyBatis 的框架结构分为三层，如图 11-1 所示。

（1）API 接口层：提供给外部使用的接口 API，程序开发人员通过这些本地 API 来操纵数据库。接口层接收到调用请求就会调用数据处理层来完成具体的数据处理。

（2）数据处理层：负责具体的 SQL 查找、SQL 解析、SQL 执行和结果映射处理等，主要的目的是根据调用的请求完成一次数据库操作。

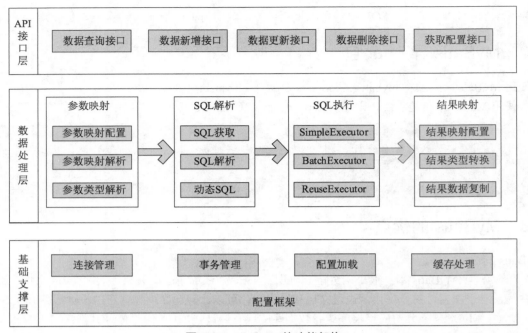

图 11-1 MyBatis 的功能架构

（3）基础支撑层：负责最基础的功能支撑，包括连接管理、事务管理、配置加载和缓存处理，这些都是共用的功能，将它们抽取出来作为最基础的组件，为数据处理层提供最基础的支撑。

11.1.6　MyBatis 的运行流程

MyBatis 的整个运行流程是围绕数据库连接池配置文件 SqlMapConfig.xml 和 SQL 映射配置文件 Mapper.xml 而开展的，包括以下几个步骤。

（1）MyBatis 配置：SqlMapConfig.xml 文件作为 MyBatis 的全局配置文件，配置了 MyBatis 的运行环境等信息。Mapper.xml 文件即 SQL 映射文件，文件中配置了操作数据库的 SQL 语句，此文件需要在 SqlMapConfig.xml 中加载。

（2）通过 MyBatis 环境等配置信息构造 SqlSessionFactory，即会话工厂。

（3）会话工厂创建 SqlSession，操作数据库需要通过 SqlSession 进行。

（4）MyBatis 底层自定义了 Executor 执行器接口操作数据库，Executor 接口有两个实现：基本执行器和缓存执行器。

（5）Mapped Statement 也是 MyBatis 一个底层封装对象，它包装了 MyBatis 配置信息及 SQL 映射信息等。Mapper.xml 文件中，一个 SQL 对应一个 Mapped Statement 对象，SQL 的 ID 即 Mapped statement 的 ID。

（6）Mapped Statement 对 SQL 执行输入参数进行定义，包括 HashMap、基本类型、POJO，Executor 通过 Mapped Statement 在执行 SQL 前将输入的 Java 对象映射至 SQL 中，输入参数映射就是 JDBC 编程中对 PreparedStatement 设置参数。

MyBatis 的运行流程如图 11-2 所示。

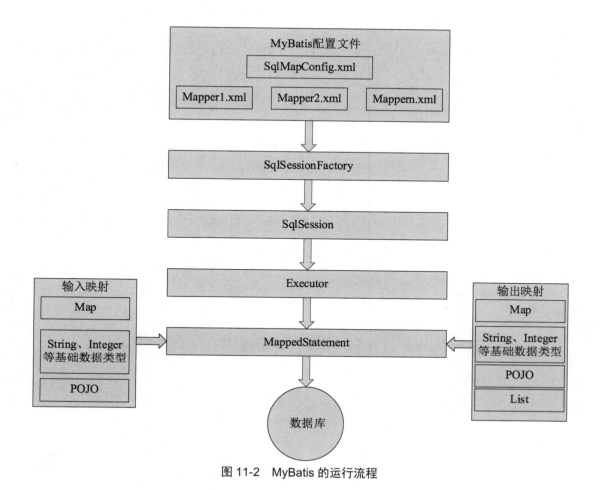

图 11-2 MyBatis 的运行流程

11.2 MyBatis 工作环境的搭建

使用 MyBatis 框架，就要搭建它的工作环境，搭建 MyBatis 工作环境需要五个步骤，具体介绍如下。

11.2.1 新建项目并导入 jar 包

新建 Maven 项目，然后导入 MyBatis 和 MySQL 的 jar 包，读者可以上网下载下。导入 jar 包后右击选择 Build path，把 jar 包加入路径下。

11.2.2 建立数据库将表和类进行映射

在数据库中建立学生信息表 student(id,name,sex,age,address)，对应的实体类是 Student，代码如下：

```
public class Student {
    rprivate long id;
    private String name;
    private String sex;
```

```java
    private int age;
    private String address;
    public long getId(){
        eturn id;
    }
    public void setId(long id) {
        this.id=id;
    }
    public String getName(){
        return name;
    }
    public void setName(String name) {
        this.name = name;
    }
    public String getSex() {
        return sex;
    }
    public void setSex(String sex) {
        this.sex = sex;
    }
public int getAge(){
   return age;
}
public void setAge(int age){
   this.age = age;
}
public String getAddress() {
   return address;
}
public void setAddress(String address){
        this.address = address;
}
```

11.2.3 配置文件连接数据库

使用数据库前需要与它进行连接，在项目 springLogin 中简单介绍了如何连接数据库，下面作详细的讲解。
在 MyBatis 的配置文件中，由 configuration.xml 进行数据库连接配置，代码如下：

```xml
<configuration>
<!--为用到的实体类取别名-->
  <typeAliases>
  <!--<typeAlias alias="别名" type="实体类路径全名：包名+类名"/>-->
  </typeAliases>
  <environments default="development">
  <environment id="development">
  <!--默认的事务管理-->
  <transactionManager type="JDBC"/>
  <!--默认的数据库连接-->
  <dataSource type="POOLED">
  <property name="driver" value="com.mysql.jdbc.Driver"/>
  <property name="url" value="jdbc:mysql://127.0.0.1:3306/school"/>
  <property name="username" value="root"/>
  <property name="password" value="root"/>
  </dataSource>
```

```xml
        </environment>
    </environments>
    <mappers>
<!--映射文件-->
<span style="white-space:pre">	</span>
<!--如果映射文件和接口文件在同一个包中,那么可以不用此配置,因为它会默认去接口的同一个包中查找-->
<mapper resource="com/mybatis/model/student/StudentMapper.xml"/>
    </mappers>
</configuration>
```

11.2.4 实现接口

接口即 DAO 层,主要在此层进行增、删、改、查。首先在 src/main/java 文件夹中建立 com.mybatis.dao.student 包,然后定义学生接口 IStudent,具体代码如下:

```java
public interface IStudent {
public Student findStudentById(long id);
public void addStudent(Student student);
public void updateStudent(Student student);
public void deleteStudent(long id);
}
```

通过映射文件来实现接口,IStudent 接口映射文件 StudentMapper.xml 的代码如下:

```xml
<!--命名空间需要和 IStudent 的路径对应,IStudent 中的方法名与以下操作中的 id 属性对应,否则会出错-->
<mapper namespace="com.mybatis.dao.student.IStudent">
<!--parameterType 是需要引用的参数的类型,resultType 是返回的参数类型,
此处的 Student 即学生类的别名,如果没有别名就需要写全限定类名-->
    <select id="findStudentById" parameterType="long" resultType="Student">
    select * from student where id = #{id}
    </select>
    <insert id="addStudent" parameterType="Student" useGeneratedKeys="true" keyProperty="id">
        insert into student(name,sex,age,address)values(#{name},#{sex},#{age},#{address})
    </insert>
    <update id="updateStudent" parameterType="Student">
        update student set name =#{name},age = #{age},sex=#{sex},address=#{address}where id = #{id}
    </update>
    <delete id="deleteStudent" parameterType="long">
        delete from student where id=#{id}
    </delete>
</mapper>
```

11.2.5 测试是否搭建成功

下面测试 MyBatis 是否搭建成功,在 src/main/java 文件夹中新建包 test,test 包下新建测试类 Test,代码如下:

```java
<pre name="code" class="java">public class Test {
  private static SqlSessionFactory sqlSessionFactory;
    static{
    Reader reader;
    try{
//读取配置文件
reader=Resources.getResourceAsReader("config.xml");
//建立 sqlSessionFactory
    sqlSessionFactory = new SqlSessionFactoryBuilder().build(reader);
    }catch(IOException e){
```

```
            e.printStackTrace();
        }
    }
    public static void main(String[] args){
        SqlSession sqlSession =sqlSessionFactory.openSession();
        //getMapper 中的参数为对应的接口类
        IStudent iStudent = sqlSession.getMapper(IStudent.class);
        //查找学号为 9 的学生，并打印
        Student student = iStudent.findStudentById(9L);
        System.out.println("id:" + student.getId());
        System.out.println("name:" + student.getName());
        System.out.println("age:" + student.getAge());
        System.out.println("sex:" + student.getSex());
        System.out.println("address:" + student.getAddress());
        //更新刚刚查出的学号为 9 的学生的姓名和地址
        student.setName("关羽");
        student.setAddress("蜀国");
        iStudent.updateStudent(student);
        sqlSession.commit();
    }
}
```

11.3 MyBatis.xml 配置文件

MyBatis 的配置文件包含了会深深影响 MyBatis 行为的设置（settings）信息和属性（properties）信息。我们通过了解每一个配置文件的内容，可以将项目配置得更加清晰、明了。

11.3.1 MyBatis 配置文件的基本结构

使用 MyBatis 框架时，首先要导入其对应的 jar 包并进行相应的配置，所以需要了解配置文件的每个参数。一个完整的 MyBatis 配置文件的结构代码如下：

```xml
<?xml version="1.0" encoding="UTF-8" ?>
<!DOCTYPE configuration
PUBLIC "-//mybatis.org//DTD Config 3.0//EN"
"http://mybatis.org/dtd/mybatis-3-config.dtd">
  <!--配置文件的根元素-->
  <configuration>
  <!--属性：定义配置外在化-->
  <properties></properties>
  <!--设置：定义 MyBatis 的一些全局性设置-->
  <settings>
  <!--具体的参数名和参数值-->
  <setting name="" value=""/>
  </settings>
  <!--类型名称：为一些类定义别名-->
  <typeAliases></typeAliases>
  <!--类型处理器：定义 Java 类型与数据库中的数据类型之间的转换关系-->
  <typeHandlers></typeHandlers>
  <!--对象工厂-->
```

```xml
        <objectFactory type=""></objectFactory>
        <!--插件：MyBatis 的插件，可以修改 MyBatis 的内部运行规则-->
        <plugins>
        <plugin interceptor=""></plugin>
        </plugins>
        <!--环境：配置 MyBatis 的环境-->
        <environments default="">
        <!--环境变量：可以配置多个环境变量，比如使用多数据源时，就需要配置多个环境变量-->
        <environment id="">
        <!--事务管理器-->
        <transactionManager type=""></transactionManager>
        <!--数据源-->
        <dataSource type=""></dataSource>
        </environment>
        </environments>
        <!--数据库厂商标识-->
        <databaseIdProvider type=""></databaseIdProvider>
        <!--映射器：指定映射文件或者映射类-->
        <mappers></mappers>
</configuration>
```

11.3.2 属性

属性（properties）元素主要用来定义配置外在化，比如数据库的连接属性等。这些属性都是可以外部配置且可动态替换的，也就是说，既可以在典型的 Java 属性文件中配置，也可以通过 properties 元素的子元素来传递，例如：

```xml
properties resource="org/mybatis/example/config.properties">
<property name="username" value="dev_user"/>
<property name="password" value="F2Fa3!33TYyg"/>
</properties>
```

其中的属性就可以在整个配置文件中被用来替换需要动态配置的属性值，代码如下：

```xml
<dataSource type="POOLED">
<property name="driver" value="${driver}"/>
<property name="url" value="${url}"/>
<property name="username" value="${username}"/>
<property name="password" value="${password}"/>
</dataSource>
```

这个例子中的 username 和 password 会由 properties 元素中设置的相应值来替换。driver 和 url 属性会由 config.properties 文件中对应的值来替换。这样就为配置提供了诸多灵活选择。属性也可以被传递到 SqlSessionFactoryBuilder.build()方法中，代码如下：

```
SqlSessionFactory factory = sqlSessionFactoryBuilder.build(reader,props);
//…or…
SqlSessionFactory factory = sqlSessionFactoryBuilder.build(reader,environment,props);
```

但是，这也涉及到优先级的问题，如果属性不只在一个地方配置，那么 MyBatis 将会按照下面的顺序进行加载：

（1）在 properties 元素体内指定的属性首先被读取；

（2）根据 properties 元素中的 resource 属性读取类路径下属性文件，或根据 url 属性指定的路径读取属性文件并覆盖已读取的同名属性；

（3）读取作为方法参数传递的属性，并覆盖已读取的同名属性。

因此，通过方法参数传递的属性具有最高优先级，resource、url 属性中指定的配置文件的属性优先级次之，优先级最低的是 properties 属性中指定的属性。

11.3.3 设置

设置（setting）是指定 MyBatis 的一些全局配置属性，这是 MyBatis 中极为重要的调整设置，它们会改变 MyBatis 运行时的行为。setting 元素介绍如表 11-1 所示。

表 11-1 setting 元素介绍

设 置 参 数	描 述	有 效 值	默 认 值
cacheEnabled	该配置影响的所有映射器中配置的缓存的全局开关	True、False	True
lazyLoadingEnabled	延迟加载的全局开关。当开启时，所有关联对象都会被延迟加载。特定关联关系中可通过设置 fetchType 属性来覆盖该项的开关状态	True、False	False
aggressiveLazyLoading	当启用时，对任意延迟属性的调用会使带有延迟加载属性的对象完整加载；反之，每种属性将会按需加载	True、False	True
multipleResultSetsEnabled	是否允许单一语句返回多结果集（需要兼容驱动）	True、False	True
useColumnLabel	使用列标签代替列名。不同的驱动在这方面会有不同的表现，具体可参考相关驱动文档或通过测试这两种不同的模式来观察所用驱动的结果	True、False	True
useGeneratedKeys	允许 JDBC 支持自动生成主键，需要驱动兼容。如果设置为 true，则这个设置强制使用自动生成的主键，尽管一些驱动不能兼容但仍可正常工作（如 Derby）	True、False	False

续表

设 置 参 数	描 述	有 效 值	默 认 值
autoMappingBehavior	指定 MyBatis 应如何自动映射列到字段或属性。NONE 表示取消自动映射；PARTIAL 只会自动映射没有定义嵌套结果集映射的结果集；FULL 会自动映射任意复杂的结果集（无论是否嵌套）	NONE、PARTIAL、FULL	PARTIAL
defaultExecutorType	配置默认的执行器。SIMPLE 就是普通的执行器；REUSE 执行器会重用预处理语句；BATCH 执行器将重用语句并执行批量更新	SIMPLE、REUSE、BATCH	SIMPLE
defaultStatementTimeout	设置超时时间，它决定驱动等待数据库响应的秒数	任意正整数	未定义
defaultFetchSize	为驱动程序设置提示以控制返回结果的大小，可以通过查询设置重写此参数值	任意正整数	未定义
safeRowBoundsEnabled	允许在嵌套语句中使用分页	True、False	False
mapUnderscoreToCamelCase	是否开启自动驼峰命名规则映射，即从经典数据库列名 A_COLUMN 到经典 Java 属性名 aColumn 的类似映射	True、False	False
localCacheScope	MyBatis 利用本地缓存机制防止循环引用和加速重复嵌套查询。默认值为 SESSION，这种情况下会缓存一个会话中执行的所有查询。若设置值为 STATEMENT，本地会话仅用在语句执行上，对相同 SqlSession 的不同调用将不会共享数据	SESSION、STATEMENT	SESSION

续表

设置参数	描述	有效值	默认值
jdbcTypeForNull	当没有为参数提供特定的 JDBC 类型时，为空值指定 JDBC 类型。某些驱动需要指定列的 JDBC 类型，多数情况直接用一般类型即可，比如 NULL、VARCHAR 或 OTHER	JDBC Type 枚举，最常见的是 NULL、VARCHAR 和 OTHER	OTHER
lazyLoadTriggerMethods	指定哪个对象的方法触发一次延迟加载	方法名列表用逗号分割	equals、clone、hashCode、toString
defaultScriptingLanguage	指定动态 SQL 生成的默认语言	类型的别名或完全限定的类名	org.apache.ibatis.scripting.xmltags.XMLDynamicLanguageDriver
callSettersOnNulls	指定当结果集中值为 null 的时候是否调用映射对象的 setter（map 对象时为 put）方法，这对于有 Map.keySet()依赖或 null 值初始化的时候是有用的。注意基本类型（int、boolean 等）是不能设置成 null 的	True、False	False
logPrefix	指定 MyBatis 增加到日志名称的前缀	任意字符串	未定义
logImpl	指定 MyBatis 所用日志的具体实现，未指定时将自动查找	SLF4J、LOG4J、LOG4J2、JDK_LOGGING、COMMONS_LOGGING、STDOUT_LOGGING、NO_LOGGING	未定义
proxyFactory	指定 MyBatis 创建具有延迟加载能力的对象所用到的代理工具	CGLIB、JAVASSIST	Javassist（MyBatis 3.3 或以上版本）

一个配置完整的 settings 元素的实例代码如下：

```
<settings>
<setting name="cacheEnabled" value="true"/>
<setting name="lazyLoadingEnabled" value="true"/>
<setting name="multipleResultSetsEnabled" value="true"/>
<setting name="useColumnLabel" value="true"/>
<setting name="useGeneratedKeys" value="false"/>
<setting name="autoMappingBehavior" value="PARTIAL"/>
<setting name="autoMappingUnknownColumnBehavior" value="WARNING"/>
<setting name="defaultExecutorType" value="SIMPLE"/>
<setting name="defaultStatementTimeout" value="25"/>
<setting name="defaultFetchSize" value="100"/>
<setting name="safeRowBoundsEnabled" value="false"/>
<setting name="mapUnderscoreToCamelCase" value="false"/>
```

```
<setting name="localCacheScope" value="SESSION"/>
<setting name="jdbcTypeForNull" value="OTHER"/>
<setting name="lazyLoadTriggerMethods" value="equals,clone,hashCode,toString"/>
</settings>
```

11.3.4 类型别名

类型别名（typeAliases）是为 Java 类型设置一个短的名字，它只和 XML 配置有关，存在的意义仅在于减少类完全限定名的冗余，例如：

```
<typeAliases>
  <typeAlias alias="Author" type="domain.blog.Author"/>
  <typeAlias alias="Blog" type="domain.blog.Blog"/>
  <typeAlias alias="Comment" type="domain.blog.Comment"/>
  <typeAlias alias="Post" type="domain.blog.Post"/>
  <typeAlias alias="Section" type="domain.blog.Section"/>
  <typeAlias alias="Tag" type="domain.blog.Tag"/>
</typeAliases>
```

当这样配置时，Blog 可以用在任何使用 domain.blog.Blog 的地方，也可以指定一个包名，MyBatis 会在包名下面搜索需要的 JavaBean，代码如下：

```
<typeAliases>
    <package name="domain.blog"/>
</typeAliases>
```

domain.blog 包中的每一个 JavaBean，在没有注解的情况下，会使用 Bean 的首字母小写的非限类名来作为它的别名。比如 domain.blog.Author 的别名为 author，若有注解，则别名为注解值，例如：

```
@Alias("author")
public class Author {
 ...
}
```

一些常见的 Java 类型对应的类型别名如表 11-2 所示，它们都是大小写不敏感的，需要注意的是由基本类型名称重复导致的特殊处理。

表 11-2 Java 类型对应的类型别名

Java 类型	类 型 别 名
byte	_byte
long	_long
short	_short
int	_int
int	_integer
double	_double
float	_float
boolean	_boolean
String	string
Byte	byte

续表

Java 类型	类型别名
Long	long
Short	short
Integer	int
Integer	integer
Double	double
Float	float
Boolean	boolean
Date	date
BigDecimal	decimal
BigDecimal	bigdecimal
Object	object
Map	map
HashMap	hashmap
List	list
ArrayList	arraylist
Collection	collection
Iterator	iterator

11.3.5 类型处理器

MyBatis 无论是在预处理语句（PreparedStatement）中设置一个参数时，还是从结果集中取出一个值时，都会用类型处理器（typeHandlers）将获取的值以合适的方式转换成 Java 类型。一些默认的类型处理器如表 11-3 所示。

提示：从 MyBatis 3.4.5 版本开始，MyBatis 默认支持 JSR-310（日期和时间 API）。

表 11-3 默认的类型处理器

类型处理器	Java 类型	JDBC 类型
BooleanTypeHandler	java.lang.Boolean,boolean	数据库兼容的 BOOLEAN
ByteTypeHandler	java.lang.Byte,byte	数据库兼容的 NUMERIC 或 BYTE
ShortTypeHandler	java.lang.Short,short	数据库兼容的 NUMERIC 或 SHORT INTEGER
IntegerTypeHandler	java.lang.Integer,int	数据库兼容的 NUMERIC 或 INTEGER
LongTypeHandler	java.lang.Long,long	数据库兼容的 NUMERIC 或 LONG INTEGER
FloatTypeHandler	java.lang.Float,float	数据库兼容的 NUMERIC 或 FLOAT
DoubleTypeHandler	java.lang.Double,double	数据库兼容的 NUMERIC 或 DOUBLE
BigDecimalTypeHandler	java.math.BigDecimal	数据库兼容的 NUMERIC 或 DECIMAL

续表

类型处理器	Java 类型	JDBC 类型
StringTypeHandler	java.lang.String	CHAR, VARCHAR
ClobReaderTypeHandler	java.io.Reader	—
ClobTypeHandler	java.lang.String	CLOB, LONGVARCHAR
NStringTypeHandler	java.lang.String	NVARCHAR, NCHAR
NClobTypeHandler	java.lang.String	NCLOB
BlobInputStreamTypeHandler	java.io.InputStream	—
ByteArrayTypeHandler	byte[]	数据库兼容的字节流类型
BlobTypeHandler	byte[]	BLOB, LONGVARBINARY
DateTypeHandler	java.util.Date	TIMESTAMP
DateOnlyTypeHandler	java.util.Date	DATE
TimeOnlyTypeHandler	java.util.Date	TIME
SqlTimestampTypeHandler	java.sql.Timestamp	TIMESTAMP
SqlDateTypeHandler	java.sql.Date	DATE
SqlTimeTypeHandler	java.sql.Time	TIME
ObjectTypeHandler	Any	OTHER 或未指定类型
EnumTypeHandler	Enumeration Type	VARCHAR，任何兼容的字符串类型，存储枚举的名称（而不是索引）
EnumOrdinalTypeHandler	Enumeration Type	任何兼容的 NUMERIC 或 DOUBLE 类型，存储枚举的索引（而不是名称）
InstantTypeHandler	java.time.Instant	TIMESTAMP
LocalDateTimeTypeHandler	java.time.LocalDateTime	TIMESTAMP
LocalDateTypeHandler	java.time.LocalDate	DATE
LocalTimeTypeHandler	java.time.LocalTime	TIME
OffsetDateTimeTypeHandler	java.time.OffsetDateTime	TIMESTAMP
OffsetTimeTypeHandler	java.time.OffsetTime	TIME
ZonedDateTimeTypeHandler	java.time.ZonedDateTime	TIMESTAMP
YearTypeHandler	java.time.Year	INTEGER
MonthTypeHandler	java.time.Month	INTEGER
YearMonthTypeHandler	java.time.YearMonth	VARCHAR 或 LONGVARCHAR
JapaneseDateTypeHandler	java.time.chrono.JapaneseDate	DATE

可以重写类型处理器或创建自己的类型处理器来处理不支持的或非标准的类型，具体的做法是实现 org.apache.ibatis.type.TypeHandler 接口，或继承一个很便利的类 org.apache.ibatis.type.BaseTypeHandler，然后选择性地将它映射到一个 JDBC 类型，代码如下：

```
//ExampleTypeHandler.java
@MappedJdbcTypes(JdbcType.VARCHAR)
public class ExampleTypeHandler extends BaseTypeHandler<String> {
@Override
```

```java
public void setNonNullParameter(PreparedStatement ps, int i,
  String parameter, JdbcType jdbcType) throws SQLException {
    ps.setString(i, parameter);
}
@Override
public String getNullableResult(ResultSet rs, String columnName) throws SQLException {
    return rs.getString(columnName);
}
@Override
public String getNullableResult(ResultSet rs, int columnIndex) throws SQLException {
    return rs.getString(columnIndex);
}
@Override
public String getNullableResult(CallableStatement cs, int columnIndex) throws SQLException {
    return cs.getString(columnIndex);
}
}
<!-- mybatis-config.xml -->
<typeHandlers>
  <typeHandler handler="org.mybatis.example.ExampleTypeHandler"/>
</typeHandlers>
<!-- mybatis-config.xml -->
<typeHandlers>
  <typeHandler handler="org.mybatis.example.ExampleTypeHandler"/>
</typeHandlers>
```

这个类型处理器将会覆盖已经存在的处理 Java 的 String 类型属性和 VARCHAR 参数及结果的类型处理器。注意，MyBatis 不会窥探数据库信息来决定使用哪种类型，所以必须在参数和结果映射中指明是 VARCHAR 类型字段，使其能绑定到正确的类型处理器上，原因是 MyBatis 直到语句被执行才清楚数据类型。

通过类型处理器的泛型，MyBatis 可以得知该类型处理器的 Java 类型，不过这种行为可以通过以下两种方法改变。

（1）在类型处理器的元素（typeHandler element）上增加一个 javaType 属性（如 javaType="String"）。

（2）在类型处理器的类上（TypeHandler class）增加一个@MappedTypes 注解来指定与其关联的 Java 类型列表。如果 javaType 属性中也同时指定，则注解方式将被忽略。

可以通过以下两种方式来指定被关联的 JDBC 类型。

（1）在类型处理器的配置元素上增加一个 javaType 属性（如 javaType="VARCHAR"）。

（2）在类型处理器的类上（TypeHandler class）增加一个@MappedJdbcTypes 注解来指定与其关联的 JDBC 类型列表。如果 javaType 属性中也同时指定，则注解方式将被忽略。

最后，还可以让 MyBatis 查找类型处理器，代码如下：

```xml
<!-- mybatis-config.xml -->
<typeHandlers>
  <package name="org.mybatis.example"/>
</typeHandlers>
```

注意，使用自动检索功能时，只能通过注解方式来指定 JDBC 的类型，也可以创建一个能够处理多个类的泛型类型处理器。为了使用泛型类型处理器，需要增加一个接受该类的 Class 作为参数的构造器，这样在构造一个类型处理器的时候，MyBatis 就会传入一个具体的类，代码如下：

```java
//GenericTypeHandler.java
public class GenericTypeHandler<E extends MyObject> extends BaseTypeHandler<E> {
    private Class<E> type;
    public GenericTypeHandler(Class<E> type) {
        if (type == null) throw new IllegalArgumentException("Type argument cannot be null");
```

```
            this.type = type;
    }
}
```

11.3.6 对象工厂

MyBatis 每次创建结果对象的新实例时，都会使用一个对象工厂（ObjectFactory）实例。默认的对象工厂需要做的仅仅是实例化目标类，通过默认构造方法或者在参数映射存在的时候通过参数构造方法来实例化。如果想覆盖对象工厂的行为，则可以通过创建自己的对象工厂来实现，例如：

```java
//ExampleObjectFactory.java
public class ExampleObjectFactory extends DefaultObjectFactory {
public Object create(Class type) {
    return super.create(type);
    }
  public Object create(Class type, List<Class> constructorArgTypes, List<Object> constructorArgs) {
    return super.create(type, constructorArgTypes, constructorArgs);
    }
    public void setProperties(Properties properties) {
      super.setProperties(properties);
    }
    public <T> boolean isCollection(Class<T> type) {
      return Collection.class.isAssignableFrom(type);
    }
}
```

mybatis-config.xml 文件中的配置代码所示：

```xml
<!-- mybatis-config.xml -->
<objectFactory type="org.mybatis.example.ExampleObjectFactory">
    <property name="someProperty" value="100"/>
</objectFactory>
```

ObjectFactory 接口很简单，它包含两个方法，一个是处理默认构造方法的，另外一个是处理带参数的构造方法的。setProperties 方法可以被用来配置 ObjectFactory，在初始化 ObjectFactory 实例后，ObjectFactory 元素体中定义的属性会被传递给 setProperties 方法。

11.3.7 插件

MyBatis 允许在已映射的语句执行过程中的某一点进行拦截调用。默认情况下，MyBatis 允许使用插件来拦截的方法调用包括：

（1）Executor(update,query,flushStatements,commit,rollback,getTransaction,close,isClosed)。
（2）ParameterHandler(getParameterObejct,setParameters)。
（3）ResultSetHandler(handlerResultSets,handlerOutputParameters)。
（4）StatementHandler(prepare,parameterize,batch,update,query)。

这些类中方法的细节可以通过查看每个方法的签名来发现，或者直接查看 MyBatis 的发行包中的源代码。如果想做的不仅仅是方法的调用，那么应该更好地了解正在重写的方法的行为。因为如果在视图修改或重写已有方法的行为的时候，很可能在破坏 MyBatis 的核心模块。这些都是更低层的类和方法，所以使用插件的时候要特别注意。

通过 MyBatis 提供的强大机制，使用插件是非常简单的，只需要实现 Interceptor 接口并指定想要拦截的方法签名即可，代码如下：

```java
//ExamplePlugin.java
```

```java
@Intercepts({@Signature(
type= Executor.class,
method = "update",
args = {MappedStatement.class,Object.class})})
public class ExamplePlugin implements Interceptor {
  public Object intercept(Invocation invocation) throws Throwable {
    return invocation.proceed();
  }
  public Object plugin(Object target) {
    return Plugin.wrap(target, this);
  }
  public void setProperties(Properties properties) {
  }
}
```

mybatis-config.xml 文件中的配置代码如下：

```xml
<!-- mybatis-config.xml -->
<plugins>
  <plugin interceptor="org.mybatis.example.ExamplePlugin">
    <property name="someProperty" value="100"/>
  </plugin>
</plugins>
```

上面的插件将会拦截 Executor 实例中所有的 update 方法调用，这里的 Executor 是负责执行低层映射语句的内部对象。

提示：覆盖配置类除了用插件来修改 MyBatis 核心行为之外，还可以通过完全覆盖配置类来达到目的。只需继承后覆盖其中的每个方法，再把它传递到 SqlSessionFactoryBuilder.build(myConfig)方法即可。再次提示，这可能会严重影响 MyBatis 的行为，须慎重使用。

11.3.8 配置环境

MyBatis 可以配置成适应多种环境，这种机制有助于将 SQL 映射应用于多种数据库中。现实情况下有多种情景，例如，开发环境、测试环境和生产环境分别需要不同的配置，或者共享相同的 Schema 的多个生产数据库，想使用相同的 SQL 映射等。

尽管可以配置多个环境，但是每个 SqlSessionFactory 实例只能选择其一，所以，如果想连接两个数据库，就需要创建两个 SqlSessionFactory 实例，每个数据库对应一个。如果是三个数据库，就需要三个实例，依此类推。

每个数据库对应一个 SqlSessionFactory 实例，为了指定创建哪种环境，只要将它作为可选参数传递给 SqlSessionFactoryBuilder 即可，可以接受环境配置的两个方法签名如下：

```
SqlSessionFactory factory = sqlSessionFactoryBuilder.build(reader, environment);
SqlSessionFactory factory = sqlSessionFactoryBuilder.build(reader, environment,properties);
```

如果忽略了环境参数，那么默认环境将会被加载，代码如下：

```
SqlSessionFactory factory = sqlSessionFactoryBuilder.build(reader);
SqlSessionFactory factory = sqlSessionFactoryBuilder.build(reader,properties);
```

环境元素定义了如何配置环境，代码如下：

```xml
<environments default="development">
  <environment id="development">
    <transactionManager type="JDBC">
      <property name="..." value="..."/>
    </transactionManager>
```

```xml
            <dataSource type="POOLED">
                <property name="driver" value="${driver}"/>
                <property name="url" value="${url}"/>
                <property name="username" value="${username}"/>
                <property name="password" value="${password}"/>
            </dataSource>
        </environment>
</environments>
```

下面介绍配置环境的关键点：

(1) 默认环境的 ID（如 default="development"）。
(2) 每个 environment 元素定义的环境 ID（如 id="development"）。
(3) 事务管理器的配置（如 type="JDBC"）。
(4) 数据源的配置（如 type="POOLED"）。

默认的环境和环境 ID 一目了然，在命名时只保证默认环境匹配其中一个环境 ID 即可。

1. 事务管理器

MyBatis 中有以下两种类型的事务管理器（transactionManager）。

（1）JDBC：JDBC 配置直接使用了 JDBC 的提交和回滚设置，它依赖从数据源得到的连接来管理事务范围。

（2）MANAGED：MANAGED 配置几乎没做什么工作。它从来不提交或回滚一个连接，而是让容器来管理事务的整个生命周期（如 JEE 应用服务器上下文）。默认情况下它会关闭连接，有时一些容器并不关闭连接，因此需要将 closeConnection 属性设置为 false 来阻止它默认的行为，例如：

```xml
<transactionManager type="MANAGED">
    <property name="closeConnection" value="false"/>
</transactionManager>
```

如果正在使用 Spring+MyBatis，则没有必要配置事务管理器，因为 Spring 模块会使用自带的管理器来覆盖前面的配置。这两种事务管理器类型都不需要任何属性，它们只不过是类型别名，简而言之就是可以使用 TransactionFactory 接口的实现类的完全限定名或类型别名替代它们，例如：

```java
public interface TransactionFactory{
    void setProperties(Properties props);
    Transaction newTransaction(Connection conn);
    Transaction newTransaction(DataSource dataSource,
    TransactionIsolationLevel level, boolean autoCommit);
}
```

任何在 XML 中配置的属性在实例化之后将会被传递给 setProperties 方法，也需要创建一个 Transaction 接口的实现类，代码如下：

```java
public interface Transaction{
    Connection getConnection() throws SQLException;
    void commit() throws SQLException;
    void rollback() throws SQLException;
    void close() throws SQLException;
}
```

2. 数据源

数据源（dataSource）元素使用了标准的 JDBC 数据源接口来配置 JDBC 连接对象的资源。许多 MyBatis 的应用程序将会按实例中的例子来配置数据源，然而它并不是必须的。为了方便使用延迟加载，数据源才是必须使用的。

有以下三种内建的数据源类型。

（1）UNPOOLED：这个数据源的实现只是被请求时才打开和关闭连接。虽然使用时有一点慢，它对在及时可用连接方面没有性能要求的简单应用是一个很好的选择。不同的数据库在这方面的表现也是不一样的，所以对某些数据库来说使用连接池并不重要。UNPOOLED 类型的数据源需要配置以下 5 种属性。

① driver：JDBC 驱动的 Java 类的完全限定名，并不是 JDBC 驱动中可能包含的数据源类。
② url：数据库的 JDBC URL 地址。
③ username：登录数据库的用户名。
④ password：登录数据库的密码。
⑤ defaultTransactionIsolationLevel：默认的连接事务隔离级别。

（2）POOLED：这种数据源的实现利用"池"的概念将 JDBC 连接对象组织起来，避免了创建新的连接实例时所必需的初始化和认证时间。这是一种使并发 Web 应用快速响应请求的流行处理方式。

除了上述提到的 UNPOOLED 的属性外，会有更多属性用来配置 POOLED 的数据源。

① poolMaximumActiveConnections：任意时间可以存在的活动（也就是正在使用）连接数量，默认值为 10。
② poolMaximumIdleConnections：任意时间可能存在的空闲连接数。
③ poolMaximumCheckoutTime：在被强制返回之前，池中连接被检出时间，默认值为 20 000 毫秒（即 20 秒）。
④ poolTimeToWait：一个底层设置，如果获取连接需要花费相当长的时间，它会给连接池打印状态日志并重新尝试获取一个连接（避免在误配置的情况下一直安静的失败），默认值为 20 000 毫秒（即 20 秒）。
⑤ poolPingQuery：发送到数据库的侦测查询，用来检验连接是否处于正常的工作秩序中，并且准备接受请求。默认是 NOT PING QUERY SET，这可以使多数数据库连接失败时带有一个恰当的错误信息。
⑥ poolPingEnabled：是否启用侦测。若开启，也必须使用一个可执行的 SQL 语句设置 poolPingQuery 属性（最好是一个非常快的 SQL），默认值为 false。
⑦ poolPingConnectionsNotUsedFor：配置 poolPingQuery 使用的频度。可以被设置成匹配具体的数据库连接超时时间，来避免不必要的侦测，默认值为 0（即所有连接每一时刻都被侦测，当且仅当 poolPingEnabled 为 true 时适用）。

（3）JNDI：这个数据源的实现是为了能在 EJB 或应用服务器这类容器中使用，容器可以集中配置或在外部配置数据源，然后放置一个 JNDI 上下文的引用，这种数据源配置只需要以下两个属性。

① initial_context：用来在 InitialContext 中寻找上下文，即 initialContext.lookup(initial_context)。这是个可选属性，如果忽略，那么 data_source 属性将会直接从 InitialContext 中寻找。
② data_source：引用数据源实例位置的上下文的路径。提供了 initial_context 配置时会在其返回的上下文中进行查找，没有提供时则直接在 InitialContext 中查找。和其他数据源配置类似，可以通过添加前缀"env"直接把属性传递给初始上下文，例如：

```
env.encoding=UTF-8
```

以上代码可以在初始上下文（InitialContext）实例化时向它的构造方法传递值为 UTF-8 的 encoding 属性。通过属性实现接口 org.apache.ibatis.datasource.DataSourceFactory，也可使用任何第三方数据源，例如：

```
public interface DataSourceFactory{
    void setProperties(Properties props);
    DataSource getDataSource();
}
```

org.apache.ibatis.datasource.unpooled.UnpooledDataSourceFactory 可被用作父类来构建新的数据源适配器，比如下面这段插入 C3P0 所必需的代码如下：

```
import org.apache.ibatis.datasource.unpooled.UnpooledDataSourceFactory;
```

```
Import com.mchange.v2.c3p0.ComboPooledDataSource;
public class C3P0DataSourceFactory extends UnpooledDataSourceFactory{
    public C3P0DataSourceFactory(){
        this.dataSource = new ComboPooledDataSource();
    }
}
```

为了使其工作，在每个需要 MyBatis 调用的 setter 方法中增加一个属性。下面是一个可以连接到 PostgreSQL 数据库的例子：

```
<dataSource type="org.myproject.C3P0DataSourceFactory">
    <property name="driver" value="org.postgresql.Driver"/>
    <property name="url" value="jdbc:postgresql:mydb"/>
    <property name="username" value="postgres"/>
    <property name="password" value="root"/>
</dataSource>
```

11.3.9 databaseIdProvider

MyBatis 可以根据不同的数据库厂商执行不同的语句，这种多厂商的支持是基于映射语句中的 databaseId 属性。MyBatis 会加载不带 databaseId 属性和带有匹配当前数据库 databaseId 属性的所有语句。如果同时找到带有 databaseId 和不带 databaseId 的相同语句，则后者被舍弃。为支持多厂商特性，只要在 mybatis-config.xml 文件中加入 databaseIdProvider 即可，例如：

```
<databaseIdProvider type="DB_VENDOR"/>
```

这里的 DB_VENDOR 会通过 DatabaseMetaData#getDatabaseProductName() 返回的字符串进行设置。由于通常情况下这个字符串都非常长而且相同产品的不同版本会返回不同的值，所以最好通过设置属性别名来使其变短，代码如下：

```
<databaseIdProvider type="DB_VENDOR">
    <property name="SQL Server" value="sqlserver"/>
    <property name="DB2" value="db2"/>
    <property name="Oracle" value="oracle" />
</databaseIdProvider>
```

在有 properties 时，DB_VENDOR databaseIdProvider 将被设置为第一个能匹配数据库产品名称的属性键值对应的值，如果没有匹配的属性将会设置为 "null"。在这个例子中，如果 getDatabaseProductName() 返回 "Oracle(DataDirect)"，databaseId 将被设置为 "oracle"。

可以通过实现接口 org.apache.ibatis.mapping.DatabaseIdProvider 并在 mybatis-config.xml 中注册来构建自己的 DatabaseIdProvider，代码如下：

```
public interface DatabaseIdProvider{
    void setProperties(Properties p);
    String getDatabaseId(DataSource dataSource) throws SQLException;
}
```

11.3.10 映射器

MyBatis 的行为已经由上述元素配置完了，现在需要定义 SQL 映射语句，首先要告诉 MyBatis 到哪里去找到这些语句。Java 在自动查找方面没有提供一个很好的方法，所以最佳的方法是直接告诉 MyBatis 到哪里去找映射文件，可以使用相对于类路径的资源引用、完全限定资源定位符（包括 file:///的 URL）或类名和包名等，代码如下：

```
<!-- 使用相对于类路径的资源引用 -->
```

```xml
<mappers>
    <mapper resource="org/mybatis/builder/AuthorMapper.xml"/>
    <mapper resource="org/mybatis/builder/BlogMapper.xml"/>
    <mapper resource="org/mybatis/builder/PostMapper.xml"/>
</mappers>

<!-- 使用完全限定资源定位符（URL） -->
<mappers>
    <mapper url="file:///var/mappers/AuthorMapper.xml"/>
    <mapper url="file:///var/mappers/BlogMapper.xml"/>
    <mapper url="file:///var/mappers/PostMapper.xml"/>
</mappers>

<!-- 使用映射器接口实现类的完全限定类名 -->
<mappers>
    <mapper class="org.mybatis.builder.AuthorMapper"/>
    <mapper class="org.mybatis.builder.BlogMapper"/>
    <mapper class="org.mybatis.builder.PostMapper"/>
</mappers>

<!--将包内的映射器接口实现全部注册为映射器 -->
<mappers>
    <package name="org.mybatis.builder"/>
</mappers>
```

11.4 就业面试技巧与解析

学完本章内容，读者应对 MyBatis 框架的流程和配置文件有了基本了解，并且应掌握了搭建 MyBatis 工作环境的方法。下面对面试过程中可能出现的相关问题进行解析，更好地帮助读者学习。

11.4.1 面试技巧与解析（一）

面试官：什么是 MyBatis？

应聘者：

（1）MyBatis 是一个半 ORM（对象关系映射）框架，它内部封装了 JDBC，开发时只需要关注 SQL 语句本身，不需要花费精力去处理加载驱动、创建连接、创建 statement 等繁杂的过程。程序开发人员直接编写原生态 SQL，可以严格控制 SQL 执行性能，灵活度高。

（2）MyBatis 可以使用 XML 或注解来配置和映射原生信息，将 POJO 映射成数据库中的记录，避免了几乎所有的 JDBC 代码和手动设置参数以及获取结果集。

（3）通过 XML 文件或注解的方式将要执行的各种 statement 配置起来，并通过 Java 对象和 statement 中 SQL 的动态参数进行映射生成最终执行的 SQL 语句，最后由 MyBatis 框架执行 SQL 将结果映射为 Java 对象并返回。

11.4.2 面试技巧与解析（二）

面试官：MyBatis 与 Hibernate 有哪些不同？

应聘者：

（1）MyBatis 和 Hibernate 不是同一个 ORM 框架，因为 MyBatis 需要程序开发人员自己编写 SQL 语句。

（2）MyBatis 直接编写原生态 SQL，可以严格控制 SQL 执行性能，灵活度高，非常适合开发对关系数据模型要求不高的软件，因为这类软件需求变化频繁，一旦需求变化则要求迅速输出成果。但是灵活的前提是 MyBatis 无法做到数据库无关性，如果需要实现支持多种数据库的软件，则需要自定义多套 SQL 映射文件，工作量大。

（3）Hibernate 对象/关系映射能力强，数据库无关性好，对于关系模型要求高的软件，如果用 Hibernate 开发可以节省很多代码，提高效率。

第 12 章

MyBatis 的映射器

 学习指引

本章主要讲解 MyBatis 的增、删、改、查基础功能，以及 MyBatis 的高级映射的一对一、一对多、多对多查询。通过本章内容的学习，读者可以用 MyBatis 做一些简单的增、删、改、查操作。

重点导读

- 映射器的配置元素。
- 映射器的实现方式。
- SQL 的发送。
- 关联映射查询。
- 延迟加载。

12.1 映射器的介绍

映射器是 MyBatis 中最复杂且最重要的组件，由一个接口加上 XML 文件（SQL 映射文件）组成。MyBatis 的强大之处在于它对 SQL 的映射。实现相同的功能，使用 SQL 映射要比直接使用 JDBC 省去 95% 的代码量。将 SQL 语句独立在 Java 代码之外，为程序的修改和纠错提供了更大的灵活性，可以直接修改 SQL 语句，且无须重新编译 Java 程序。常见的映射文件顶级元素有 select 映射查询语句、insert 映射插入语句、update 映射更新语句、delete 映射删除语句、sql 可以重用的 sql 代码块、resultMap。

12.1.1 <select>元素

<select>查询语句是 MyBatis 中最常用的元素之一，仅能把数据存到数据库中价值并不大，如果还能重新取出来才能体现数据的价值，多数应用也都是查询操作比修改操作要频繁。一个插入、更新或删除操作通常对应多个查询操作，这是 MyBatis 的基本原则之一，也是其将焦点放到查询和结果映射的原因。

1. <select>元素执行查询操作

<select>常用属性配置代码如下：

```xml
<select
    id="selectPerson"
    parameterType="int"
    parameterMap="deprecated"
    resultType="hashmap"
    resultMap="personResultMap"
    flushCache="false"
    useCache="true"
    timeout="10000"
    fetchSize="256"
    statementType="PREPARED"
    resultSetType="FORWARD_ONLY">
```

具体实现代码如下：

```xml
<!--根据客户编号获取客户信息 -->
<select id="findCustomerById" parameterType="Integer"
    resultType="com.ming.po.Customer">
    select*from t_customer where id=#{id}
</select>
```

2. 类似 JDBC 查询操作

JDBC 查询操作代码如下：

```
String sql = "select * from t_customer where id=?";
    PreparedStatement ps = conn.prepareStatement(sql);
    ps.setInt(1,id);
```

3. <select>元素的常用属性

<select>元素的常用属性如表 12-1 所示。

表 12-1 <select>元素的常用属性

属性	描述
id	命名空间中唯一的标识符，可用来引用这条语句
parameterType	将要传入语句的参数类的完全限定名或别名。这个属性是可选的，因为 MyBatis 可以通过 TypeHandler 推断出具体传入语句的参数，默认值为 unset
resultType	从这条语句中返回期望类型的类的完全限定名或别名。注意如果是集合情形，应该是集合可以包含的类型，而不能是集合本身。可以使用 resultType 或 resultMap，但不能同时使用
resultMap	外部 resultMap 的命名引用。结果集的映射是 MyBatis 最强大的特性，对结果集映射的理解有助于复杂映射问题的解决。可以使用 resultMap 或 resultType，但不能同时使用
flushCache	将其设置为 true，任何时候只要语句被调用，都会导致本地缓存和二级缓存都会被清空，默认值为 false
useCache	将其设置为 true，会导致本条语句的结果被二级缓存，默认值为 true
timeout	在抛出异常之前，驱动程序等待数据库返回请求结果的秒数，默认值为 unset（依赖驱动）
fetchSize	尝试影响驱动程序每次批量返回的结果行数与该设置值相等，默认值为 unset（依赖驱动）
statementType	值为 STATEMENT、PREPARED 或 CALLABLE，可以让 MyBatis 分别使用 Statement、PreparedStatement 或 CallableStatement，默认值为 PREPARED

续表

属性	描述
resultSetType	值为 FORWARD_ONLY、SCROLL_SENSITIVE 或 SCROLL_INSENSITIVE，默认值为 unset（依赖驱动）
databaseId	如果配置了 databaseIdProvider，MyBatis 会加载所有不带 databaseId 或匹配当前 databaseId 的语句。如果带和不带该属性的语句都有，则不带的语句会被忽略
resultOrdered	这个设置仅适用嵌套结果 select 语句。如果为 true，就是假设包含了嵌套结果集或是分组，这样当返回一个主结果行的时候，就不会发生对前面结果集的引用，这就使获取嵌套的结果集的时候不至于内存不够用，默认值为 false
resultSets	这个设置仅对多结果集的情况适用，它将列出语句执行后返回的结果集并给每个结果集一个名称，名称是用逗号分隔的

12.1.2 \<insert\>、\<update\>、\<delete\>元素

1. \<insert\> 元素常用属性配置

\<insert\>元素用于映射插入语句，在执行完元素中定义的 SQL 语句后，返回一个整数表示插入数据条数。

\<insert\>元素常用属性配置的代码如下：

```xml
<insert
  id="addCustomer"
  parameterType="com.ming.po.Customer"
  flushCache="true"
  statementType="PREPARED"
  keyProperty=""
  keyColumn=""
  useGeneratedKeys=""
  timeout="20">
```

具体代码实现如下：

```xml
<insert id="addCustomer" parameterType="com.ming.po.Customer">
    insert into t_customer(username,jobs,phone)values(#{username},#{jobs},#{phone})
</insert>
```

\<insert\>元素主要属性如表 12-2 所示。

表 12-2 \<insert\>元素主要属性

属性	说明
useGeneratedKeys	仅对 insert 和 update 有用。useGeneratedKeys 属性会令 MyBatis 使用 JDBC 的 getGeneratedKeys 方法来取出由数据库内部生成的主键（例如 MySQL 和 SQLServer 等关系数据库管理系统的自动递增字段），默认值为 false
keyProperty	仅对 insert 和 update 有用。唯一标记一个属性，MyBatis 会通过 getGeneratedKeys 的返回值或者通过 insert 语句的 selectKey 子元素设置它的键值，默认值为 unset。如果希望得到多个生成的列，也可以是用逗号分隔的属性名称列表
keyColumn	仅对 insert 和 update 有用。通过生成的键值设置表中的列名，这个设置仅在某些数据库（如 PostgreSQL）中是必须的，当主键列不是表中的第一列的时候需要设置。如果希望得到多个生成的列，也可以是用逗号分隔的属性名称列表

2. <update> 元素常用属性配置

<update>元素常用属性配置的代码如下:

```xml
<update
  id="updateCustomer"
  parameterType="com.ming.po.Customer"
  flushCache="true"
  statementType="PREPARED"
  timeout="20">
```

具体代码实现如下:

```xml
<update id="updateCustomer" parameterType="com.ming.po.Customer">
  update t_customer set
  username=#{username},jobs=#{jobs},phone=#{phone} where id=#{id}
</update>
```

3. <delete> 元素常用属性配置

<delete>元素常用属性配置的代码如下:

```xml
<delete
id="deleteCustomer"
  parameterType="com.ming.po.Customer"
  flushCache="true"
  statementType="PREPARED"
timeout="20">
```

具体代码实现如下:

```xml
<delete id="deleteCustomer" parameterType="Integer">
 delete from t_customer where id=#{id}
</delete>
```

4. Insert、Update 和 Delete 的属性

Insert、Update 和 Delete 的属性如表 12-3 所示。

表 12-3　Insert、Update 和 Delete 的属性

属　　性	说　　明
id	命名空间中的唯一标识符,可用来代表这条语句
parameterType	将要传入语句的参数的完全限定类名或别名。这个属性是可选的,因为 MyBatis 可以通过 TypeHandler 推断出具体传入语句的参数,默认值为 unset
flushCache	将其设置为 true,任何时候只要语句被调用,都会导致本地缓存和二级缓存都会被清空,默认值为 true(对应插入、更新和删除语句)
timeout	在抛出异常之前,驱动程序等待数据库返回请求结果的秒数,默认值为 unset(依赖驱动)
statementType	值为 STATEMENT、PREPARED 或 CALLABLE,可以让 MyBatis 分别使用 Statement、PreparedStatement 或 CallableStatement,默认值为 PREPARED
useGeneratedKeys	仅对 insert 和 update 有用。useGeneratedKeys 属性会令 MyBatis 使用 JDBC 的 getGeneratedKeys 方法来取出由数据库内部生成的主键(例如 MySQL 和 SQL Server 等关系数据库管理系统的自动递增字段),默认值为 false
keyProperty	仅对 insert 和 update 有用。唯一标记一个属性,MyBatis 会通过 getGeneratedKeys 的返回值或者通过 insert 语句的 selectKey 子元素设置它的键值,默认值为 unset。如果希望得到多个生成的列,也可以是用逗号分隔的属性名称列表

续表

属性	说 明
keyColumn	仅对 insert 和 update 有用。通过生成的键值设置表中的列名，这个设置仅在某些数据库（如 PostgreSQL）中是必须的，当主键列不是表中的第一列的时候需要设置。如果希望得到多个生成的列，也可以是用逗号分隔的属性名称列表
databaseId	如果配置了 databaseIdProvider，MyBatis 会加载所有不带 databaseId 或匹配当前 dtabaseId 的语句。如果带和不带该属性的语句都有，则不带的语句会被忽略

12.1.3 <sql>元素

<sql>元素的作用就是定义可重用 SQL 代码，然后在其他语句中使用这一个代码片段。具体实现过程如下。

（1）定义可以供公共使用的多个字段，代码如下：

```
<sql id="customerColumns">username,jobs,phone </sql>
```

（2）在<select> 元素中引用公共的代码判断，代码如下：

```
<!--1.查询 id、username、jobs、phone 等字段-->
<select id="findCustomerById" parameterType="Integer"
  resultType="com.ming.po.Customer">
  select id,<include refid="customerColumns"/> from t_customer where id=#{id}
</select>
<!--2.查询 username、jobs、phone 等字段-->
<select id="findCustomerById" parameterType="Integer"
  resultType="com.ming.po.Customer">
  select <include refid="customerColumns"/> from t_customer where id=#{id}
</select>
```

12.1.4 <resultMap>元素

<resultMaps>元素是 MyBatis 中最重要、最强大的元素。与使用 JDBC 调用结果集相比，使用 resultMap 可以节省 90%的代码，也可以做许多 JDBC 不支持的事。事实上，要写一个类似交互映射这样的复杂语句，可能要上千行的代码。使用<ResultMaps>元素的目的就是简化语句而不需要多余的结果映射，除了需要一些绝对必须的语句描述关系以外，不需要其他语句。

resultMap 属性：Type 为 Java 实体类；ID 为此 ResultMaps 的标识。

resultMap 可以设置的映射如下。

（1）Constructor：用来将结果反射给一个实例化好的类的构造器。

（2）ID：ID 结果，将结果集标记为 ID，以方便全局调用。

（3）Result：反射到 JavaBean 属性的普通结果。

（4）Association：复杂类型的结合；多个结果合成的类型。

（5）Collection：复杂类型集合。

（6）NestedResultMappings：Resultmap 的集合，也可以引用到其他映射上。

（7）Discriminator：使用一个结果值以决定使用哪个 ResultMap。

（8）Case：部分值的结果映射到 Case 的情形。

<resultMap>元素结构代码如下：

```
<!--reultMap 元素的结构-->
  <resultMap type="" id="">
```

```xml
<constructor><!-- 实例化类时,用来注入结果到构造方法中-->
<idArg /><!-- 标记结果作为 id-->
<arg /><!-- 注入构造方法的一个普通结果-->
</constructor>
<id /><!--用来表示哪个列的主键-->
<result /><!--注入字段或JavaBean属性的普通结果-->
<association property="" /><!-- 用于一对一关联-->
<collection property=""/> <!-- 用于一对多关联-->
<discriminator javaType=""> <!-- 使用结果值来决定使用哪个结果映射 -->
<case value=""></case><!-- 基于某些值的结果映射 -->
</discriminator>
</resultMap>
```

12.2 映射器的实现

映射器的主要作用就是将 SQL 查询到的结果映射为一个 POJO,或者将 POJO 的数据插入数据库中,并定义一些关于缓存等的重要内容。本节介绍两种实现映射器的方式,XML 方式和注解方式。

12.2.1 定义 POJO

在实现映射器之前需要定义一个 POJO,具体代码如下:

```java
package com.learn.ssm.chapter1.pojo;
public class Role{
    private Long id;
    private String roleName;
    private String note;
    public Long getId(){
        return id;
    }
    public void setId(Long id){
        this.id = id;
    }
    public String getRoleName(){
        return roleName;
    }
    public void setRoleName(String roleName){
        this.roleName = roleName;
    }
    public String getNote(){
        return note;
    }
    public void setNote(String note){
        this.note = note;
    }
}
```

提示:此时编写的只是一个接口,并不是一个实现类。接口不能直接运行,但是 MyBatis 采用了动态代理技术使接口能够运行起来,MyBatis 会为这个接口生成一个代理对象,代理对象去处理相关的逻辑。

12.2.2 采用 XML 方式实现映射器

采用 XML 方式定义映射器分为两个部分:接口和 XML。先定义一个映射器接口,代码如下:

```
package com.learn.ssm.chapter1.mapper;
public interface RoleMapper{
    public Role getRole(Long id);
}
```

采用 XML 方式创建 SqlSession 的配置文件时，引入一个 XML 文件的代码如下：

```xml
<mapper resource="com/learn/ssm/chapter1/mapper/RoleMapper.xml"/>
```

采用 XML 方式创建映射器，代码如下：

```xml
<?xml version="1.0" encoding="UTF-8" ?>
<!DOCTYPE mapper
  PUBLIC "-//mybatis.org//DTD Mapper 3.0//EN"
  "http://mybatis.org/dtd/mybatis-3-mapper.dtd">
  <mapper namespace="com.learn.ssm.chapter1.mapper.RoleMapper">
    <select id="getRole" parameterType="long" resultType="role">
    select id,role_name,note as id,roleName,note from t_role where id=#{id}
    </select>
</mapper>
```

有了这两个文件，就完成了一个映射器的定义。

XML 文件中，<mapper>元素的属性 namespace 对应的是一个接口的全限定名，于是 MyBatis 上下文就可以通过它找到对应的接口。

<select>元素表明这是一条 SQL 查询语句，而属性 id 标识了这条 SQL 语句，属性 parameterType="long" 说明传递给 SQL 的是一个 long 类型的参数，而 resultType="role"表示返回的是一个 role 类型的返回值。而 role 是在配置文件 mybatis-config.xml 中配置的别名，指代 com.learn.ssm.chapter1.pojo.Role。

```xml
<typeAliases>
<typeAlias alias="role" type="com.learn.ssm.chapter1.pojo.Role"/>
<typeAliases>
```

提示：SQL 语句中的#{id}表示传递进去的参数。

12.2.3 采用注解方式实现映射器

除采用 XML 方式定义映射器外，还可以采用注解方式定义映射器，它只需要一个接口就可以通过 MyBatis 的注解来注入 SQL 语句，代码如下：

```java
import com.learn.ssm.chapter1.pojo.Role;
public interface RoleMapper2{
    @Select("select id,role_name as roleName,note from t_role where id=#{id})
    public Role getRole(Long id);
}
```

采用注解方式创建映射器完全等同于采用 XML 方式创建映射器。如果同时采用两种方式定义，XML 方式将会覆盖注解方式，所以 MyBatis 官方推荐使用 XML 方式。此外，XML 方式可以相互引入，而注解不可以，所以在复杂场景下，采用 XML 方式会更加灵活和方便。

12.2.4 发送 SQL

本节主要讲解如何发送 SQL。

1. SqlSession 发送 SQL

有了映射器，就可以通过 SqlSession 发送 SQL 了。以 getRole 语句（事先在 XML 映射文件中定义好，id 为 getRole）为例，介绍如何发送 SQL，代码如下：

```
Role role = (Role)sqlSession.selectOne("com.learn.ssm.chapter1.mapper.RoleMapper.getRole",1L);
```
selectOne 方法表示使用查询并且只返回一个对象，参数是一个 String 对象和一个 Object 对象。String 对象是由一个命名空间加上 SQL ID 组合而成的，它完全定位了一条 SQL 语句，这样 MyBatis 就会找到对应的 SQL 语句。如果在 MyBatis 中只有一个 ID 为 getRole 的 SQL 语句，那么也可以简写如下：

```
Role role = (Role)sqlSession.selectOne("getRole",1L);
```
这是 MyBatis 的前身 iBatis 保留下来的方式。第二个参数是一个 long 参数，long 参数是它的主键。

2. 用 Mapper 接口发送 SQL

SqlSession 还可以获取 Mapper 接口，通过 Mapper 接口发送 SQL，代码如下：

```
RoleMapper roleMapper = sqlSession.getMapper(RoleMapper.class);
Role role = roleMapper.getRole(1L);
```

通过 SqlSession 的 getMapper 方法来获取一个 Mapper 接口，就可以调用它的方法了。因为 XML 文件或者接口注解定义的 SQL 都可以通过"类的全限定名+方法名"查找，所以 MyBatis 会启用对应的 SQL，并返回结果。

12.3 高级映射

在关系数据库中，经常要处理一对一、一对多、多对多这三种情况，其中每一种情况又分为单向和双向。以一对多关系为例，一个部门中有多个员工，从部门角度来看，是一对多关系，而多名员工属于一个部门，是多对一关系。如果只需要通过部门查找到所有的员工，那么就只需要进行单向一对多的映射。如果需要通过员工来查询对应的部门，那么就需要进行单向多对一的映射。而如果这两个业务需求都需要实现，也就是不管从哪一方进行查找，都需要能够找到对方，那么此时就应该进行双向一对多或者双向多对一映射。

不管从哪一方来看，都是一对多关系，那么该关系就是多对多。比如从学生角度来看，一个学生能选多门选修课，是一对多关系，而从选修课角度来看，一门选修课可以被多个学生选择，也是一对多关系，那么学生与选修课就是多对多关系。多对多关系会由第三张表来表示这种，而不会相互设置外键。

接下来，通过一个订单商品数据模型来了解如何实现一对一查询、一对多查询、多对多查询。

12.3.1 订单商品数据模型

1. 数据模型分析思路

（1）每张表记录的数据内容。
（2）每张表中重要的字段设置（非空字段、外键字段）。
（3）数据库级别的表与表之间的关系（外键关系）。
（4）表与表之间的业务关系。

2. 数据模型分析图

下面介绍一下数据模型分析图，如图 12-1 所示。
（1）各表介绍如下。
用户表：user 记录了购买商品的用户信息。

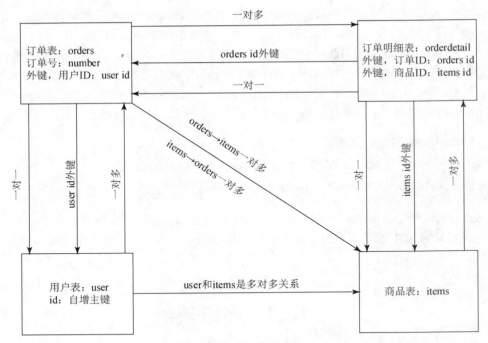

图 12-1 数据模型分析图

订单表：orders 记录了用户所创建的订单（购买商品的订单）。
订单明细表：orderdetail 记录了订单的详细信息，即购买商品的信息。
商品表：items 记录了商品信息。
（2）orders 和 user 介绍如下。
orders→user：一个订单只由一个用户创建，是一对一关系。
user→orders：一个用户可以创建多个订单，是一对多关系。
（3）orders 和 orderdetail 介绍如下。
orders→orderdetail：一个订单可以包括多个订单明细，因为一个订单可以购买多个商品，每个商品的购买信息在 orderdetail 中记录，是一对多关系。
orderdetail→orders：一个订单明细只能包括在一个订单中，是一对一关系。
（4）orderdetail 和 items 介绍如下。
orderdetail→items：一个订单明细只对应一个商品信息，是一对一关系。
items→orderdetail：一个商品可以包括在多个订单明细，是一对多关系。
（5）分析数据库级别没有关系的表之间是否有业务关系。orders 和 items 之间可以通过 orderdetail 表建立关系。

12.3.2 一对一关联映射

需求：查询订单信息、关联查询创建订单的用户信息。

1. 方式一：resultType

步骤 1：创建 pojo 与 OrdersCustom 的关联，代码如下：

```
package cn.itcast.mybatis.pojo;
```

```java
public class OrdersCustom extends Orders{
//继承orders是为了补充添加以下用户属性
/*USER.username,
  USER.sex,
  USER.address */
  private String username;
  private String sex;
  private String address;
  public String getUsername() {
      return username;
  }
  public void setUsername(String username) {
      this.username = username;
  }
  public String getSex() {
      return sex;
  }
  public void setSex(String sex) {
      this.sex = sex;
  }
  public String getAddress() {
      return address;
  }
  public void setAddress(String address) {
      this.address = address;
  }
}
```

步骤2：在 OrdersMapperCustom.xml 中添加 sql 语句，确定查询的主表（订单表），确定查询的关联表（用户表），确定关联查询使用内链接还是外链接。

由于 orders 表中有一个外键（user_id），通过外键关联查询用户表只能查询出一条记录，因此可以使用内链接，代码如下：

```xml
<!-- resultType:查询订单、关联查询用户信息 -->
<select id="findOrderUser" resultType="cn.itcast.mybatis.pojo.OrdersCustom">
    SELECT orders.* , USER.username, USER.sex, USER.address
    FROM orders,
    USER where orders.user_id=user.id
</select>
```

步骤3：在接口 OrdersMapperCustom.java 中添加查询订单、关联查询用户信息，代码如下：

```java
public List<OrdersCustom>findOrderUser()throws Exception;
```

步骤4：在 OrdersMapperCustomTest.java 中添加测试，代码如下：

```java
@Test
public void testFindOrdersUser() throws Exception {
//得到会话 SqlSession
SqlSession sqlSession=sqlSessionFactory.openSession();
//创建代理对象
OrdersMapperCustom ordersMapperCustom=sqlSession.getMapper(OrdersMapperCustom.class);
//调用 mapper 的方法
List<OrdersCustom>list=ordersMapperCustom.findOrderUser();
System.out.println(list);
sqlSession.close();
}
```

2. 方式二：resultMap

步骤 1：创建 pojo 与 OrdersCustom 的关联。

步骤 2：在 OrdersMapperCustom.xml 中添加配置语句，代码如下：

```xml
<!-- 定义一个 resultMap，将整个查询结果映射到 cn.itcast.mybatis.pojo.Orders 中-->
<resultMap type="cn.itcast.mybatis.pojo.Orders" id="OrdersUserResultMap">
<!-- (1) 配置订单信息 -->
<!-- 数据库表 orders 对应 pojo 中的 Orders.java -->
<!-- id:唯一标识
column: 订单信息的唯一标识列
property: 订单信息的唯一标识列所映射的 orders 的属性
result:普通标识 -->
<id column="id" property="id"/>
<result column="user_id" property="userId"/>
<result column="number" property="number"/>
<result column="createtime" property="createtime"/>
<result column="note" property="note"/>
<!-- (2)配置关联用户信息 -->
<!-- 数据库表 user 对应 pojo 中的 User.java -->
<!-- association: 用于映射关联查询单个对象的信息
   property: 要将关联查询的用户信息映射到 Orders 中哪个属性
   javaType: 映射到 user 的哪个属性-->
   <association property="user" javaType="cn.itcast.mybatis.pojo.User">
<!-- id: 关联查询用户的唯一标识
column: 指定唯一标识用户信息的列
-->
<id column="user_id" property="id"/>
   <result column="username" property="username"/>
   <result column="sex" property="sex"/>
   <result column="address" property="address"/>
</association>
</resultMap>
<!-- ResultMap:查询订单、关联查询用户信息 -->
<select id="findOrdersUserResultMap" resultMap="OrdersUserResultMap">
   SELECT orders.* , USER.username, USER.sex, USER.address
   FROM
   orders, USER WHERE orders.user_id=user.id
</select>
```

步骤 3：在接口 OrdersMapperCustom.java 中添加可查询订单、关联查询用户使用的 resultMap，代码如下：

```java
    public List<Orders>findOrdersUserResultMap()throws Exception;
```

步骤 4：在 OrdersMapperCustomTest.java 中测试，代码如下：

```java
@Test
   public void testFindOrdersUserResultMap() throws Exception {
   //得到会话 sqlSession
   SqlSession sqlSession=sqlSessionFactory.openSession();
   //创建代理对象
OrdersMapperCustom ordersMapperCustom=sqlSession.getMapper(OrdersMapperCustom.class);
//调用 mapper 的方法，返回映射在 pojo 中的 Orders(里面补充了 User user)
   List<Orders>list=ordersMapperCustom.findOrdersUserResultMap();
   System.out.println(list);
   sqlSession.close();
   }
```

对通过两种方式实现一对一查询进行对比，可以总结出以下几点。

（1）使用 resultType 实现一对一查询较为简单，如果 pojo 中没有包括查询出来的列名，需要增加列名对应的属性，即可完成映射。如果没有查询结果的特殊要求建议使用 resultType。

（2）使用 resultMap 时需要单独定义，实现有点麻烦，如果对查询结果有特殊的要求，使用 resultMap 可以完成将关联查询映射到 pojo 的属性中。

（3）resultMap 可以实现延迟加载，resultType 无法实现延迟加载。

12.3.3　一对多关联映射

需求：查询订单 orders 关联的订单明细信息 orderdetails。

步骤 1：创建 pojo 与 Orders.java 的关联，代码如下：

```java
public class Orders {
    private Integer id;
    private Integer userId;
    private String number;
    private Date createtime;
    private String note;
    //添加 user 用户属性信息，将关联的用户信息映射到 pojo(User user)的属性中
    private User user;
    //添加订单明细 Orderdetail 的属性信息，将关联的订单明细信息映射到此 order 类
    private List<Orderdetail>orderdetails;
    public Integer getId() {
        return id;
    }
    public void setId(Integer id) {
        this.id = id;
    }
    public Integer getUserId() {
        return userId;
    }
    public void setUserId(Integer userId) {
        this.userId = userId;
    }
    public String getNumber() {
        return number;
    }
    public void setNumber(String number) {
        this.number = number == null ? null : number.trim();
    }
    public Date getCreatetime() {
        return createtime;
    }
    public void setCreatetime(Date createtime) {
        this.createtime = createtime;
    }
    public String getNote() {
        return note;
    }
    public void setNote(String note) {
        this.note = note == null ? null : note.trim();
    }
    //用户的 getter setter 方法
    public User getUser() {
        return user;
    }
```

```java
    public void setUser(User user) {
        this.user = user;
    }
    //添加订单明细的 getter setter 方法
    public List<Orderdetail> getOrderdetails() {
        return orderdetails;
    }
    public void setOrderdetails(List<Orderdetail> orderdetails) {
        this.orderdetails = orderdetails;
    }
}
```

步骤 2：在 OrdersMapperCustom.xml 中添加 SQL 语句，确定主查询表（订单表），确定关联查询表（订单明细表），在一对一查询基础上添加订单明细表关联即可，代码如下：

```xml
<!--订单及订单明细的 resultMap，其中(1)(2)和采用 resultMap 方式创建一对一关联一样，可以采用继承-->
<resultMap type="cn.itcast.mybatis.pojo.Orders" id="OrdersAndOrderDetailResultMap"
    extends="OrdersUserResultMap">
    <!-- (1) 配置订单信息 -->
    <!-- 数据库表 orders 对应 pojo 中的 Orders.java -->
    <!-- (2) 配置关联用户信息 -->
    <!-- 数据库表 user 对应 pojo 中的 User.java -->
    <!-- (3) 配置订单明细信息 -->
    <!-- 数据库表 orderdetail 对应 pojo 中的 Orderdetail.java -->
    <!-- 由于一条订单关联查询多个订单明细，因此采用 collection 集合映射
    collection:将关联查询到的多条记录映射到集合对象中
    property:将关联查询到的多条记录映射到 cn.itcast.mybatis.pojo.Orders 中的属性中
    ofType:指定映射到 list 集合属性中 pojo 的类型-->
    <collection property="orderdetails" ofType="cn.itcast.mybatis.pojo.Orderdetail">
    <id column="orderdetail_id" property="id"/>
    <result column="items_id" property="itemsId"/>
    <result column="items_num" property="itemsNum"/>
    <result column="orders_id" property="ordersId"/>
    </collection>
</resultMap>
<!-- ResultMap:查询订单、关联订单明细信息 -->
<select id="findOrdersAndOrderDetailResultMap" resultMap="OrdersAndOrderDetailResultMap">
SELECT orders.* , USER.username, USER.sex, USER.address, orderdetail.id orderdetail_id,
<!--别名-->
orderdetail.orders_id, orderdetail.items_id, orderdetail.items_num
FROM
orders, USER, orderdetail WHERE orders.user_id=user.id AND orderdetail.orders_id=orders.id
</select>
```

步骤 3：在接口 OrdersMapperCustom.java 中添加查询订单、关联订单明细信息，代码如下：

```java
public List<Orders>findOrdersAndOrderDetailResultMap()throws Exception;
```

步骤 4：在 OrdersMapperCustomTest.java 中添加测试代码，代码如下：

```java
@Test
public void testFindOrdersAndOrderDetailResultMap() throws Exception {
    //得到会话 sqlSession
    SqlSession sqlSession=sqlSessionFactory.openSession();
    //创建代理对象
    OrdersMapperCustom ordersMapperCustom=sqlSession.getMapper(OrdersMapperCustom.class);
    //调用 mapper 的方法，返回映射在 pojo 中的 Orders(里面补充了 Orderdetail orderDetails)
    List<Orders>list=ordersMapperCustom.findOrdersAndOrderDetailResultMap();
    System.out.println(list);
```

```
    sqlSession.close();
}
```

12.3.4 多对多关联映射

需求：查询用户及用户购买商品信息。

步骤 1：创建 pojo 与 User.java、Orders.java、Orderdetail.java、Items.java 的关联。

映射思路：

（1）将用户信息映射到 user 中。

（2）在 user 类中添加订单列表属性 private List<Orders>orderList，将用户创建的订单映射到 ordersList。

（3）在 Orders 中添加订单明细列表属性 private List<Orderdetail>orderdetails，将订单的明细映射到 orderdetails。

（4）在 Orderdetail 中添加 Items 属性 private Items items，将订单明细所对应的商品映射到 Items。

步骤 2：在 OrdersMapperCustom.xml 中添加配置语句，代码如下：

```xml
<!-- 查询用户和购买商品的 resultMap -->
<resultMap type="cn.itcast.mybatis.pojo.User" id="UserAndItemsResultMap">
<!-- (1) 配置用户信息 -->
<id column="user_id" property="id"/>
<result column="username" property="username"/>
<result column="sex" property="sex"/>
<result column="address" property="address"/>
<!-- (2) 配置订单信息:一个用户对应多个订单,使用 collection 映射 -->
<collection property="orderList" ofType="cn.itcast.mybatis.pojo.Orders">
    <id column="id" property="id"/>
<result column="user_id" property="userId"/>
    <result column="number" property="number"/>
    <result column="createtime" property="createtime"/>
    <result column="note" property="note"/>
<!-- (3) 配置订单明细信息:一个订单包括多个订单明细 -->
    <collection property="orderdetails" ofType="cn.itcast.mybatis.pojo.Orderdetail">
    <id column="orderdetail_id" property="id"/>
    <result column="items_id" property="itemsId"/>
    <result column="items_num" property="itemsNum"/>
    <result column="orders_id" property="ordersId"/>
<!-- (4) 配置商品信息:一个订单明细对应一个商品 -->
    <association property="items" javaType="cn.itcast.mybatis.pojo.Items">
    <id column="items_id" property="id"/>
    <result column="items_name" property="name"/>
    <result column="items_detail" property="detail"/>
    <result column="items_price" property="price"/>
    </association>
    </collection>
</collection>
</resultMap>
<!-- ResultMap:查询用户购买的商品信息 -->
<select id="findUserAndItemsResultMap" resultMap="UserAndItemsResultMap">
  SELECT orders.*, USER.username, USER.sex, USER.address,orderdetail.id
  orderdetail_id, orderdetail.items_id,
  orderdetail.items_num,orderdetail.orders_id,items.name items_name,
  items.detail items_ detail,items.price items_price
  FROM
  orders,USER,orderdetail,items
  WHERE orders.user_id = user.id
```

```
        AND orderdetail.orders_id=orders.id
        AND orderdetail.items_id=items.id
</select>
```

步骤3：在接口 OrdersMapperCustom.java 中添加查询用户购买的商品信息，代码如下：

```
public List<User>findUserAndItemsResultMap()throws Exception;
```

步骤4：在 OrdersMapperCustomTest.java 中测试，代码如下：

```
@Test
  public void testFindUserAndItemsResultMap() throws Exception {
      //得到会话 sqlSession
      SqlSession sqlSession=sqlSessionFactory.openSession();
      //创建代理对象
      OrdersMapperCustom ordersMapperCustom=sqlSession.getMapper(OrdersMapperCustom.class);
      //调用 mapper 的方法，返回映射在 pojo 中 Orders(里面补充了 Orderdetail orderdetails)
      List<User>list=ordersMapperCustom.findUserAndItemsResultMap();
      System.out.println(list);
    sqlSession.close();
  }
```

12.3.5 延迟加载

resultMap 可以实现高级映射（使用 association、collection 实现一对一及一对多映射），association、collection 具备延迟加载功能。

延迟加载是指先从单表查询，需要时再从关联表去关联查询，大大提高了数据库的性能，因为查询单表要比关联查询多张表的速度快。

需求：查询订单并且关联查询用户信息，使用 association 实现延迟加载。

步骤1：在 SqlMapConfig.xml 中开启延迟加载，MyBatis 默认没有开启延迟加载，需要在 SqlMapConfig.xml 中进行 setting 配置，代码如下：

```
<settings>
    <!-- 开启延迟加载，注意必须写在前面 -->
    <!-- 打开延迟加载开关 -->
    <setting name="lazyLoadingEnabled" value="true"/>
    <!-- 将积极加载改为消极加载即是按需加载 -->
    <setting name="aggressiveLazyLoading" value="false"/>
</settings>
```

步骤2：创建 pojo 与 Orders.java 的关联（同一对一查询）。

步骤3：在 OrdersMapperCustom.xml 中添加配置语句。首先执行 findOrdersUserLazyLoading，当需要查询用户信息的时候再执行 findUserById，通过 resultMap 的定义将延迟加载执行配置起来。代码如下：

```
<resultMap type="cn.itcast.mybatis.pojo.Orders" id="OrdersUserLazyLoadingResultMap">
<!-- (1) 配置订单信息 -->
    <id column="id" property="id"/>
    <result column="user_id" property="userId"/>
    <result column="number" property="number"/>
    <result column="createtime" property="createtime"/>
    <result column="note" property="note"/>
<!-- (2) 实现用户信息延迟加载 -->
<!-- select:指定延迟加载需要执行的 statement 的 id(根据 user_id 查询用户信息的 statement)，
```

要使用 userMapper.xml 中 findUserById 完成基于用户 id(user_id)用户信息的查询，
如果 findUserById 不在本 mapper 中，则需要加上所在的 namespace
    <select id="findUserById" parameterType="int" resultType="cn.itcast.mybatis.pojo.User">
    SELECT*FROM USER WHERE id=#{id}
    </select>
    column:订单信息中关联用户信息查询的列，是 user_id 关联查询的 sql，理解为子查询
    select orders.*,(select username from user where orders.user_id=user.id)username,
    (select sex from user where orders.user_id=user.id)sex from orders -->

    <association property="user" javaType="cn.itcast.mybatis.pojo.User"
        select="cn.itcast.mybatis.mapper.UserMapper.findUserById"
        column="user_id">
    </association>
</resultMap>
<select id="findOrdersUserLazyLoading" resultMap="OrdersUserLazyLoadingResultMap">
SELECT *FROM orders
</select>
```

关联查询用户信息，通过查询到的订单信息中的 user_id 去关联查询用户信息，使用 UserMapper.xml 中的 findUserById，代码如下：

```
<select id="findUserById" parameterType="int" resultType="cn.itcast.mybatis.pojo.User">
    SELECT*FROM USER WHERE id=#{id}
</select>
```

步骤 4：在接口 OrdersMapperCustom.java 中添加查询订单、关联查询用户，设置用户信息延迟加载，代码如下：

```
public List<Orders>findOrdersUserLazyLoading()throws Exception;
```

步骤 5：测试，代码如下：

```
//实现订单查询用户，用户信息的延迟加载
@Test
public void testFindOrdersUserLazyLoading() throws Exception {
    //得到会话 sqlSession
    SqlSession sqlSession=sqlSessionFactory.openSession();
    //创建代理对象
    OrdersMapperCustom ordersMapperCustom=sqlSession.getMapper(OrdersMapperCustom.class);
    //查询订单信息（单表）
    List<Orders>list=ordersMapperCustom.findOrdersUserLazyLoading();
    //遍历订单列表
    for(Orders orders:list){
    //执行 Orders 里面的 getUser()时才去查询用户信息，这里实现按需加载了
    User user=orders.getUser();
    System.out.println(user);
    }
}
```

12.4 就业面试技巧与解析

学完本章内容，读者应掌握 MyBatis 的映射器增、删、改、查操作，以及对 MyBatis 高级映射的一对一、一对多、多对多查询的运用。下面对面试过程中可能出现的相关问题进行解析，更好地帮助读者学习。
```

12.4.1 面试技巧与解析（一）

面试官： MyBatis 能执行一对一、一对多的关联查询吗？有哪些实现方式，以及它们之间的区别是什么？

应聘者： MyBatis 不仅可以执行一对一、一对多的关联查询，还可以执行多对一、多对多的关联查询。多对一查询，其实就是一对一查询，只需要把 selectOne() 修改为 selectList() 即可；多对多查询，其实就是一对多查询，只需要把 selectOne() 修改为 selectList() 即可。

关联对象查询有两种实现方式：一种是单独发送一个 SQL 语句去查询关联对象，赋给主对象，然后返回主对象；另一种是使用嵌套查询，嵌套查询的含义是使用 JOIN 查询，一部分列关联对象 A 的属性值，另外一部分列关联对象 B 的属性值，好处是只发送一个 SQL 查询，就可以把主对象和其关联对象查出来。

12.4.2 面试技巧与解析（二）

面试官： MyBatis 是否支持延迟加载？如果支持，它的实现原理是什么？

应聘者： MyBatis 仅支持 association 关联对象和 Collection 关联集合对象的延迟加载，Association 就是指一对一，Collection 就是指一对多查询。在 MyBatis 配置文件中，可以配置是否启用延迟加载 lazyLoadingEnabled=true|false。

MyBatis 实现延迟加载的原理是使用 CGLIB 创建目标对象的代理对象，当调用目标方法时，进入拦截器方法，比如调用 a.getB().getName()，拦截器 invoke() 方法发现 a.getB() 是 null 值，那么就会单独发送事先保存好的查询关联 B 对象的 SQL，把 B 查询出来，然后调用 a.setB(b)，于是 a 的对象 b 属性就有值了，接着完成 a.getB().getName() 方法的调用。这就是延迟加载的基本原理。

当然了，不仅是 MyBatis，几乎所有的框架包括 Hibernate，支持延迟加载的原理都是一样的。

第 13 章
Spring JDBC 和 MyBatis 事务管理

学习指引

本章主要讲解 Spring JDBC 和 MyBatis 的事务管理。通过本章内容的学习，读者可以了解 JDBC 的运用，MyBatis 如何进行事务管理，事务的使用流程和事务隔离级别。

重点导读

- JDBC 的介绍。
- 事务的特性。
- 事务的使用流程。
- 事务的配置。
- 事务管理方式。
- 事务隔离级别。

13.1 Spring JDBC

Spring 为了提供对 JDBC 的支持，在 JDBC API 的基础上封装了一套实现，以此建立一个 JDBC 存取框架。

作为 Spring JDBC 框架的核心，JDBC 模板的设计目的是为不同类型的 JDBC 操作提供模板方法。每个模板方法都能控制整个过程，并允许覆盖过程中的特定任务。通过这种方式，可以在尽可能保留灵活性的前提下，将数据库存取的工作量降到最低。

13.1.1 什么是 JDBC

JDBC（Java Data Base Connectivity，Java 数据库连接）是一种用于执行 SQL 语句的 Java API，可以为多种关系数据库提供统一访问操作，它由一组用 Java 语言编写的类和接口组成。JDBC 提供了一种基准，据此可以构建更高级的工具和接口，使数据库开发人员能够编写数据库应用程序。

安装好数据库之后，应用程序必须通过相应的数据库驱动程序去和数据库打交道。数据库驱动程序也就是数据库厂商的 JDBC 接口实现，即 Connection 等接口的实现类的 JRE 文件。数据库连接结构如图 13-1 所示。

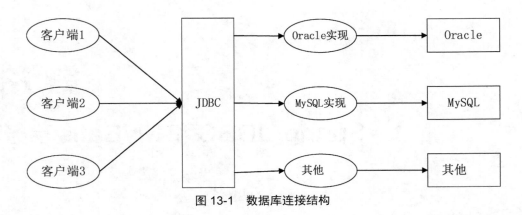

图 13-1　数据库连接结构

13.1.2　应用场景

在 Java 开发环境中，使用 JDBC 技术对关系数据库进行操作。通过 JDBC，Java 语言的客户端可以访问数据库的数据，比如通过 CRUD 等对数据库进行基本操作。尽管在实际应用中，不同的数据库产品还需要有相对应的数据库驱动作为支持，但由于有了 JDBC 和 SQL，对数据库应用而言，其程序的可移植性在很大程度上得到了增强。

JDBC 已经能够满足大部分用户操作数据库的需求，但在使用 JDBC 时，应用必须自己来管理数据库资源，如数据库连接、数据库事务、数据库异常等，对底层的数据库实现还有一定的依赖。作为应用开发平台的 Spring，对数据库操作需求提供了很好的支持，并在原始的 JDBC 基础上，构建了一个抽象层，提供了许多使用 JDBC 的模板和驱动模块，为 Spring 应用操作关系数据库提供了较大的便利。通过这种方式，一方面提高了应用开发的效率，另一方面又为应用程序开发提供了灵活性。另外，在 Spring 建立的 JDBC 的框架中，还设计了一种更面向对象的方法，相对于 JDBC 模板，这种实现更像是一个简单的 ORM 工具，为应用提供了另外一种选择。

13.1.3　JDBC 编程步骤

步骤 1：装载相应的数据库的 JDBC 驱动并进行初始化。

（1）导入专用的 JRE 包（不同的数据可需要的 JRE 包不同），访问 MySQL 数据库需要用到第三方的类，这些第三方的类都被压缩在一个 JRE 文件里。mysql-connector-java-5.0.8-bin.jar 可以在网上下载或者在 MySQL 的安装目录下找到。通常下载到该 JRE 包之后将其放在项目的 lib 目录下，本节会放在 E:\project\j2se\lib 目录下，然后在 eclipse 中导入这个 JRE 包。

导包步骤如图 13-2 所示。

提示：如果没有完成上述导包操作，后面会抛出 ClassNotFoundException 异常。

（2）初始化驱动类 com.mysql.jdbc.Driver，该类就在 mysql-connector-java-5.0.8-bin.jar 中。如果使用的是 Oracle 数据库，那么该驱动类将不同。代码如下：

```
try {
  Class.forName("com.mysql.jdbc.Driver");
  } catch (ClassNotFoundException e) {e.printStackTrace();
}
```

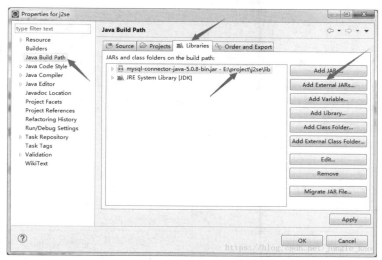

图 13-2　JRE 包导入步骤

提示：Class.forName 需要捕获 ClassNotFoundException。

Class.forName 是把这个类加载到 JVM 中，加载的时候，就会执行其中的静态初始化模块，完成驱动的初始化的相关工作。

步骤 2：建立 JDBC 和数据库之间的 Connection 连接。

提示：需要提供数据库的 IP 地址 182.119.69.16（这里是本机，数据库的端口号为 3306）。

数据库名称：bbm（根据自己数据库中的名称填写）。

编码方式：UTF-8。

账号：root。

密码：root（如果在创建数据库的时候没有使用默认的账号和密码，请填写自己设置的账号和密码）。

Connection 接口：Connection 是与特定数据库连接会话的接口，使用的时候需要导包，而且必须在程序结束的时候将其关闭。getConnection 方法也需要捕获 SQLException 异常。

因为在进行数据库的增、删、改、查操作时都需要与数据库建立连接，所以可以在项目中将建立的连接写成一个工具方法，用的时候直接调用即可，代码如下：

```java
/**
*取得数据库的连接
*@return 一个数据库的连接
*/
public static Connection getConnection(){
  Connection conn = null;
  try {
    //初始化驱动类 com.mysql.jdbc.Driver
    Class.forName("com.mysql.jdbc.Driver");
    conn = DriverManager.getConnection
    ("jdbc:mysql://182.119.69.16/bbm?characterEncoding= UTF-8","root", "root");
    //该类就在 mysql-connector-java-5.0.8-bin.jar 中。
    //如果忘记了第一个步骤的导包，就会抛出 ClassNotFoundException
  } catch (ClassNotFoundException e) {
        e.printStackTrace();
  }catch (SQLException e) {
```

```
            e.printStackTrace();
      }
       return conn;
}
```

步骤3：创建 Statement 或者 PreparedStatement 接口，执行 SQL 语句。

（1）Statement 接口。JDBC 程序中的 Statement 对象用于向数据库发送 SQL 语句，创建方法如下：

```
Statement st = conn.createStatement();
```

Statement 对象的常用方法如表 13-1 所示。

表 13-1　Statement 对象常用方法

方　　法	含　　义
executeQuery(String sql)	用于向数据发送查询语句
executeUpdate(String sql)	用于向数据库发送 insert、update 或 delete 语句
execute(String sql)	用于向数据库发送任意 SQL 语句
addBatch(String sql)	把多条 SQL 语句放到一个批处理中
executeBatch()	向数据库发送一批 SQL 语句执行

Statement 接口创建之后，可以执行 SQL 语句，完成对数据库的增、删、改、查操作。其中，增、删、改操作只需要改变 SQL 语句的内容就能完成，然而查询略显复杂。在 Statement 中使用字符串拼接的方式，存在句法复杂、容易犯错等缺点，所以 Statement 在实际过程中使用得非常少。

（2）PreparedStatement 接口。与 Statement 一样，PreparedStatement 也是用来执行 SQL 语句的。与创建 Statement 不同的是，需要根据 SQL 语句创建 PreparedStatement。除此之外，PreparedStatement 还能够通过设置参数指定相应的值，而不是像 Statement 那样使用字符串拼接。

使用 PreparedStatement 时，其 SQL 语句不再采用字符串拼接的方式，而是采用占位符的方式，"？" 在这里就起到占位符的作用。这种方式除了能够避免 Statement 拼接字符串的烦琐之外，还能够提高性能。每次的 SQL 语句都是一样的，数据库就不会再次编译，这样能够显著提高性能。

提示：开发中不建议使用 Statement 来操作数据库，而是使用 PreparedStatement，因为 Statement 是完整的 SQL 语句。

步骤4：释放资源。在 JDBC 编码的过程中创建了 Connection、ResultSet 等资源，这些资源在使用完毕后一定要进行关闭。关闭的过程遵循从里到外的原则。因为在增、删、改、查的操作中都要用到这样的关闭操作，为了使代码简单，增加其复用性，所以将这些关闭的操作写成一个方法，和建立连接的方法一起放到一份工具类中。

关闭资源的代码如下：

```
/**
*封装三个关闭方法
*@param pstmt
*/
public static void close(PreparedStatement pstmt){
  if(pstmt != null){//避免出现空指针异常
  try{
     pstmt.close();
   }catch(SQLException e){
     e.printStackTrace();
```

```
    }
  }
}
public static void close(Connection conn){
  if(conn != null){
    try {
      conn.close();
    } catch (SQLException e) {
      e.printStackTrace();
    }
  }
}
public static void close(ResultSet rs){
  if (rs != null) {
    try {
      rs.close();
    } catch (SQLException e) {
      e.printStackTrace();
    }
  }
}
```

13.1.4 JDBCTemplate

JDBC 已经能够满足大部分用户最基本的需求，但是在使用 JDBC 时，必须自己来管理数据库资源，如获取 PreparedStatement、设置 SQL 语句参数、关闭连接等。

JDBCTemplate 就是 Spring 对 JDBC 的封装，目的是使 JDBC 更易于使用。JDBCTemplate 是 Spring 的一部分，JDBCTemplate 处理了资源的建立和释放。它帮助我们避免一些常见的错误，比如忘了关闭连接。

使用 JDBCTemplate 编程时，首先要提供 SQL 语句和占位符的值，得到封装好的查询结果集。

JDBCTemplate 主要提供以下五类方法。

（1）Execute 方法：可以用于执行任何 SQL 语句，一般用于执行 DDL 语句。
（2）Update 方法及 BatchUpdate 方法：Update 方法用于执行新增、修改、删除等语句。
（3）BatchUpdate 方法：用于执行批处理相关语句。
（4）Query 方法及 QueryForXXX 方法：用于执行查询相关语句。
（5）Call 方法：用于执行存储过程、函数相关语句。

13.1.5 配置数据源

数据源就是连接数据。推荐在工作中使用连接池。

1. 什么是连接池

连接池是用于创建和管理数据库连接的缓冲池技术，缓冲池中的连接可以被任何需要它们的线程使用。当一个线程需要用 JDBC 对一个数据库操作时，将从池中请求一个连接。当这个连接使用完毕后，将返回连接池中，等待为其他线程服务。

2. 连接池的工作流程

连接池的工作流程包括三部分，分别为连接池的建立、连接池的管理、连接池的关闭。

（1）连接池的建立。一般在系统初始化时，连接池会根据系统配置建立，并在池中创建几个连接对象，以便使用时能从连接池中获取。连接池中的连接不能随意创建和关闭，这样避免了连接随意建立和关闭造成的系统开销。Java 中提供了很多容器类，可以方便地构建连接池，例如 Vector、Stack 等。

（2）连接池的管理。连接池管理策略是连接池机制的核心，连接池内连接的分配和释放对系统的性能有很大的影响。连接池的管理策略如下：当客户请求数据库连接时，首先查看连接池中是否有空闲连接，如果存在空闲连接，则将连接分配给客户使用。如果没有空闲连接，则查看当前所开的连接数是否已经达到最大连接数，如果没达到就重新创建一个连接给请求的客户。如果达到就按设定的最大等待时间进行等待，如果超出最大等待时间，则抛出异常给客户。当客户释放数据库连接时，先判断该连接的引用次数是否超过了规定值，如果超过就从连接池中删除该连接，否则保留为其他客户服务。

该策略保证了数据库连接的有效复用，避免频繁的建立、释放连接所带来的系统资源开销。

（3）连接池的关闭。当应用程序退出时，关闭连接池中所有的连接，释放连接池相关的资源，该过程正好与创建过程相反。

开源的连接池：C3p0、dbcp、德鲁伊 druid（阿里巴巴）等。

数据源的配置代码如下：

```xml
<!--配置数据源-->
<bean id="dataSource" class="org.springframework.jdbc.datasource.DriverManagerDataSource">
  <property name="driverClassName" value="com.mysql.jdbc.Driver" />
  <property name="url"
  value="jdbc:mysql://localhost:3306/数据库名?useUnicode=true&amp;character Encoding=utf8" />
  <property name="username" value="用户名" />
  <property name="password" value="密码" />
</bean>
<!-- 加载 Spring 的工具类 JdbcTemplate 为 bean 组件 -->
<bean id="jdbcTemplate" class="org.springframework.jdbc.core.JdbcTemplate">
  <property name="dataSource" ref="dataSource"></property>
</bean>
```

13.2　MyBatis 事务管理

事务是由一个或几个操作组成的一个整体执行单元。对于事务，要么全部执行，要么全不执行，不能只执行其中的某几个操作。事务可以理解为一个事务是一个程序中执行的最小单元。

13.2.1　MyBatis 事务概述

对于数据库事务而言，一般包括创建、提交、回滚、关闭等操作。MyBatis 把这些抽象为 Transaction 接口，接口定义了 Connection 连接、提交、回滚、关闭等功能。

1. Transaction 接口

Transaction 接口有两个实现类，分别是 JdbcTransaction 和 ManagedTransaction。同时，MyBatis 还设计了 TransactionFactory 接口和两个实现类（JdbcTransactionFactory 和 ManagedTransactionFactory），用来获取事务的实例对象。

MyBatis 将事务抽象成了 Transaction 接口。该接口的代码如下：

```
public interface Transaction{
    //获取数据库连接
    Connection getConnection() throws SQLException;
    //提交
    void commit() throws SQLException;
    //回滚
    void rollback() throws SQLException;
    //关闭数据库连接
    void close() throws SQLException;
}
```

2. MyBatis 事务管理方式

（1）使用 JDBC 的事务管理机制：利用 java.sql.Connection 对象完成对事务的提交、回滚和关闭。

（2）使用 MANAGED 的事务管理机制：采用这种方式，MyBatis 自身不会去实现事务管理，而是交给容器（Tomcat、JBOSS）去管理。

13.2.2 事务的特性

（1）原子性（Atomicity）。一个事务内的所有操作，要么全部完成，要么全部没做，不可能存在中间状态。如果一个事务在执行过程中出现异常，会将已经执行完成的操作回滚，使所有操作保持在全部没做的状态。

（2）一致性（Consistency）。事务执行前和执行后的数据库的完整性约束没有变化，执行前和执行后都处于一致性状态。比如，A 向 B 转账，转账就是一个事务，不管转账多少次，A 和 B 的账户总额一致。

（3）隔离性（Isolation）。事务和事务之间互相隔离，互不影响。

（4）持久性（Durability）。事务完成后对数据库中数据的改变是永久的。

13.2.3 事务的使用流程

事务在项目中起重要的作用。下面重点讲解事务的使用流程。

1. 事务的配置

首先在 MyBatis 的根配置文件 mybatis-config.xml 中定义相关信息，代码如下：

```xml
<environment id="mysql">
<!--指定事务管理类型，type="JDBC"指直接使用 JDBC 的提交和回滚设置，
type="MANAGED"指让容器实现对事务的管理-->
  <transactionManager type="JDBC" />
  <!-- <transactionManager type="MANAGED">
  <property name="closeConnection" value="false" />
  </transactionManager>-->
  <!-- dataSource 数据源配置，POOLED 是 JDBC 连接对象的数据源连接池的实现。-->
  <dataSource type="POOLED">
  <property name="driver" value="com.mysql.jdbc.Driver" />
  <property name="url" value="jdbc:mysql://localhost:3306/mybatis" />
  <property name="username" value="root" />
  <property name="password" value="123456" />
  </dataSource>
```

```
</environment>
```

2. 事务工厂的创建

MyBatis 的事务创建是由 org.apache.ibatis.transaction.TransactionFactory 事务工厂来完成的，会根据 <transactionManager> 的 type 类型来创建 JdbcTransactionFactory 工厂或 ManagedTransactionFactory 工厂，代码如下：

```java
public interface TransactionFactory {
    void setProperties(java.util.Properties properties);
    org.apache.ibatis.transaction.Transaction newTransaction(java.sql.Connection connection);
    org.apache.ibatis.transaction.Transaction newTransaction(javax.sql.DataSource dataSource,
    org.apache.ibatis.session.TransactionIsolationLevel transactionIsolationLevel, boolean b);
}
```

3. 通过事务工厂获得实例

通过 TransactionFactory 可以获得 Transaction 对象的实例，以 JdbcTransaction 为例，代码如下：

```java
public class JdbcTransactionFactory implements TransactionFactory {
    public void setProperties(Properties props) {
    }
    //根据给定的数据库连接Connection创建Transaction
    public Transaction newTransaction(Connection conn) {
        return new JdbcTransaction(conn);
    }
    //根据DataSource、隔离级别和是否自动提交创建Transaction
    public Transaction newTransaction(DataSource ds,
    TransactionIsolationLevel level, boolean autoCommit) {
        return new JdbcTransaction(ds, level, autoCommit);
    }
}
```

4. JdbcTransaction

JdbcTransaction 可直接使用 JDBC 提交和回滚事务管理机制，JdbcTransaction 使用了 java.sql.Connection 的 commit 和 rollback 功能来完成事务操作，其实 JdbcTransaction 只是把 java.sql.Connection 的事务处理进行了再次封装，其 JdbcTransaction 的代码如下：

```java
public class JdbcTransaction implements Transaction {
    private static final Log log = LogFactory.getLog(JdbcTransaction.class);
    //数据库连接
    protected Connection connection;
    //数据源
    protected DataSource dataSource;
    //隔离级别
    protected TransactionIsolationLevel level;
    //是否为自动提交
    protected boolean autoCommmit;
    public JdbcTransaction(DataSource ds, TransactionIsolationLevel desiredLevel,
        boolean desired AutoCommit) {
        dataSource = ds;
        level = desiredLevel;
        autoCommmit = desiredAutoCommit;
```

```java
    }
    public JdbcTransaction(Connection connection) {
        this.connection = connection;
    }
    public Connection getConnection() throws SQLException {
        if (connection == null) {
            openConnection();
        }
        return connection;
    }
    //使用connection的commit;
    public void commit() throws SQLException {
        if (connection != null && !connection.getAutoCommit()) {
            if (log.isDebugEnabled()) {
                log.debug("Committing JDBC Connection [" + connection + "]");
            }
            connection.commit();
        }
    }
    //使用connection的rollback;
    public void rollback() throws SQLException {
        if (connection != null && !connection.getAutoCommit()) {
            if (log.isDebugEnabled()) {
                log.debug("Rolling back JDBC Connection [" + connection + "]");
            }
            connection.rollback();
        }
    }
    //使用connection的close
    public void close() throws SQLException {
        if (connection != null) {
            resetAutoCommit();
            if (log.isDebugEnabled()) {
                log.debug("Closing JDBC Connection [" + connection + "]");
            }
            connection.close();
        }
    }
}
```

5. ManagedTransaction

ManagedTransaction 让容器来管理事务 Transaction 的整个生命周期。也就是说，使用 ManagedTransaction 的 commit 和 rollback 功能不会对事务有任何影响，它将事务管理的权利移交给了容器来实现，代码如下：

```java
public class ManagedTransaction implements Transaction {
    private static final Log log = LogFactory.getLog(ManagedTransaction.class);
    private DataSource dataSource;
    private TransactionIsolationLevel level;
    private Connection connection;
    private boolean closeConnection;
    public ManagedTransaction(Connection connection, boolean closeConnection) {
        this.connection = connection;
        this.closeConnection = closeConnection;
    }
    public ManagedTransaction(DataSource ds, TransactionIsolationLevel level,
    boolean closeConnection) {
```

```
      this.dataSource = ds;
      this.level = level;
      this.closeConnection = closeConnection;
    }
    public Connection getConnection() throws SQLException {
      if (this.connection == null) {
        openConnection();
      }
      return this.connection;
    }
    public void commit() throws SQLException {
      //Does nothing
    }
    public void rollback() throws SQLException {
      //Does nothing
    }
    public void close() throws SQLException {
      if (this.closeConnection && this.connection != null) {
        if (log.isDebugEnabled()) {
          log.debug("Closing JDBC Connection [" + this.connection + "]");
        }
        this.connection.close();
      }
    }
    protected void openConnection() throws SQLException {
      if (log.isDebugEnabled()) {
        log.debug("Openning JDBC Connection");
      }
      this.connection = this.dataSource.getConnection();
      if (this.level != null) {
        this.connection.setTransactionIsolation(this.level.getLevel());
      }
    }
  }
```

13.2.4 事务隔离级别

隔离级别定义了一个事务可能受其他并发事务影响的程度。在典型的应用程序中,多个事务并发运行,经常会操作相同的数据来完成各自的任务。并发虽然是必须的,但是会导致以下问题。

(1) 脏读 (Dirty read): 当一个事务正在访问数据并且对数据进行了修改,而这种修改还没有提交到数据库中,这时另外一个事务也访问了这个数据,然后使用了这个数据。因为这个数据是还没有提交的数据,那么另外一个事务读到的这个数据是"脏数据",依据"脏数据"所做的操作可能是不正确的。

(2) 丢失修改 (Lost to modify): 一个事务读取一个数据时,另外一个事务也访问了该数据,那么在第一个事务中修改了这个数据后,第二个事务也修改了这个数据。这样第一个事务内的修改结果就被丢失,因此称为丢失修改。

(3) 不可重复读 (Unrepeatableread): 指在一个事务内多次读同一数据。在这个事务还没有结束时,另一个事务也访问该数据。在第一个事务中的两次读数据之间,由于第二个事务的修改导致第一个事务两次读取的数据可能不太一样，这就发生了在一个事务内两次读到的数据是不一样的情况，因此称为不可重复读。

（4）幻读（Phantom read）：幻读与不可重复读类似。它发生在一个事务（T1）读取了几行数据，接着另一个并发事务（T2）插入了一些数据时。在随后的查询中，第一个事务（T1）就会发现多了一些原本不存在的记录，就好像发生了幻觉一样，所以称为幻读。

隔离级别 TransactionDefinition 接口中定义了以下五个表示隔离级别的常量。

（1）TransactionDefinition.ISOLATION_DEFAULT：使用后端数据库默认的隔离级别，MySQL 默认采用 REPEATABLE_READ 隔离级别，Oracle 默认采用 READ_COMMITTED 隔离级别。

（2）TransactionDefinition.ISOLATION_READ_UNCOMMITTED：最低的隔离级别，允许读取尚未提交的数据变更，可能会导致脏读、幻读或不可重复读。

（3）TransactionDefinition.ISOLATION_READ_COMMITTED：允许读取并发事务已经提交的数据，可以阻止脏读，但是幻读或不可重复读仍有可能发生。

（4）TransactionDefinition.ISOLATION_REPEATABLE_READ：对同一字段的多次读取结果都是一致的，除非数据是被本身事务自己所修改，可以阻止脏读和不可重复读，但幻读仍有可能发生。

（5）TransactionDefinition.ISOLATION_SERIALIZABLE：最高的隔离级别，完全服从 ACID 的隔离级别。所有的事务依次逐个执行，这样事务之间就完全不可能产生干扰。也就是说，该级别可以防止脏读、不可重复读和幻读，但是将严重影响程序的性能。通常情况下不会用到该级别。

13.2.5　事务只读属性

事务的只读属性是指对事务性资源进行只读操作或者是读写操作。所谓事务性资源，是指那些被事务管理的资源，如数据源、JMS 资源和自定义的事务性资源等。如果确定只对事务性资源进行只读操作，那么可以将事务标志为只读，以提高事务处理的性能。在 TransactionDefinition 中，以 Boolean 类型来表示该事务是否只读。

13.2.6　回滚规则

默认情况下，事务只有遇到运行期异常时才会回滚，而在遇到检查型异常时不会回滚（这一行为与 EJB 的回滚行为是一致的），但是可以声明事务在遇到特定的检查型异常时像遇到运行期异常那样回滚。同样，还可以声明事务遇到特定的异常不回滚，即使这些异常是运行期异常。

13.2.7　事务超时属性

所谓事务超时，是指一个事务所允许执行的最长时间，如果超过该时间限制但事务还没有完成，则自动回滚事务。在 TransactionDefinition 中，以 Int 的值来表示超时时间，其单位是秒。

13.3　就业面试解析与技巧

学完本章内容，读者应对 MyBatis 的事务管理和 JDBC 有了基本了解，熟悉了 MyBatis 事务回滚以及如何避免事务回滚，下面对面试过程中可能出现的相关问题进行解析，更好地帮助读者学习。

13.3.1　面试解析与技巧（一）

面试官：什么是事务？事务的四个特性是什么？

应聘者：事务是数据库操作的最小工作单元，是作为单个逻辑工作单元执行的一系列操作。这些操作作为一个整体一起向系统提交，要么都执行，要么都不执行。事务是一组不可再分割的操作集合（工作逻辑单元）。

事务的四大特性如下。

（1）原子性。事务是数据库的逻辑工作单位，事务中包含的各操作要么都做，要么都不做。

（2）一致性。事务执行的结果必须是使数据库从一个一致性状态变到另一个一致性状态，因此当数据库只包含成功事务提交的结果时，就说数据库处于一致性状态。如果数据库系统运行过程中发生故障，有些事务尚未完成就被迫中断，这些未完成事务对数据库所做的修改有一部分已写入物理数据库，这时数据库就处于一种不正确的状态，或者说是不一致的状态。

（3）隔离性。一个事务的执行不能被其他事务干扰，即一个事务内部的操作及使用的数据对其他并发事务是隔离的，并发执行的各个事务之间不能互相干扰。

（4）持续性。也称永久性，指一个事务一旦提交，它对数据库中的数据的改变就应该是永久性的，接下来的其他操作或故障不应该对其执行结果有任何影响。

13.3.2　面试解析与技巧（二）

面试官：Execute 和 executeUpdate 的区别是什么？

应聘者：

（1）相同点：两者都能够执行增加、删除、修改等操作。

（2）不同点：① Execute 可以执行查询语句，然后通过 getResult 把结果取出来。executeUpdate 不能执行查询语句。② Execute 返回 Boolean 类型，True 表示执行的是查询语句，False 表示执行的是 Insert、Delete、Update 等语句。executeUpdate 的返回值是 Int，表示有多少条数据受到了影响。

第 14 章
MyBatis 缓存机制

学习指引

本章主要讲解 MyBatis 缓存机制的原理和应用。通过本章内容的学习，读者可以了解 MyBatis 缓存的配置、原理及实现方法。

重点导读

- 一级缓存的原理。
- 一级缓存的生命周期。
- 二级缓存的配置。
- 二级缓存的原理。
- 二级缓存的实现。

14.1 MyBatis 缓存

"缓存"是一个很常见的词语，例如，在网络上看视频的时候，会弹出："网速不好，缓存一下再看"。本节就来一起了解 MyBatis 框架中缓存的概念和作用。

14.1.1 缓存的概念

用户第一次在数据库中查询某些固定的数据时，会将这些数据存储在缓存（内存，高速磁盘）中。当用户再次查询这些数据时，不用再去数据库中查询，而是去缓存里面查询。这样可以减少网络连接和数据库查询带来的损耗，从而提高查询的效率，减少高并发访问带来的系统性能问题。

MyBatis 提供了查询缓存来缓存数据，以提高查询的性能。MyBatis 的缓存分为一级缓存和二级缓存，如图 14-1 所示。

一级缓存是 SqlSession 级别的缓存，缓存的数据只在 SqlSession 内有效。

二级缓存是 Mapper 级别的缓存，同一个 namespace 公用这一个缓存，所以共享 SqlSession。

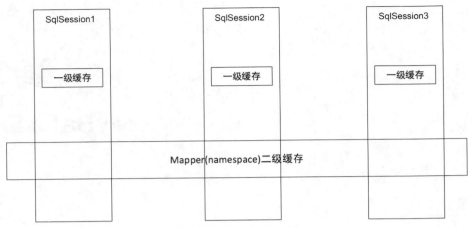

图 14-1　MyBatis 的缓存

14.1.2　缓存的作用

每使用 MyBatis 开启一次和数据库的会话，MyBatis 会创建一个 SqlSession 对象表示一次数据库会话。

在与数据库的一次会话中，可能会反复地执行完全相同的查询语句，如果不采取一些措施的话，每一次查询都会查询一次数据库，而且是在极短的时间内做了完全相同的查询，那么它们的结果极有可能完全相同。由于查询一次数据库的代价很大，这有可能造成很大的资源浪费。

为了解决这一问题，减少资源的浪费，MyBatis 会在表示会话的 SqlSession 对象中建立一个简单的缓存，将每次查询到的结果缓存起来。下次查询的时候，如果判断先前有个完全一样的查询，会直接从缓存中直接将结果取出，返回给用户，不需要再进行一次数据库查询了。

下面介绍 MyBatis 的一级缓存和二级缓存。

14.2　一级缓存

一级缓存是 SqlSession 级别的缓存，是基于 HashMap 的本地缓存。不同 SqlSession 之间的缓存数据区域互不影响。

一级缓存的作用域是 SqlSession 范围，当同一个 SqlSession 执行两次相同的 SQL 语句时，第一次执行完后会将数据库中查询的数据写到缓存中，第二次查询时直接从缓存获取，不用去数据库查询。当 SqlSession 执行 insert、update、delete 操作并将结果提交给数据库时，会清空缓存，保证缓存中的信息是最新的。

14.2.1　什么是一级缓存

MyBatis 一级缓存实际上就是一个依赖于 SqlSession 的缓存对象，PerpetualCache 的结构很简单，代码如下：

```
public class PerpetualCache implements Cache {
  private final String id;
  private Map<Object, Object> cache = new HashMap<Object, Object>();
}
```

14.2.2 一级缓存的原理

一级缓存区域是以 SqlSession 为单位划分的,原理如图 14-2 所示。

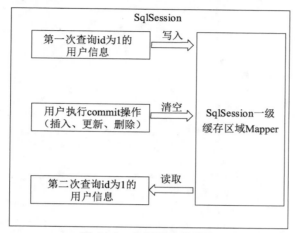

图 14-2 一级缓存的原理

(1) 第一次发起查询用户 id 为 1 的用户信息,先去查找缓存中是否有 id 为 1 的用户信息,如果没有,则从数据库中查询用户信息,得到用户信息后将用户信息存储到一级缓存中。如果 SqlSession 执行 commit 操作(插入、更新、删除),则清空 SqlSession 中的一级缓存,这样做的目的是让缓存中存储最新的信息,避免脏读。

(2) 第二次发起查询用户 id 为 1 的用户信息,先去查找缓存中是否有 id 为 1 的用户信息,缓存中有,则直接从缓存中获取用户信息。

14.2.3 BaseExecutor

BaseExecutor 是一个抽象类,实现了 Executor 接口,并提供了大部分方法的实现,只有 4 个基本方法(doUpdate、doQuery、doQueryCursor、doFlushStatement)没有实现,还有一个抽象方法由子类实现,这 4 个基本方法相当于模板方法中变化的那部分。MyBatis 的一级缓存就是在类中实现的。

MyBatis 的一级缓存是会话级别的缓存,MyBatis 每创建一个 SqlSession 对象,就表示打开一次数据库会话,在一次会话中,应用程序很可能在短时间内反复执行相同的查询语句,如果不对数据进行缓存,则每查询一次就要执行一次数据库查询,这就造成数据库资源的浪费。又因为通过 SqlSession 执行的操作,实际上是由 Executor 来完成数据库操作的,所以会在 Executor 中建立一个简单的缓存,即一级缓存。每次的查询结果缓存起来,再次执行查询的时候,会先查询一级缓存,如果查询到数据则直接返回,否则再去查询数据库并放入缓存中。

一级缓存的生命周期与 SqlSession 的生命周期相同,当调用 Executor.close 方法的时候,缓存变得不可用。一级缓存是默认开启的,一般情况下不需要特殊的配置,如果需要特殊配置,则可以通过插件的形式来实现,代码如下:

```
public abstract class BaseExecutor implements Executor {
    //提交、回滚、关闭事务
    protected Transaction transaction;
    //底层的 Executor 对象
    protected Executor wrapper;
```

```java
    //延迟加载队列
    protected ConcurrentLinkedQueue<DeferredLoad> deferredLoads;
    //一级缓存,用于缓存查询结果
    protected PerpetualCache localCache;
    //一级缓存,用于缓存输出类型参数(存储过程)
    protected PerpetualCache localOutputParameterCache;
    protected Configuration configuration;
    //用来记录嵌套查询的层数
    protected int queryStack;
    private boolean closed;
    protected BaseExecutor(Configuration configuration, Transaction transaction) {
        this.transaction = transaction;
        this.deferredLoads = new ConcurrentLinkedQueue<DeferredLoad>();
        this.localCache = new PerpetualCache("LocalCache");
        this.localOutputParameterCache = new PerpetualCache("LocalOutputParameterCache");
        this.closed = false;
        this.configuration = configuration;
        this.wrapper = this;
    }
    //4 个抽象方法,由子类实现,是模板方法中的可变部分
    protected abstract int doUpdate(MappedStatement ms, Object parameter) throws SQLException;
    protected abstract List<BatchResult> doFlushStatements(boolean isRollback)
        throws SQLException;
    protected abstract <E> List<E> doQuery(MappedStatement ms,
        Object parameter, RowBounds rowBounds, ResultHandler resultHandler, BoundSql boundSql)
        throws SQLException;
    protected abstract <E> Cursor<E> doQueryCursor(MappedStatement ms, Object parameter,
        RowBounds rowBounds, BoundSql boundSql) throws SQLException;
    //执行 insert | update | delete 语句,调用 doUpdate 方法实现,在执行这些语句的时候,会清空缓存
    public int update(MappedStatement ms, Object parameter) throws SQLException {
        //....
        //清空缓存
        clearLocalCache();
        //执行 SQL 语句
        return doUpdate(ms, parameter);
    }
      //刷新批处理语句,且执行缓存中还没执行的 SQL 语句
@Override
    public List<BatchResult> flushStatements() throws SQLException {
        return flushStatements(false);
    }
    public List<BatchResult> flushStatements(boolean isRollBack) throws SQLException {
        //...
        //doFlushStatements 的 isRollBack 参数表示是否执行缓存中的 SQL 语句,false 表示执行,
        //true 表示不执行
        return doFlushStatements(isRollBack);
    }
        //查询存储过程
@Override
    public <E> Cursor<E> queryCursor(MappedStatement ms,
        Object parameter, RowBounds rowBounds) throws SQLException {
        BoundSql boundSql = ms.getBoundSql(parameter);
        return doQueryCursor(ms, parameter, rowBounds, boundSql);
    }
    //事务的提交和回滚
@Override
    public void commit(boolean required) throws SQLException {
    //清空缓存
```

```
        clearLocalCache();
        //刷新批处理语句，且执行缓存中的 SQL 语句
        flushStatements();
        if (required) {
            transaction.commit();
        }
    }
    @Override
        public void rollback(boolean required) throws SQLException {
            if (!closed) {
                try {
                    //清空缓存
                    clearLocalCache();
                    //刷新批处理语句，且不执行缓存中的 SQL 语句
                    flushStatements(true);
                } finally {
                    if (required) {
                        transaction.rollback();
                    }
                }
            }
        }
}
```

在上面的代码中，执行 update 类型的语句会清空缓存，且执行结果不需要进行缓存。而在执行查询语句的时候，需要对数据进行缓存，代码如下：

```
@Override
public <E> List<E> query(MappedStatement ms, Object parameter, RowBounds rowBounds,
ResultHandler resultHandler) throws SQLException {
    //获取查询 SQL
    BoundSql boundSql = ms.getBoundSql(parameter);
    //创建缓存的 key
    CacheKey key = createCacheKey(ms, parameter, rowBounds, boundSql);
    //执行查询
    return query(ms, parameter, rowBounds, resultHandler, key, boundSql);
}
    //执行查询逻辑
    public <E> List<E> query(MappedStatement ms, Object parameter, RowBounds rowBounds,
ResultHandler resultHandler, CacheKey key, BoundSql boundSql) throws SQLException {
    //....
    if (queryStack == 0 && ms.isFlushCacheRequired()) {
        //不是嵌套查询，且 <select> 的 flushCache=true 时才会清空缓存
        clearLocalCache();
    }
    List<E> list;
    try {
        //嵌套查询层数加 1
        queryStack++;
        //首先从一级缓存中进行查询
        list = resultHandler == null ? (List<E>) localCache.getObject(key) : null;
        if (list != null) {
        //如果命中缓存，则处理存储过程
            handleLocallyCachedOutputParameters(ms, key, parameter, boundSql);
        } else {
            //如果缓存中没有对应的数据，则在数据库中查询数据
            list = queryFromDatabase(ms, parameter, rowBounds, resultHandler, key, boundSql);
```

```
            } finally {
                queryStack--;
            }
            //处理延迟加载的相关逻辑
            return list;
        }
//从数据库查询数据
private <E> List<E> queryFromDatabase(MappedStatement ms, Object parameter,
    RowBounds rowBounds, ResultHandler resultHandler, CacheKey key, BoundSql boundSql)
    throws SQLException {
        List<E> list;
        //在缓存中添加占位符
        localCache.putObject(key, EXECUTION_PLACEHOLDER);
        try {
            //查库操作，由子类实现
            list = doQuery(ms, parameter, rowBounds, resultHandler, boundSql);
        } finally {
            //删除占位符
            localCache.removeObject(key);
        }
         //将从数据库查询的结果添加到一级缓存中
         localCache.putObject(key, list);
         //处理存储过程
         if (ms.getStatementType() == StatementType.CALLABLE) {
             localOutputParameterCache.putObject(key, parameter);
         }
         return list;
    }
```

14.2.4 一级缓存的生命周期

下面介绍 MyBatis 的一级缓存生命周期。

（1）PerpetualCache 的生命周期是和 SqlSession 相关的，即只有在同一个 SqlSession 中，一级缓存才会用到。

（2）如果 SqlSession 调用了 close()方法，会释放掉一级缓存 PerpetualCache 对象，一级缓存将不可用。

（3）如果 SqlSession 调用了 clearCache()方法，会清空 PerpetualCache 对象中的数据，但是该对象仍可使用。

（4）SqlSession 中执行了任何一个 update 操作，都会清空 PerpetualCache 对象的数据，但是该对象可以继续使用。

14.2.5 一级缓存的工作流程

对于某个查询，根据 statementId、params、rowBounds 来构建一个 key 值，再根据这个 key 值去缓存中取出对应的 key 值存储的缓存结果。判断从缓存中根据特定的 key 值取的数据是否为空，即是否命中。如果命中，则直接将缓存结果返回。如果没命中，则去数据库中查询数据，得到查询结果。将 key 值和查询到的结果分别作为 key 和 value 存储到缓存中，返回查询结果，查询操作结束。

14.2.6 一级缓存的性能

本节从一级缓存的特性角度来讨论 SqlSession 的一级缓存性能问题。

（1）MyBatis 对会话（Session）级别的一级缓存设计得比较简单，仅简单地使用了 HashMap 来维护，并没有对 HashMap 的容量和大小进行限制。

如果一直使用某一个 SqlSession 对象查询数据，会不会导致 HashMap 太大，从而导致 java.lang.OutOfMemoryError 错误？MyBatis 这样设计也有它的理由。

① 一般而言，SqlSession 的生存时间很短。一般情况下使用一个 SqlSession 对象执行的操作不会太多，执行完就会消亡。

② 对于某一个 SqlSession 对象而言，只要执行 update 操作都会将这个 SqlSession 对象中对应的一级缓存清空，所以一般情况下不会出现缓存过大，影响 JVM 内存空间的问题。

③ 可以手动释放 SqlSession 对象中的缓存。

（2）一级缓存是一个粗粒度的缓存，没有更新缓存和缓存过期的概念。

MyBatis 的一级缓存仅使用了简单的 HashMap，MyBatis 只负责将查询数据库的结果存储到缓存中，不会判断缓存存放的时间是否过长、是否过期，因此也就不需要对缓存的结果进行更新了。

14.3 二级缓存

二级缓存是 Mapper 级别的缓存，同样是基于 HashMap 进行存储的，多个 SqlSession 可以共用二级缓存，其作用域是 Mapper 的同一个 namespace。不同的 SqlSession 两次执行相同的 namespace 下的 SQL 语句，会执行相同的 SQL，第二次查询只会查询第一次查询时读取数据库后写到缓存的数据，不会再去数据库查询。

14.3.1 二级缓存的配置

1. 全局开关 cacheEnabled

在 MyBatis 的全局配置 settings 中有一个参数 cacheEnabled，这个参数是二级缓存的全局开关，默认为 true，初始状态为启用状态。如果此参数设置为 false，即使配置了二级缓存，也不会生效。默认为 true，所以不用配置。

MyBatis 的二级缓存是和命名空间绑定的，即二级缓存需要配置在 Mapper.xml 映射文件中或者配置在 Mapper.java 接口中。在映射文件中，命名空间就是 XML 根节点 Mapper 的 namespace 属性。在 Mapper 接口中，命名空间就是接口的全限定名称。

2. Mapper.xml 中配置二级缓存

在保证二级缓存全局配置开启的情况下，如果想给 PrivilegeMapper.xml 开启二级缓存只需要在 PrivilegeMapper.xml 中添加<cache/>元素即可，代码如下：

```xml
<?xml version="1.0" encoding="UTF-8"?>
<!DOCTYPE mapper PUBLIC "-//mybatis.org//DTD Mapper 3.0//EN"
"http://mybatis.org/dtd/mybatis-3-mapper.dtd" >
<!-- 当 Mapper 接口和 XML 文件关联的时候，namespace 的值就需要配置成接口的全限定名称 -->
<mapper namespace="com.artisan.mybatis.xml.mapper.PrivilegeMapper">
<cache/>
```

```
<!-- 其他配置 -->
</mapper>
```

默认的二级缓存功能如下。

（1）映射语句文件中，所有的 select 语句将会被缓存。
（2）映射语句文件中，所有的 insert、update、delete 语句会刷新缓存。
（3）缓存会使用（Least Flush Interval，LRU 最近最少使用的）算法来收回。
（4）根据时间表（如 no Flush Interval，没有刷新间隔），缓存不会以任何时间顺序来刷新。
（5）缓存会存储集合或对象（无论查询方法返回什么类型的值）的 1024 个引用。
（6）缓存会被视为可读/可写的，意味着对象检索不是共享的，而且可以安全地被调用者修改，而不干扰其他调用者或者线程所做的潜在修改。

3. Mapper 接口中配置二级缓存

使用注解的方式时，如果想对注解方式启用二级缓存，还需要在 Mapper 接口中进行配置。如果 Mapper 接口也存在对应的 XML 映射文件，两者同时开启缓存时，还需要特殊配置。

4. 只使用注解方式配置二级缓存

如果只使用注解方式配置二级缓存，比如 RoleMapper 接口中，则需要增加相关配置，配置代码如下：

```
@CacheNamespace
public interface RoleMapper {
    ...
}
```

增加@CacheNamespace(org.apache.ibatis.annotations.CacheNamespace)注解同样可以配置各项属性，代码如下：

```
@CacheNamespace{
    eviction = FifoCache.class,
    flushInterval = 60000,
    size = 512,
    readWrite = true
}
```

这里的 readWrite 属性和 XML 中的 readOnly 属性作用相同，用于配置缓存是否为只读类型。true 表示读写，false 表示只读，默认为 true。

5. 同时使用注解方式和 XML 映射文件配置二级缓存

如果同时使用注解方式和 XML 映射文件配置了二级缓存，则会抛出如下异常：

```
Cache collection already contains value for **
```

这是因为 Mapper 接口和对应的 XML 文件是相同的命名空间，想使用二级缓存，两者必须同时配置（如果接口不存在使用注解方式的方法，可以只在 XML 中配置），因此按照上面的方式进行配置就会出错，此时应该使用参照缓存。

在 Mapper 接口中，参照缓存配置代码如下：

```
@CacheNamespaceRef(RoleMapper.class)
    public interface RoleMapper{
    }
```

MyBatis 很少同时使用 Mapper 接口注解方式和 XML 映射文件配置二级缓存，所以参照缓存并不是为了解决这个问题而设计的，配置参照缓存的主要目的是解决脏读问题。

14.3.2　二级缓存的原理

二级缓存的原理如图 14-3 所示。

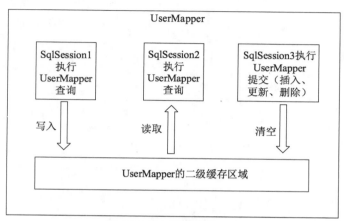

图 14-3　二级缓存的原理

（1）首先开启 MyBatis 的二级缓存。

（2）第一次调用 Mapper 下的 SQL 去查询用户信息。查询到的信息会存到该 Mapper 对应的二级缓存区域内。

（3）第二次调用相同 namespace 下的 Mapper 映射文件中相同的 SQL 语句去查询用户信息，会去对应的二级缓存内取结果。

如果调用相同 namespace 下的 Mapper 映射文件中的增、删、改 SQL 语句，并执行了 commit 操作，此时会清空该 namespace 下的二级缓存。

14.3.3　二级缓存的实现

MyBatis 提供的二级缓存是应用级别的缓存，它的生命周期和应用程序的生命周期相同，与二级缓存相关的配置有以下 3 个。

（1）mybatis-config.xml 配置文件中的 cacheEnabled 配置。该配置是二级缓存的总开关，只有该配置为 true，后面的缓存配置才会生效。默认为 true，即二级缓存默认是开启的。

（2）Mapper.xml 配置文件中配置的<cache>和<cache-ref>标签。如果 Mapper.xml 配置文件中配置了这两个标签中的任何一个，则表示开启了二级缓存的功能。如果配置了<cache>标签，则在解析配置文件的时候，会为该配置文件指定的 namespace 创建相应的 Cache 对象作为其二级缓存（默认为 PerpetualCache 对象）；如果配置了<cache-ref>节点，则通过 ref 属性的 namespace 值引用其他 Cache 对象作为其二级缓存。可以通过<cache>和<cache-ref>标签来实现其在 namespace 中二级缓存功能的开启和关闭。

（3）<select>节点中的 useCache 属性也可以开启二级缓存，该属性表示查询的结果是否要存入二级缓存中，该属性默认为 true。也就是说<select>标签默认会把查询结果放入二级缓存中。

MyBatis 的二级缓存是用 CachingExecutor 来实现的，它是 Executor 的一个装饰器类，为 Executor 对象添加了缓存的功能。在介绍 CachingExecutor 之前，先来了解 CachingExecutor 依赖的两个类：Transactional

CacheManager 和 TransactionalCache。

TransactionalCache 实现了 Cache 接口，主要用于保存在某个 SqlSession 的某个事务中，需要向某个二级缓存中添加的数据，代码如下：

```java
public class TransactionalCache implements Cache {
    //底层封装的二级缓存对应的 Cache 对象
    private Cache delegate;
    //为 true 时，表示当前的 TransactionalCache 不可查询，且提交事务时会清空缓存
    private boolean clearOnCommit;
    //存放需要添加到二级缓存中的数据
    private Map<Object, Object> entriesToAddOnCommit;
    //存放命中缓存的 CacheKey 对象
    private Set<Object> entriesMissedInCache;
    public TransactionalCache(Cache delegate) {
        this.delegate = delegate;
        this.clearOnCommit = false;
        this.entriesToAddOnCommit = new HashMap<Object, Object>();
        this.entriesMissedInCache = new HashSet<Object>();
    }
    //添加缓存数据的时候，先暂时放到 entriesToAddOnCommit 集合中，在事务提交的时候，
    //再把数据放入二级缓存中，避免脏数据
    @Override
    public void putObject(Object key, Object object) {
        entriesToAddOnCommit.put(key, object);
    }
    //提交事务
    public void commit() {
        if (clearOnCommit) {
            delegate.clear();
        }
        //把 entriesToAddOnCommit 集合中的数据放入二级缓存中
        flushPendingEntries();
        reset();
    }
    //把 entriesToAddOnCommit 集合中的数据放入二级缓存中
    private void flushPendingEntries() {
        for (Map.Entry<Object, Object> entry : entriesToAddOnCommit.entrySet()) {
            //放入二级缓存中
            delegate.putObject(entry.getKey(), entry.getValue());
        }
        for (Object entry : entriesMissedInCache) {
            if (!entriesToAddOnCommit.containsKey(entry)) {
                delegate.putObject(entry, null);
            }
        }
    }
    //事务回滚
    public void rollback() {
        //把未命中缓存的数据清除掉
        unlockMissedEntries();
        reset();
    }
    private void unlockMissedEntries() {
        for (Object entry : entriesMissedInCache) {
```

```
        delegate.removeObject(entry);
    }
}
```

TransactionalCacheManager 用于管理 CachingExecutor 使用的二级缓存，代码如下：

```
public class TransactionalCacheManager {
    //用来管理 CachingExecutor 使用的二级缓存
    //key 为对应的 CachingExecutor 使用的二级缓存
    //value 为对应的 TransactionalCache 对象
    private Map<Cache, TransactionalCache> transactionalCaches =
    new HashMap<Cache, TransactionalCache>();
    public void clear(Cache cache) {
        getTransactionalCache(cache).clear();
    }
    public Object getObject(Cache cache, CacheKey key) {
        return getTransactionalCache(cache).getObject(key);
    }
    public void putObject(Cache cache, CacheKey key, Object value) {
        getTransactionalCache(cache).putObject(key, value);
    }
    public void commit() {
        for (TransactionalCache txCache : transactionalCaches.values()) {
            txCache.commit();
        }
    }
    public void rollback() {
        for (TransactionalCache txCache : transactionalCaches.values()) {
            txCache.rollback();
        }
    }
    //所有的调用都会调用 TransactionalCache 的方法来实现
    private TransactionalCache getTransactionalCache(Cache cache) {
        TransactionalCache txCache = transactionalCaches.get(cache);
        if (txCache == null) {
            txCache = new TransactionalCache(cache);
            transactionalCaches.put(cache, txCache);
        }
        return txCache;
    }
}
```

接下来了解二级缓存的实现 CachingExecutor，代码如下：

```
public class CachingExecutor implements Executor {
    //底层的 Executor
    private Executor delegate;
    private TransactionalCacheManager tcm = new TransactionalCacheManager();
    //查询方法
    @Override
    public <E> List<E> query(MappedStatement ms, Object parameterObject,
    RowBounds rowBounds, ResultHandler resultHandler) throws SQLException {
        //获取 SQL
        BoundSql boundSql = ms.getBoundSql(parameterObject);
        //创建缓存 key，在 CacheKey 中已经分析了创建过程
        CacheKey key = createCacheKey(ms, parameterObject, rowBounds, boundSql);
```

```
            return query(ms, parameterObject, rowBounds, resultHandler, key, boundSql);
        }
        //查询
        public <E> List<E> query(MappedStatement ms, Object parameterObject,
        RowBounds rowBounds, ResultHandler resultHandler, CacheKey key, BoundSql boundSql)
            throws SQLException {
            //获取查询语句所在 namespace 对应的二级缓存
            Cache cache = ms.getCache();
            //是否开启了二级缓存
            if (cache != null) {
                //根据 <select> 的属性 useCache 的配置,决定是否需要清空二级缓存
                flushCacheIfRequired(ms);
                if (ms.isUseCache() && resultHandler == null) {
                    //二级缓存不能保存输出参数,否则抛出异常
                    ensureNoOutParams(ms, parameterObject, boundSql);
                    //从二级缓存中查询对应的值
                    List<E> list = (List<E>) tcm.getObject(cache, key);
                    if (list == null) {
                        //如果二级缓存没有命中,则调用底层的 Executor 查询,其中会先查询一级缓存,
                        //一级缓存也未命中,才会去查询数据库
                        list = delegate.<E> query(ms, parameterObject, rowBounds,
                        resultHandler, key, boundSql);
                        //查询到的数据放入二级缓存中
                        tcm.putObject(cache, key, list); //issue #578 and #116
                    }
                    return list;
                }
            }
            //如果没有开启二级缓存,则直接调用底层的 Executor 查询,之前会先查一级缓存
            return delegate.<E> query(ms, parameterObject, rowBounds, resultHandler, key, boundSql);
        }
```

以上就是 MyBatis 的一级缓存和二级缓存的实现过程。

此外,CachingExecutor 还有其他的一些方法,主要是通过调用底层封装的 Executor 来实现的。

14.3.4　二级缓存的应用场景及局限性

1. 二级缓存的应用场景

对于访问较多的查询请求且用户对查询结果实时性要求不高时,此时可采用 MyBatis 二级缓存技术降低数据库访问量,提高访问速度,业务场景包括耗时较高的统计分析 SQL、电话账单查询 SQL 等。

实现方法如下:通过设置刷新间隔时间,由 MyBatis 每隔一段时间自动清空缓存,根据数据变化频率设置缓存刷新间隔 flushInterval,比如设置为 30 分钟、60 分钟、24 小时等,根据需求而定。

2. 二级缓存的局限性

二级缓存对细粒度的数据级别的缓存实现不好,比如对商品信息进行缓存,由于商品信息查询访问量大,但是要求用户每次都能查询最新的商品信息时,如果使用 MyBatis 的二级缓存就无法实现当一个商品变化时只刷新该商品的缓存信息而不刷新其他商品的信息,因为 MyBatis 的二级缓存区域以 Mapper 为单位划分。

要解决一个商品信息变化会将所有商品信息的缓存数据全部清空问题时，需要在业务层根据需求对数据有针对性地缓存。

14.3.5 一级缓存与二级缓存的区别

一级缓存基于 SqlSession 默认开启，在操作数据库时需要构造 SqlSession 对象，在对象中有一个 HashMap 用于存储缓存数据。不同 SqlSession 之间的缓存数据区域是互相不影响的。

一级缓存的作用域是 SqlSession 范围内，当在同一个 SqlSession 中执行两次相同的 SQL 语句时，第一次执行完毕会将数据库中查询的数据写到缓存（内存），第二次查询时会从缓存中获取数据，不再去底层数据库查询，从而提高查询效率。需要注意的是，如果 SqlSession 执行了 DML 操作（增、删、改），并且提交到数据库，MyBatis 则会清空 SqlSession 中的一级缓存。这样做的目的是保证缓存中存储的是最新的信息，避免出现脏读现象。

当一个 SqlSession 结束后，该 SqlSession 中的一级缓存也就不存在了。关闭一级缓存后，再次访问，需要再次获取一级缓存，然后才能查找数据，否则会抛出异常。

二级缓存是 Mapper 级别的缓存。使用二级缓存时，多个 SqlSession 使用同一个 Mapper 的 SQL 语句去操作数据库，得到的数据存在于二级缓存区域内，它同样是使用 HashMap 进行数据存储。与一级缓存 SqlSession 相比，二级缓存的范围更大，多个 Sqlsession 可以共用二级缓存，二级缓存是跨 SqlSession 的。

二级缓存的作用域是 Mapper 的同一个 namespace。不同的 SqlSession 两次执行相同的 namespace 下的 SQL 语句，且向 SQL 中传递的参数也相同，即最终执行相同的 SQL 语句，则第一次执行完毕会将数据库中查询的数据写到缓存，第二次查询会从缓存中获取数据，不再去底层数据库查询，从而提高效率。

14.4 就业面试技巧与解析

学完本章内容，读者应对 MyBatis 的缓存有所了解。下面对面试过程中可能出现的相关问题进行解析，更好地帮助读者学习。

14.4.1 面试技巧与解析（一）

面试官：为什么要避免使用二级缓存？

应聘者：

在符合 MyBatis 二级缓存的场景使用要求时，使用二级缓存并没有什么危害，其他情况下使用二级缓存就会有很多危害了。例如，UserMapper.xml 中有很多针对 user 表的操作，但是在一个 XXXMapper.xml 中，还有针对 user 单表的操作，这会导致 user 在两个命名空间下的数据不一致。如果在 UserMapper.xml 中做了刷新缓存的操作，在 XXXMapper.xml 中缓存仍然有效，如果有针对 user 单表的查询，使用缓存的结果可能会不正确。

还应注意，XXXMapper.xml 做了 insert、update、delete 操作之后，会导致 UserMapper.xml 中的各种操作充满未知和风险。

14.4.2 面试技巧与解析（二）

面试官：MyBatis 的一级缓存和二级缓存分别是什么？

应聘者：

（1）一级缓存：基于 PerpetualCache 的 HashMap 本地缓存，其存储作用域为 Session，当 Session flush 或 close 之后，该 Session 中的所有缓存将被清空，默认打开一级缓存。

（2）二级缓存：与一级缓存机制相同，二级缓存默认也是采用 PerpetualCache 的 HashMap 存储，不同之处在于其存储作用域为 Mapper(namespace)，并且可自定义存储源，如 Ehcache。默认不打开二级缓存，要开启二级缓存，需要使用二级缓存属性类实现 Serializable 序列化接口（可用来保存对象的状态），可在它的映射文件中配置<cache/>。

（3）对于缓存数据更新机制，当某一个作用域（一级缓存 Session/二级缓存 namespaces）进行了创建、修改和删除操作后，默认该作用域下所有命中的缓存将被清空。

第 15 章
MyBatis 动态 SQL

学习指引

本章主要讲解 MyBatis 的动态 SQL。通过本章内容的学习，读者可以了解 MyBatis 中几种标签的用法，以及这几种标签中用到的 OGNL 表达式。

重点导读

- if 标签。
- trim 标签。
- foreach 标签。
- MyBatis 多数据库支持。
- OGNL 的用法。

15.1 动态 SQL 的应用

MyBatis 的强大特性之一便是它的动态 SQL。使用 JDBC 或其他类似框架时，需要根据不同条件拼接 SQL 语句，操作烦琐。例如，拼接时要确保不能忘记添加必要的空格，还要注意去掉列表最后一个列名的逗号。利用动态 SQL 这一特性可以彻底简化操作。

以前使用动态 SQL 并非一件易事，MyBatis 提供了可以被用在任意 SQL 映射语句中的强大的动态 SQL 语言，使动态 SQL 的使用变得容易。

动态 SQL 元素和 JSTL 或基于类似 XML 的文本处理器相似。在 MyBatis 之前的版本中，需要了解很多元素。MyBatis 3 大大精简了元素种类，现在只需要学习原来一半的元素便可。MyBatis 采用了功能强大的基于 OGNL 的表达式，来淘汰大部分元素。

MyBatis 通过 OGNL 来进行动态 SQL 的使用。目前，动态 SQL 支持的标签如表 15-1 所示。

表 15-1 SQL 支持的标签

标　签	作　用	备　注
if	判断语句	单条件分支

续表

标签	作用	备注
choose(when、otherwise)	相当于 Java 中的 if…else 语句	多条件分支
trim(where、set)	辅助元素	用于处理 SQL 拼接问题
foreach	循环语句	批量插入、更新、查询时经常用到
bind	创建一个变量，并绑定到上下文中	用于兼容不同的数据库，防止 SQL 注入等

15.1.1 创建 Maven 项目

为了能更好地学习动态 SQL 中的标签，先创建一个 Maven 项目 mybatis-dynamic，并创建对应的数据库和表。通过 Maven 项目演示对标签的应用。

Maven 项目代码如下：

```sql
DROP TABLE IF EXISTS 'student';
CREATE TABLE 'student' (
  'student_id' int(10) unsigned NOT NULL AUTO_INCREMENT COMMENT '编号',
  'name' varchar(20) DEFAULT NULL COMMENT '姓名',
  'phone' varchar(20) DEFAULT NULL COMMENT '电话',
  'email' varchar(50) DEFAULT NULL COMMENT '邮箱',
  'sex' tinyint(4) DEFAULT NULL COMMENT '性别',
  'locked' tinyint(4) DEFAULT NULL COMMENT '状态(0:正常,1:锁定)',
  'gmt_created' datetime DEFAULT CURRENT_TIMESTAMP COMMENT '存入数据库的时间',
  'gmt_modified' datetime DEFAULT CURRENT_TIMESTAMP ON UPDATE CURRENT_TIMESTAMP COMMENT '修改的时间',
  'delete' int(11) DEFAULT NULL,
  PRIMARY KEY ('student_id')
)ENGINE=InnoDB AUTO_INCREMENT=7 DEFAULT CHARSET=utf8mb4 COLLATE=utf8mb4_0900_ai_ci COMMENT='学生表';
```

15.1.2 if 标签

if 标签是最常使用的标签之一，在查询、删除、更新的时候经常用到，必须结合 test 属性联合使用。

1. 在 where 条件中使用 if 标签

在 where 条件中使用 if 标签是一种常见的现象，在进行按条件查询的时候，可能会有多种情况。

（1）查询条件：根据输入的学生信息进行条件检索。

① 当只输入用户名时，使用用户名进行模糊检索。

② 当只输入性别时，使用性别进行完全匹配。

③ 当用户名和性别都存在时，使用这两个条件进行匹配查询。

（2）动态 SQL。持久层 DAO 接口代码如下：

```
/**
*根据输入的学生信息进行条件检索
*1. 当只输入用户名时，使用用户名进行模糊检索
*2. 当只输入性别时，使用性别进行完全匹配
*3. 当用户名和性别都存在时，使用这两个条件进行匹配查询
*@param student
*@return
```

```
*/
List<Student> selectByStudentSelective(Student student);
```

对应的持久层 DAO 映射配置，代码如下：

```xml
<select id="selectByStudentSelective" resultMap="BaseResultMap"
parameterType="com.chen.mybatis.entity.Student">
  select
  <include refid="Base_Column_List" />
  from student
  where 1=1
  <if test="name != null and name !=''">
  and name like concat('%', #{name}, '%')
  </if>
  <if test="sex != null">
  and sex=#{sex}
  </if>
</select>
```

在此 SQL 语句中，where 1=1 是进行多条件拼接的技巧，此时后面的条件查询就可以使用 and 连接。同时，添加了 if 标签来处理动态 SQL，代码如下：

```xml
<if test="name != null and name !=''">
  and name like concat('%', #{name}, '%')
</if>
<if test="sex != null">
  and sex=#{sex}
</if>
```

此 if 标签的 test 属性值是一个符合 OGNL 的表达式，表达式返回的结果可以是 true 或 false。如果表达式返回的是数值，则 0 为 false，非 0 为 true。

（3）编写测试方法，代码如下：

```java
@Test
public void selectByStudent() {
  SqlSession sqlSession = null;
  sqlSession = sqlSessionFactory.openSession();
  StudentMapper studentMapper = sqlSession.getMapper(StudentMapper.class);
  Student search = new Student();
  search.setName("小明");
  System.out.println("只有用户名时的查询");
  List<Student> studentsByName = studentMapper.selectByStudentSelective(search);
  for (int i = 0; i < studentsByName.size(); i++) {
    System.out.println(ToStringBuilder.reflectionToString(studentsByName.get(i),
    ToStringStyle.MULTI_LINE_STYLE));
  }
  search.setName(null);
  search.setSex((byte) 1);
  System.out.println("只有性别时的查询");
  List<Student> studentsBySex = studentMapper.selectByStudentSelective(search);
  for (int i = 0; i < studentsBySex.size(); i++) {
    System.out.println(ToStringBuilder.reflectionToString(studentsBySex.get(i),
    ToStringStyle.MULTI_LINE_STYLE));
  }
  System.out.println("用户名和性别同时存在的查询");
  search.setName("小明");
  List<Student> studentsByNameAndSex = studentMapper.selectByStudentSelective(search);
```

```
    for (int i = 0; i < studentsByNameAndSex.size(); i++) {
      System.out.println(ToStringBuilder.reflectionToString(studentsByNameAndSex.get(i),
      ToStringStyle.MULTI_LINE_STYLE));
    }
    sqlSession.commit();
    sqlSession.close();
}
```

2. 在 UPDATE 更新列中使用 if 标签

有时候不希望更新所有的字段，只更新有变化的字段。

（1）需求：只更新有变化的字段，空值不更新。

（2）动态 SQL。持久层 DAO 接口代码如下：

```
/**
*更新非空属性
*/
int updateByPrimaryKeySelective(Student record);
```

对应的持久层 DAO 映射配置，代码如下：

```
<update id="updateByPrimaryKeySelective" parameterType="com.chen.mybatis.entity.Student">
  update student
  <set>
  <if test="name != null">
  'name' = #{name,jdbcType=VARCHAR},
  </if>
  <if test="phone != null">
  phone = #{phone,jdbcType=VARCHAR},
  </if>
  <if test="email != null">
  email = #{email,jdbcType=VARCHAR},
  </if>
  <if test="sex != null">
  sex = #{sex,jdbcType=TINYINT},
  </if>
  <if test="locked != null">
  locked = #{locked,jdbcType=TINYINT},
  </if>
  <if test="gmtCreated != null">
  gmt_created = #{gmtCreated,jdbcType=TIMESTAMP},
  </if>
  <if test="gmtModified != null">
  gmt_modified = #{gmtModified,jdbcType=TIMESTAMP},
  </if>
  </set>
  where student_id = #{studentId,jdbcType=INTEGER}
```

（3）编写测试方法，代码如下：

```
@Test
  public void updateByStudentSelective() {
  SqlSession sqlSession = null;
  sqlSession = sqlSessionFactory.openSession();
  StudentMapper studentMapper = sqlSession.getMapper(StudentMapper.class);
  Student student = new Student();
  student.setStudentId(1);
  student.setName("小花");
  student.setPhone("13888888888");
  System.out.println(studentMapper.updateByPrimaryKeySelective(student));
sqlSession.commit();
```

```
    sqlSession.close();
}
```

3. 在 INSERT 动态插入中使用 if 标签

插入数据库的记录中，不是每一个字段都有值，此时就可以使用 if 标签。

(1) 条件：只有非空属性才插入。

(2) 动态 SQL。持久层 DAO 接口代码如下：

```java
/**
 * 非空字段才进行插入
 */
int insertSelective(Student record);
```

对应的持久层 DAO 映射配置，代码如下：

```xml
<insert id="insertSelective" parameterType="com.chen.mybatis.entity.Student">
    insert into student
    <trim prefix="(" suffix=")" suffixOverrides=",">
    <if test="studentId != null">
        student_id,
    </if>
    <if test="name != null">
        'name',
    </if>
    <if test="phone != null">
        phone,
    </if>
    <if test="email != null">
        email,
    </if>
    <if test="sex != null">
        sex,
    </if>
    <if test="locked != null">
        locked,
    </if>
    <if test="gmtCreated != null">
        gmt_created,
    </if>
    <if test="gmtModified != null">
        gmt_modified,
    </if>
    </trim>
    <trim prefix="values (" suffix=")" suffixOverrides=",">
    <if test="studentId != null">
        #{studentId,jdbcType=INTEGER},
    </if>
    <if test="name != null">
        #{name,jdbcType=VARCHAR},
    </if>
    <if test="phone != null">
        #{phone,jdbcType=VARCHAR},
    </if>
    <if test="email != null">
        #{email,jdbcType=VARCHAR},
    </if>
    <if test="sex != null">
        #{sex,jdbcType=TINYINT},
    </if>
    <if test="locked != null">
```

```
            #{locked,jdbcType=TINYINT},
        </if>
        <if test="gmtCreated != null">
            #{gmtCreated,jdbcType=TIMESTAMP},
        </if>
        <if test="gmtModified != null">
            #{gmtModified,jdbcType=TIMESTAMP},
        </if>
    </trim>
</insert>
```

(3)编写测试方法,代码如下:

```
@Test
public void insertByStudentSelective() {
    SqlSession sqlSession = null;
    sqlSession = sqlSessionFactory.openSession();
    StudentMapper studentMapper = sqlSession.getMapper(StudentMapper.class);
    Student student = new Student();
    student.setName("小飞");
    student.setPhone("13999999999");
    student.setEmail("xiaofei@qq.com");
    student.setLocked((byte) 0);
    System.out.println(studentMapper.insertSelective(student));
    sqlSession.commit();
    sqlSession.close();
}
```

15.1.3 choose 标签

有时候并不想应用所有的条件,只是想从多个选项中选择一个,而使用 if 标签时,只要 test 中的表达式为 true,就会执行 if 标签中的条件。为此,MyBatis 提供了 choose 标签。if 标签中的条件是与(and)的关系,而 choose 标签中的条件是或(or)的关系。

choose 标签是按顺序判断其内部 when 标签中的 test 条件是否成立,如果有一个成立,则 choose 结束。当 choose 中所有 when 的条件都不成立时,则执行 otherwise 中的 SQL 语句。与 Java 的 switch 语句相比,choose 相当于 switch,when 相当于 case,otherwise 则相当于 default。

下面通过一个案例来进行演示。

(1)查询条件:当 studen_id 有值时,使用 studen_id 进行查询;当 studen_id 没有值时,使用 name 进行查询;没有 studen_id 和 name 则返回空。

(2)动态 SQL。持久层 DAO 接口的代码如下:

```
/**
 * 当 studen_id 有值时,使用 studen_id 进行查询
 * 当 studen_id 没有值时,使用 name 进行查询
 * 没有 studen_id 和 name 则返回空
 */
Student selectByIdOrName(Student record);
```

对应的持久层 DAO 映射配置,代码如下:

```
<select id="selectByIdOrName" resultMap="BaseResultMap"
    parameterType="com.chen.mybatis.entity.Student">
    select
    <include refid="Base_Column_List" />
    from student
    where 1=1
```

```xml
    <choose>
        <when test="studentId != null">
        and student_id=#{studentId}
        </when>
        <when test="name != null and name != ''">
        and name=#{name}
        </when>
        <otherwise>
        and 1=2
        </otherwise>
    </choose>
</select>
```

（3）编写测试方法，代码如下：

```java
@Test
public void selectByIdOrName() {
    SqlSession sqlSession = null;
    sqlSession = sqlSessionFactory.openSession();
    StudentMapper studentMapper = sqlSession.getMapper(StudentMapper.class);
    Student student = new Student();
    student.setName("小飞");
    student.setStudentId(1);
    Student studentById = studentMapper.selectByIdOrName(student);
    System.out.println("有 ID 则根据 ID 获取");
    System.out.println(ToStringBuilder.reflectionToString(studentById,
    ToStringStyle.MULTI_LINE_ STYLE));
    student.setStudentId(null);
    Student studentByName = studentMapper.selectByIdOrName(student);
    System.out.println("没有 ID 则根据 name 获取");
    System.out.println(ToStringBuilder.reflectionToString(studentByName,
    ToStringStyle.MULTI_LINE_ STYLE));
    student.setName(null);
    Student studentNull = studentMapper.selectByIdOrName(student);
    System.out.println("没有 ID 和 name,返回 null");
    Assert.assertNull(studentNull);
    sqlSession.commit();
    sqlSession.close();
}
```

15.1.4　trim（where、set）标签

假如在 where 条件中使用 if 标签的 SQL 语句中，where 1=1 这个条件是不希望存在的，此类问题就可以用 trim、where、set 三个标签来解决。where 标签和 set 标签都是 trim 标签的一种类型，下面首先介绍 where 标签和 set 标签。

1. where

如果 where 标签包含的元素有返回值，就插入一个 where 语句；如果 where 标签后面的字符串是以 and 和 or 开头的，就将它们剔除。

（1）查询条件：根据输入的学生信息进行条件检索。

① 当只输入用户名时，使用用户名进行模糊检索。

② 当只输入性别时，使用性别进行完全匹配。

③ 当用户名和性别都存在时，使用这两个条件进行匹配查询。

提示：不使用 where 1=1。

（2）动态 SQL。

① 当条件都不满足时，SQL 中不能有 where，否则会导致出错。

② 当 if 语句中有条件满足时，SQL 中需要有 where，且第一个成立的 if 标签下的 and 或 or 等要去掉。这时，可以使用 where 标签，持久层 DAO 接口的代码如下：

```java
/**
 * 根据输入的学生信息进行条件检索
 * 1. 当只输入用户名时，使用用户名进行模糊检索
 * 2. 当只输入性别时，使用性别进行完全匹配
 * 3. 当用户和性别都存在时，使用这两个条件进行匹配查询
 */
List<Student> selectByStudentSelectiveWhereTag(Student student);
```

对应的持久层 DAO 映射配置，代码如下：

```xml
<select id="selectByStudentSelectiveWhereTag" resultMap="BaseResultMap"
    parameterType="com.chen.mybatis.entity.Student">
    select
    <include refid="Base_Column_List" />
      from student
    <where>
    <if test="name != null and name !=''">
        and name like concat('%', #{name}, '%')
    </if>
    <if test="sex != null">
        and sex=#{sex}
    </if>
    </where>
</select>
```

（3）编写测试方法，代码如下：

```java
@Test
    public void selectByStudentWhereTag() {
        SqlSession sqlSession = null;
        sqlSession = sqlSessionFactory.openSession();
        StudentMapper studentMapper = sqlSession.getMapper(StudentMapper.class);
        Student search = new Student();
        search.setName("小明");
        System.out.println("只有用户名时的查询");
        List<Student> studentsByName = studentMapper.selectByStudentSelectiveWhereTag(search);
        for (int i = 0; i < studentsByName.size(); i++) {
            System.out.println(ToStringBuilder.reflectionToString(studentsByName.get(i),
            ToStringStyle.MULTI_LINE_STYLE));
        }
        search.setSex((byte) 1);
        System.out.println("用户名和性别同时存在的查询");
        List<Student> studentsBySex = studentMapper.selectByStudentSelectiveWhereTag(search);
        for (int i = 0; i < studentsBySex.size(); i++) {
            System.out.println(ToStringBuilder.reflectionToString(studentsBySex.get(i),
```

```
            ToStringStyle. MULTI_LINE_STYLE));
        }
        System.out.println("用户名和性别都不存在时的查询");
        search.setName(null);
        search.setSex(null);
        List<Student> studentsByNameAndSex =
        studentMapper.selectByStudentSelectiveWhereTag (search);
        for (int i = 0; i < studentsByNameAndSex.size(); i++) {
        System.out.println(ToStringBuilder.reflectionToString(studentsByNameAndSex.get(i),
        ToStringStyle.MULTI_LINE_STYLE));
        }
        sqlSession.commit();
        sqlSession.close();
    }
```

2. set

如果 set 标签包含的元素中有返回值，就插入一个 set 语句；如果 set 标签后面的字符串是以逗号结尾的，就将这个逗号剔除。

set 标签的用法与 15.1.2 小节在 UPDATE 更新列中使用 if 标签中的 updateByPrimaryKeySelective 方法一样。

3. trim

where 标签和 set 标签的功能都可以使用 trim 标签来实现。

（1）用 trim 来表示 where。

例如，where 标签可以写成以下代码：

```
<trim prefix="where" prefixOverrides="AND |OR">
</trim>
```

表示当 trim 中包含内容时，添加 where，且第一个为 and 或 or 时，会将其去掉。而如果 trim 中没有内容，则不添加 where。

（2）用 trim 来表示 set。

相应的，set 标签也可以写成以下代码：

```
<trim prefix="SET" suffixOverrides=",">
</trim>
```

表示当 trim 中包含内容时，添加 set，且最后的内容为空时，会将其去掉。而如果 trim 中没有内容，则不添加 set。

（3）trim 的属性如下。

prefix：当 trim 标签包含内容时，增加 prefix 所指定的前缀。
prefixOverrides：当 trim 标签包含内容时，去除 prefixOverrides 指定的前缀。
suffix：当 trim 标签包含内容时，增加 suffix 所指定的后缀。
suffixOverrides：当 trim 标签包含内容时，去除 suffixOverrides 指定的后缀。

15.1.5 foreach 标签

foreach 标签可以对数组、Map 实现 Iterable 接口。

foreach 标签有以下几个属性。
（1）collection：必填，集合、数组或 Map 的名称。
（2）item：变量名，即从迭代的对象中取出的每一个值。
（3）index：索引的属性名。当迭代的对象为 Map 时，该值为 Map 中的 Key。
（4）open：循环开头的字符串。
（5）close：循环结束的字符串。
（6）separator：每次循环的分隔符。
collection 值的设定与接口方法中的参数有关。
（1）只有一个数组参数或集合参数。
默认情况下集合 collection=list，数组 collection=array。
推荐使用@Param 来指定参数的名称，例如在参数前添加@Param("ids")，则填写 collection=ids。
（2）多参数：多参数请使用@Param 来指定，否则 SQL 中会很不方便。
（3）参数是 Map：指定为 Map 中对应的 Key 即可。其实@Param 最后也转化为 Map。
（4）参数是对象：使用属性.属性即可。

1. 在 where 条件中使用 foreach 标签

可以在 where 条件中使用 foreach 标签，如按 id 集合查询、按 id 集合删除等。
（1）需求：查询用户 id 集合中的所有用户信息。
（2）动态 SQL。
持久层 DAO 接口的代码如下：

```java
/**
 * 获取 id 集合中的用户信息
 * @param ids
 * @return
 */
List<Student> selectByStudentIdList(List<Integer> ids);
```

对应的持久层 DAO 映射配置，代码如下：

```xml
<select id="selectByStudentIdList" resultMap="BaseResultMap">
  select
  <include refid="Base_Column_List" />
    from student
    where student_id in
  <foreach collection="list" item="id" open="(" close=")" separator="," index="i">
    #{id}
  </foreach>
</select>
```

（3）编写测试方法，代码如下：

```java
@Test
  public void selectByStudentIdList() {
    SqlSession sqlSession = null;
    sqlSession = sqlSessionFactory.openSession();
    StudentMapper studentMapper = sqlSession.getMapper(StudentMapper.class);
    List<Integer> ids = new LinkedList<>();
    ids.add(1);
```

```
        ids.add(3);
        List<Student> students = studentMapper.selectByStudentIdList(ids);
        for (int i = 0; i < students.size(); i++) {
            System.out.println(ToStringBuilder.reflectionToString(students.get(i),
        ToStringStyle.MULTI_LINE_STYLE));
        }
        sqlSession.commit();
        sqlSession.close();
    }
```

2. 通过 foreach 标签实现批量插入

可以通过 foreach 标签来实现批量插入。

(1) 动态 SQL。持久层 DAO 接口的代码如下：

```
/**
 * 批量插入学生
 */
int insertList(List<Student> students);
```

对应的持久层 DAO 映射配置，代码如下：

```
<insert id="insertList">
    insert into student(name, phone, email, sex, locked)
    values
    <foreach collection="list" item="student" separator=",">
    (
        #{student.name}, #{student.phone},#{student.email},
        #{student.sex},#{student.locked}
    )
    </foreach>
</insert>
```

(2) 编写测试方法，代码如下：

```
@Test
    public void insertList() {
        SqlSession sqlSession = null;
        sqlSession = sqlSessionFactory.openSession();
        StudentMapper studentMapper = sqlSession.getMapper(StudentMapper.class);
        List<Student> students = new LinkedList<>();
        Student stu1 = new Student();
        stu1.setName("学生 01");
        stu1.setPhone("13811111111");
        stu1.setLocked((byte) 0);
        stu1.setEmail("13811111111@138.com");
        stu1.setSex((byte) 1);
        students.add(stu1);
        Student stu2 = new Student();
        stu2.setName("学生 02");
        stu2.setPhone("13822222222");
        stu2.setLocked((byte) 0);
        stu2.setEmail("13822222222@138.com");
        stu2.setSex((byte) 0);
```

```
            students.add(stu2);
            System.out.println(studentMapper.insertList(students));
            sqlSession.commit();
            sqlSession.close();
        }
```

15.1.6　bind 标签

bind 标签是通过 OGNL 表达式去定义一个上下文的变量,这样方便使用。例如在 selectByStudentSelective 方法中，代码如下：

```
<if test="name != null and name !=''">
  and name like concat('%', #{name}, '%')
</if>
```

某 SQL 语句在 MySQL 中支持多参数，但在 Oracle 中只支持两个参数，那么可以使用 bind 标签来让该 SQL 支持两个数据库，代码如下：

```
<if test="name != null and name !=''">
<bind name="nameLike" value="'%'+name+'%'"/>
  and name like #{nameLike}
</if>
```

15.2　MyBatis 多数据库支持

MyBatis 的 bind 标签并不能解决更换数据库带来的所有问题，需要通过 if 标签以及由 MyBatis 提供的 databaseIdProvider 数据库厂商标识进行配置。

MyBatis 可以根据不同的数据库执行不同的语句，此功能是基于 DatabaseId 属性实现的。MyBatis 会同时加载不带 DatabaseId 属性和带有匹配当前数据库 DatabaseId 的所有语句。如果同时找到带有 DatabaseId 属性的语句和不带该属性的语句，则会使用带有 DatabaseId 属性的语句。

15.2.1　MyBatis 全局配置文件

为了支持多厂商数据库，需要在 MyBatis 全局配置文件中加入 databaseIdProvider 配置<databaseIdProvider type="DB_VENDOR"/>。也可以通过实现接口 org.apache.ibatis.mapping.DatabaseIdProvider 并在 mybatis-config.xml 中注册来构建自己的 DatabaseIdProvider，在 MyBatis 的配置文件中加入<databaseIdProvider type="DB_VENDOR"/>配置即可。这里的 DB_VENDOR 会通过 DatabaseMetaData 类的 getDatabaseProductName() 方法返回的字符串进行设置。常见的数据库产品名称如下：

```
<databaseIdProvider type="DB_VENDOR">
  <property name="SQL Server" value="sqlserver"/>
  <property name="DB2" value="db2"/>
  <property name="Oracle" value="oracle"/>
  <property name="MySQL" value="mysql"/>
  <property name="PostgreSql" value="postgresql"/>
  <property name="Derby" value="derby"/>
  <property name="HSQL" value="hsqldb"/>
```

```xml
        <property name="H2" value="h2"/>
    </databaseIdProvider>
```

在有 property 配置时,DatabaseId 将被设置为第一个能匹配数据库产品名称的属性键对应的值,如果没有匹配则置为 null。

DB_VENDOR 的匹配策略为 DatabaseMetaData#getDatabaseProductName()返回的字符串包含 property 中 name 部分的值。

完整的 mybatis-config.xml 代码如下:

```xml
<?xml version="1.0" encoding="UTF-8" ?>
<!DOCTYPE configuration
    PUBLIC "-//mybatis.org//DTD Config 3.0//EN"
    "http://mybatis.org/dtd/mybatis-3-config.dtd">
<configuration>
<!-- 引入外部属性文件,必须放在第一位-->
    <properties resource="db.properties"/>
<settings>
<!-- 通过 logImpl 属性指定使用 LOG4J 输出日志,MyBatis 默认使用 LOG4J 作为输出日志信息 -->
    <setting name="logImpl" value="LOG4J" />
    <!-- 通过配置该属性为 true 可以自动将下画线方式命名的数据库列映射到 Java 对象驼峰式命名属性中
    -->
    <setting name="mapUnderscoreToCamelCase" value="true"/>
</settings>
<!-- typeAliases 元素下配置了一个包的别名,通常确定一个类的时候需要使用全限定名,
比如 com.artisan.mybatis.simple.mapper.model.Country
-->
<typeAliases>
    <package name="com.artisan.mybatis.simple.model" />
</typeAliases>
<!-- 和 Spring 整合后,environments 配置将废除-->
    <environments default="development">
    <environment id="development">
<!-- 使用 jdbc 事务管理-->
    <transactionManager type="JDBC"/>
<!-- 数据库连接池-->
    <dataSource type="UNPOOLED">
        <property name="driver" value="${jdbc.driver}" />
        <property name="url" value="${jdbc.url}" />
        <property name="username" value="${jdbc.username}" />
        <property name="password" value="${jdbc.password}" />
    </dataSource>
    </environment>
</environments>
    <!-- 多数据库支持 -->
    <databaseIdProvider type="DB_VENDOR" >
        <property name="SQL Server" value="sqlserver"/>
        <property name="DB2" value ="db2"/>
        <property name="Oracle" value ="oracle"/>
        <property name="MySQL" value ="mysql"/>
        <property name="PostgreSQL" value ="postgresql"/>
        <property name="Derby" value ="derby"/>
```

```xml
            <property name ="HSQL" value ="hsqldb"/>
            <property name ="H2" value ="h2"/>
        </databaseIdProvider>
    <mappers>
    <!-- 配置具体的 Mapper -->
    <mapper resource="com/artisan/mybatis/simple/mapper/CountryMapper.xml" />
    <!-- 逐一配置比较烦琐,容易遗漏,接口方式不推荐
        <mapper resource="com/artisan/mybatis/xml/mapper/UserMapper.xml"/>
        <mapper resource="com/artisan/mybatis/xml/mapper/UserRoleMapper.xml"/>
        <mapper resource="com/artisan/mybatis/xml/mapper/RoleMapper.xml"/>
        <mapper resource="com/artisan/mybatis/xml/mapper/PrivilegeMapper.xml"/>
        <mapper resource="com/artisan/mybatis/xml/mapper/RolePrivilegeMapper.xml"/>
    -->
    <!-- 推荐:通过包的方式配置,MyBatis 会先查找对应包下的所有接口 -->
    <package name="com.artisan.mybatis.xml.mapper"/>
    </mappers>
</configuration>
```

15.2.2 映射文件中的标签调整包含 DatabaseId 属性

除了增加上述配置之外,映射文件也需要调整,关键在于下面几个映射文件的标签中含有的 DatabaseId 属性:Select、Insert、Update、Delete、SelectKey、SQL。

(1)增加查询当前时间的接口。结合 MyBatis 全局配置文件中的 mappers-package 节点,在 com.artisan. mybatis.xml.mapper 包中增加接口,代码如下:

```java
package com.artisan.mybatis.xml.mapper;
public interface MultiDBMapper {
    String getSysTime();
}
```

(2)编写映射文件,MultiDBMapper.xml 代码如下:

```xml
<?xml version="1.0" encoding="UTF-8"?>
<!DOCTYPE mapper PUBLIC "-//mybatis.org//DTD Mapper 3.0//EN"
    "http://mybatis.org/dtd/mybatis-3-mapper.dtd" >
<!-- 当 Mapper 接口和 XML 文件关联的时候,namespace 的值就需要配置成接口的全限定名称 -->
<mapper namespace="com.artisan.mybatis.xml.mapper.MultiDBMapper">
    <select id="getSysTime" resultType="String" databaseId="mysql">
    select now() from dual
    </select>
    <select id="getSysTime" resultType="String" databaseId="oracle">
    select 'oralce-'||to_char(sysdate,'yyyy-mm-dd hh24:mi:ss') from dual
    </select>
</mapper>
```

(3)测试代码如下:

```java
package com.artisan.mybatis.xml.mapper;
import java.io.InputStream;
import java.sql.Connection;
import java.sql.DatabaseMetaData;
import java.sql.DriverManager;
```

```java
import java.util.Properties;
import org.apache.ibatis.session.SqlSession;
import org.junit.Test;
public class MultiDBMapperTest extends BaseMapperTest {
    public String getDatabaseProductName() {
        String productName = null;
        try {
            String dbfile = "db.properties";
            InputStream in = ClassLoader.getSystemResourceAsStream(dbfile);
            Properties p = new Properties();
            p.load(in);
            Class.forName(p.getProperty("jdbc.driver"));
            String url = p.getProperty("jdbc.url");
            String user = p.getProperty("jdbc.username");
            String pass = p.getProperty("jdbc.password");
            Connection con = DriverManager.getConnection(url, user, pass);
            DatabaseMetaData dbmd = con.getMetaData();
            productName = dbmd.getDatabaseProductName();
            System.out.println("数据库名称是:" + productName);
        } catch (Exception e) {
            e.printStackTrace();
        }
        return productName;
    }
    @Test
    public void getSysTimeTest() {
        //获取数据库名称
        getDatabaseProductName();
        //获取 SqlSession
        SqlSession sqlSession = getSqlSession();
        //获取 MultiDBMapper
        MultiDBMapper multiDBMapper = sqlSession.getMapper(MultiDBMapper.class);
        //调用接口方法
        String sysTime = multiDBMapper.getSysTime();
        System.out.println("当前时间:" + sysTime);
        sqlSession.close();
    }
}
```

15.3 OGNL 的用法

OGNL（Object Graph Navigation Language）是一种强大的表达式语言，在 MyBatis 中应用广泛的。

15.3.1 OGNL 的基本参数

MyBatis 中常用的 OGNL 表达式有以下几种：

(1) e1 or e2。
(2) e1 and e2。
(3) e1 == e2,e1 eq e2。
(4) e1 != e2,e1 neq e2。
(5) e1 lt e2：小于。
(6) e1 lte e2：小于等于，其他还包括 gt（大于）、gte（大于等于）。
(7) e1 in e2。
(8) e1 not in e2。
(9) e1 + e2,e1 * e2,e1/e2,e1 - e2,e1%e2。
(10) !e,not e：非，求反。
(11) e.method(args)：调用对象方法。
(12) e.property：对象属性值。
(13) e1[e2]：按索引取值，包括 List、数组和 Map。
(14) @class@method(args)：调用类的静态方法。
(15) @class@field：调用类的静态字段值。

在一定意义上说，MyBatis 中的动态 SQL 也是基于 OGNL 表达式的，其中常用的元素有 if、choose（when、otherwise）、trim、where、set、foreach。

15.3.2 OGNL 表达式

OGNL 表达式主要用于参数值的传递，以及 foreach、if 等标签的使用。

OGNL 表达式介绍如表 15-2 所示。

表 15-2　OGNL 表达式介绍

项目	描述		
取值范围	标签的属性中		
取值写法	String 与基本数据类型		_parameter
	自定义类型（Message）		属性名（command）
	集合		数组：array
			List：list
			Map：_parameter
操作符	Java 常用操作符		+、-、*、/、==、! =、||、&&等
	自己特有的操作符		and、or、mod、in、not in
从集合中取出一条数据	数组		array[索引](String[])
			array[索引].属性名(Message[])
	List		list[索引](List<String>)
			list[索引].属性名(List<Message>)
	Map		_parameter.key(Map<String,String>)
			key.属性名(Map<String,Message>)

项目	描述		
利用 foreach 标签从集合中取出数据	<foreach collection="array" index="i" item="item" >		
	数组	i: 索引（下标）	item item.属性名
	List	i: 索引（下标）	item item.属性名
	Map	i: key	item item.属性名

15.3.3 OGNL 的应用

MyBatis 中可以使用 OGNL 的地方有两处：动态 SQL 表达式和${param}参数。

（1）动态 SQL 表达式。例如 MySQL like 查询，代码如下：

```
<select id="xxx" ...>
  select id,name,... from country
  <where>
  <if test="name != null and name != ''">
    name like concat('%', #{name}, '%')
  </if>
  </where>
</select>
```

上面代码中，会使用 OGNL 计算 test 的值。通用 like 查询代码如下：

```
<select id="xxx" ...>
  select id,name,... from country
  <bind name="nameLike" value="'%' + name + '%'"/>
  <where>
  <if test="name != null and name != ''">
    name like #{nameLike}
  </if>
  </where>
</select>
```

这里<bind>的 value 值会使用 OGNL 计算。

（2）${param}参数。上面 like 的例子使用${param}参数的方式最简单，代码如下：

```
<select id="xxx" ...>
  select id,name,... from country
  <where>
  <if test="name != null and name != ''">
    name like '${'%' + name + '%'}'
  </if>
  </where>
</select>
```

注意，此处是${'%' + name + '%'}，而不是%${name}%，这两种方式的结果一样，但是处理过程不一样。在 MyBatis 中处理${}的时候，只是使用 OGNL 计算这个结果值，然后替换 SQL 中对应的${xxx}。OGNL 处理的只是${表达式}，其中的表达式可以是 OGNL 支持的所有表达式，可以写的很复杂，可以调用静态方法返回值，也可以调用静态的属性值。可以通过一个 OGNL 实现数据库分表的例子来了解 OGNL 的应用。

分表这个功能的是通用 Mapper 中的新功能，允许在运行的时候指定一个表名，通过指定的表名对表进行操作。这个功能的实现就是基于 OGNL。首先并不是所有的表都需要该功能，因此定义了一个接口，当参数（接口方法只有实体类一个参数）对象继承该接口的时候，就允许使用动态表名。具体代码如下：

```java
public interface IDynamicTableName {
/**
 * 获取动态表名：只要有返回值，不是 null 和 ''，就会用返回值作为表名
 * @return
 */
String getDynamicTableName();
}
```

然后在 XML 中写表名的时候使用，代码如下：

```xml
<if test="@tk.mybatis.mapper.util.OGNL@isDynamicParameter(_parameter)
    and dynamicTableName != null
    and dynamicTableName != ''">
    ${dynamicTableName}
</if>
<if test="@tk.mybatis.mapper.util.OGNL@isNotDynamicParameter(_parameter)
    or dynamicTableName == null
    or dynamicTableName == ''">
    defaultTableName
</if>
```

由于需要判断 _parameter 是否继承了 **IDynamicTableName** 接口，简单的写法已经无法实现，所以使用了静态方法，这两个方法的代码如下：

```java
/**
 * 判断参数是否支持动态表名
 *
 * @param parameter
 * @return true 表示支持，false 表示不支持
 */
public static boolean isDynamicParameter(Object parameter) {
    if (parameter != null && parameter instanceof IDynamicTableName) {
        return true;
    }
    return false;
}
/**
 * 判断参数是否支持动态表名
 *
 * @param parameter
 * @return true 表示不支持，false 表示支持
 */
public static boolean isNotDynamicParameter(Object parameter) {
    return !isDynamicParameter(parameter);
}
```

15.4　就业面试技巧与解析

学完本章内容，读者应对 MyBatis 动态 SQL 有了基本了解。下面对面试过程中可能出现的相关问题进行解析，更好地帮助读者学习。

15.4.1　面试技巧与解析（一）

面试官：MyBatis 动态 SQL 的作用是什么？有哪些动态 SQL？请简述动态 SQL 的执行原理。

应聘者：MyBatis 动态 SQL 可以在 XML 映射文件内，以标签的形式编写动态 SQL，完成逻辑判断和动态拼接 SQL 的功能。

MyBatis 提供了 9 种动态 SQL 标签：trim、where、set、foreach、if、choose、when、otherwise、bind。

动态 SQL 的执行原理是首先根据 SQL 参数对象计算表达式的值，然后根据表达式的值动态拼接 SQL，以此来完成动态 SQL 的功能，例如：

```
<select id="findUserById" resultType="user">
  select * from user where
  <if test="id != null">
  id=#{id}
  </if>
  and deleteFlag=0;
</select>
```

15.4.2　面试技巧与解析（二）

面试官：MyBatis 能执行一对一、一对多的关联查询吗？有哪些实现方式，它们之间的区别是什么？

应聘者：MyBatis 不仅可以执行一对一、一对多的关联查询，还可以执行多对一、多对多的关联查询，多对一查询，其实就是一对一查询，只需要把 selectOne() 修改为 selectList() 即可；多对多查询，其实就是一对多查询，只需要把 selectOne() 修改为 selectList() 即可。

关联对象查询有两种实现方式，一种是单独发送一个 SQL 去查询关联对象，赋给主对象，然后返回主对象。另一种是使用嵌套查询，嵌套查询的含义为使用 JOIN 查询，一部分列关联对象 A 的属性值，另外一部分列关联对象 B 的属性值，好处是只发一个 SQL 查询，就可以把主对象和其关联对象查出来。

JOIN 查询出 100 条记录，如何确定主对象是 5 个，而不是 100 个？其去重复的原理是 <resultMap> 标签内的 <id> 子标签指定了唯一确定一条记录的 ID 列，MyBatis 根据 <id> 指定的 ID 列值来完成 100 条记录的去重复功能。<id> 子标签可以有多个，代表了联合主键的语意。

同样，主对象的关联对象也是根据这个原理去重复的，尽管一般情况下只有主对象会有重复记录，关联对象一般不会重复。

例如，JOIN 查询出 6 条记录，第一、二列是 Teacher 对象列，第三列为 Student 对象列，MyBatis 去重复处理的结果为 1 个教师 6 个学生，而不是 6 个教师 6 个学生，如表 15-3 所示。

表 15-3　MyBatis 去重复处理结果示意

t_id	t_name	s_id
1	teacher	38
1	teacher	39
1	teacher	40
1	teacher	41
1	teacher	42
1	teacher	43

第 4 篇

项目实践

本篇将融会贯通前面所学的编程知识、技能以及开发技巧来开发实际项目，包括电子邮件系统、图书管理系统、财务管理系统。通过本篇的学习，读者将对 Spring MVC+MyBatis 框架在实际项目开发中的应用有深切的体会，为日后进行软件项目开发与管理积累经验。

- 第 16 章　电子邮件系统
- 第 17 章　图书管理系统
- 第 18 章　财务管理系统

第 16 章

电子邮件系统

 学习指引

本章将为大家介绍电子邮件系统的开发，介绍如何实现电子邮件的发送、接收、解析、删除、下载等。

 重点导读

- 电子邮件背景介绍。
- JavaMail API 介绍。
- 邮件发送。
- 邮件接收。
- 邮件编码格式。
- 邮件解析、删除、下载。

16.1 系统背景及功能概述

随着互联网的普及，越来越多的商务往来依托于电子邮件。企业邮箱日渐被广大企事业单位所重视，它不仅便于统一企业形象，彰显企业实力，而且成本低、效率高，为企业发展带来更多的机遇。对于安全防范技术比较薄弱的大多企业而言，在邮件资料存储和传输过程中，信息安全受到严重威胁，大量的外网邮件收发极易被监听操控，从而暴露商业机密；络绎不绝的垃圾邮件、病毒邮件和恶意攻击都将影响邮件系统的正常使用。因此，企业邮箱更需要一套性能稳定、传输安全、具有二次开发实力，能灵活应对企业在不同发展阶段对邮件服务器性能的应用需求的优秀邮件服务器。

E-mail 和 BBS 服务是互联网最基本的两大网络应用，伴随着 Internet 的发展，两大应用也都有了很大的变化，很多网络应用服务也都是从这两大应用演化而来。电子邮件系统也从最早的机构内部系统慢慢发展到面向个人用户的超级系统，又逐渐进入企业级服务领域，满足企业级的多种业务需要。

笔者在电子邮件系统开发领域任职 10 年之久，经历了几代 WebMail 体系的开发过程，参与了全新一代 MTA 引擎的开发，回想起整个电子邮件系统的方方面面，觉得其中还有无数可以让人继续为之努力的方向，而且很多部分可能在接下来的几年仍然会有很大的颠覆变化。电子邮件系统应该是互联网产品中为数不多的几个复杂的大系统之一，不仅涉及的领域非常多，而且业务功能模块也非常多，其实每一个单独领域都可供一个程序开发人员深入研究很多年。

本章主要讲解了用程序代码生成一封带附件和内嵌图片的复杂邮件。

16.1.1 电子邮件的基本知识

电子邮件是一种通过网络实现相互传送和接收信息的现代化通信方式。电子邮件可以迅速地接收、发送多种格式的信息，广泛应用于人们的生活、工作中。

1．邮件服务器

在互联网上使用电子邮件功能必须有专门的电子邮件服务器，例如网易、新浪、搜狐、腾讯、谷歌等面向公众的免费服务器，当然也有部分公司有自己内部的服务器。下面介绍邮件之间的通信流程，如图 16-1 所示。

图 16-1　邮件之间的通信流程

在邮件传送过程中，电子邮件服务器主要提供以下功能。

（1）接收用户发送的邮件。

（2）将用户发送的邮件转发给目标邮件服务器。

（3）接收其他邮件服务器转发过来的邮件，并把邮件存储到其他服务器中。

（4）为读取邮件的用户提供读取服务。不是发送给用户邮件，而是用户来邮件服务器中查询自己的邮件，使用 POP3 协议。

2．电子邮箱

每个电子邮件服务器上都可以开设多个邮箱，电子邮箱也称为 E-mail 地址，它类似于现实生活中的通信地址，用户可通过这个地址接收别人发来的电子邮件和向别人发送电子邮件。电子邮箱的获得需要在邮件服务器上进行申请，确切地说，电子邮箱其实就是用户在邮件服务器上申请的一个账户。邮件服务器把接收到的邮件保存到为某个账户分配的邮箱空间中，用户通过其申请的用户名和密码登录到邮件服务器上查收该地址已收到的电子邮件。

电子邮箱作为信息时代的网络电子邮局，为用户提供虚拟的信息数据交流的通道，实现网络用户的信息交流。电子邮箱除了具有接收和发送电子邮件的功能，而且具有保存虚拟信息的功能，因此成为互联网中必不可少的信息交流工具。

电子邮箱是每个网络用户的身份凭证，唯一且不会重复，即用户的信箱地址。网络用户可以以邮件发送对象的信箱地址（即电子邮箱）作为目的地发送电子邮件，电子邮件的发送与接收基本为同时生效，十分便捷。用户根据自己设立的密码才可登录查看邮箱和，安全性高。

3．邮件客户端软件

邮件客户端软件负责与邮件服务器通信，主要用于帮助用户将邮件发送给 SMTP 服务器和从 POP3/IMAP 邮件服务器读取用户的电子邮件。邮件客户端软件通常集邮件撰写、发送和接收功能于一体。

邮件客户端通常指使用 IMAP、APOP、POP3、SMTP、ESMTP 协议收发电子邮件的软件。用户不需要登录邮箱就可以收发邮件，并且可以登录不同的邮箱。世界上有很多著名的邮件客户端，如 Windows 自带的 Outlook、Mozilla Thunderbird、The Bat!、Becky!等，邮件客户端不会窃取私人邮箱密码。

4. 邮件传输协议

邮件传输协议在邮件中是比较重要的，只有了解协议之间的不同点才能更好、更准确地选择使用某一个协议。

POP3（Post Office Protocol 3）即邮局协议的第 3 个版本，它规定怎样将个人计算机连接到 Internet 的邮件服务器和如何下载电子邮件的电子协议。POP3 是因特网电子邮件的第一个离线协议标准，允许用户从服务器上把邮件存储到本地主机（即自己的计算机）上，同时删除保存在邮件服务器上的邮件，而 POP3 服务器则是遵循 POP3 协议的接收邮件服务器，用来接收电子邮件。POP3 用于帮助用户读取 SMTP 服务器接收进来的该用户的邮件，它相当于专门为前来取包裹的用户提供服务的部门，为用户取邮件和替用户收邮件是两回事，取是指服务器收到邮件后，用户前来取邮件的过程，如图 16-1 中的步骤（4）就使用 POP3 服务协议。

IMAP（Internet Mail Access Protocol）即交互式邮件存取协议，是与 POP3 类似的邮件访问标准协议之一。不同的是，开启了 IMAP 后，在电子邮件客户端收取的邮件仍然保留在服务器上，同时在客户端上的操作都会反馈到服务器上，例如删除邮件、标记已读等，服务器上的邮件也会做相应的动作。所以无论从浏览器登录邮箱或者客户端软件登录邮箱，看到的邮件以及状态都是一致的。

SMTP（Simple Mail Transfer Protocol）即简单邮件传输协议，是一组从源地址到目的地址传输邮件的规范，用于控制邮件的中转方式。SMTP 属于 TCP/IP，它帮助每台计算机在发送或中转信件时找到下一个目的地。SMTP 服务器就是遵循 SMTP 的发送邮件服务器，简单来说就是替用户发送邮件和接收外面发送给本地用户的邮件，它相当于现实生活中的邮局接收部门，例如在图 16-1 中的步骤（1）、步骤（2）、步骤（3）就使用 SMTP 服务协议。

简单地说，SMTP 认证就是要求必须在提供了账户名和密码之后才可以登录 SMTP 服务器，增加 SMTP 认证的目的是使用户避免受到垃圾邮件的侵扰，这就使一些垃圾邮件的散播者无可乘之机，从而提高了安全性与邮件软件的用户体验。

5. 电子邮件的传输过程

电子邮件的传输过程主要是发送方服务器把邮件传到收件方服务器，收件方服务器再把邮件发到收件人的邮箱中。更进一步的解释如下：首先，写好的邮件发送后到达发送方的服务器，然后由邮件传输代理（Mail Transport Agent，MTA）负责把邮件由一个服务器传到另一个服务器，邮件投递代理（Mail Delivery Agent，MDA）把邮件放到用户的邮箱里，最后邮件用户代理（Mail User Agent，MUA）帮助用户读写邮件。

邮件与邮件之间的通信流程如图 16-2 所示。

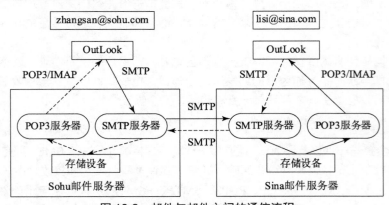

图 16-2　邮件与邮件之间的通信流程

16.1.2 邮件服务协议总结

下面对邮件服务协议进行简单总结。

SMTP 协议定义了邮件客户端软件与 SMTP 服务器之间，以及两台 SMTP 服务器之间的通信规则。

POP3 协议定义了邮件客户端软件与 POP3 服务器的通信规则。POP3 协议的使用率比 IMAP 协议高。

IMAP 协议是对 POP3 协议的扩展，定义了邮件客户端软件与 IMAP 服务器的通信规则。

16.1.3 邮件服务器的工作原理

邮件服务器采用的是客户端服务器模式，其工作过程如图 16-3 所示。

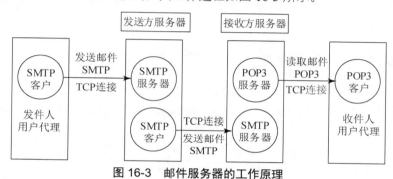

图 16-3　邮件服务器的工作原理

一个电子邮件系统有三个主要构件：用户代理（客户端应用程序）、邮件服务器、邮件发送和邮件接收协议。

（1）发件人用户代理撰写电子邮件，单击"发送邮件"按钮，发送邮件的工作交给用户代理来完成，用户代理用 SMTP 协议发给发送方服务器，用户代理充当 SMTP 客户，发送服务器充当 SMTP 服务器，发送之前建立 TCP 连接。

（2）SMTP 服务器收到客户端发送来的邮件，将其放到邮件缓冲队列中，等待发送到接收方服务器中。

（3）发送方服务器的 SMTP 客户端与接收方服务器的 SMTP 服务器端建立 TCP 连接，然后把缓冲队列中的邮件发送到目的服务器。

（4）在接收方服务器上运行的 SMTP 服务器进程收到邮件后，把邮件发到收件人信箱，等待读取。

（5）收件人打开计算机，运行客户端软件，使用 POP3（IMAP）协议读取文件。

16.2　JavaMail API 介绍

邮件项目在日常工作中是很常见的，而且功能也是复杂多样，在初学 Java 时，为了能更好地掌握 Java 代码的编写规范，程序员一般会选择一款高级记事本类的工具作为开发工具，如 Notepad++、Ultra Edit 等。而实际项目开发和管理时，更多的还是选择 IDE 作为开发工具，如 Eclipse、NetBeans 等。

IDE 就是把代码的编写、调试、编译、执行都集成到一个工具中了，不用单独为每个环节选择开发工具。下面重点介绍功能强大、使用方便、流行度高的集成开发工具——Eclipse。

16.2.1 什么是 JavaMail

写邮件项目就需要了解邮件中的 API，下面简单介绍一下 JavaMail 的主要功能。

在不使用 API 的情况下，用户需要自己写程序发送和接收邮件，可以直接采用 Socket 编程连接远程的邮件服务器，然后按照邮件协议与邮件服务器进行交互，涉及较多细节。另外，要想编程创建复杂的 MIME 格式的邮件还是比较困难的。

JavaMail 是 Sun 公司为方便 Java 开发人员在应用程序中实现邮件发送和接收功能而提供的一套标准开发包，它支持一些常用的邮件协议，如 SMTP、POP3、IMAP 等。

开发人员使用 JavaMail API 编写邮件处理软件时，无须考虑邮件协议的底层实施细节，只要调用 JavaMail 开发包中相应的 API 类即可。当然，JavaMail 也提供了能够创建各种复杂 MIME 格式的邮件内容的相关 API。

16.2.2 JavaMail API 分类

JavaMail API 按其功能划分，通常可分为以下三大类。

（1）创建和解析邮件内容的 API：Message 类是创建和解析邮件的核心 API 类，它的实例对象代表一封电子邮件。

（2）发送邮件的 API：Transport 类是发送邮件的核心 API 类，它的实例对象代表实现了某个邮件发送协议的邮件发送对象，如 SMTP 协议。

（3）接收邮件的 API：Store 类是接收邮件的核心 API 类，它的实例对象代表实现了某个邮件接收协议的邮件接收对象，如 POP3 协议。

Session 类用于定义整个应用程序所需的环境信息，以及收集客户端与邮件服务器建立网络连接的会话信息，如邮件服务器的主机名、端口号、采用的邮件发送和接收协议等。Session 对象根据这些信息构建用于邮件收发的 Transport 对象和 Store 对象，以及为客户端创建 Message 对象时提供信息支持。Session 对象的工作流程如图 16-4 所示。

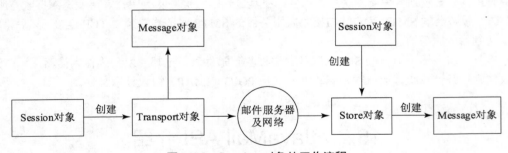

图 16-4　Session 对象的工作流程

16.2.3 JAF 介绍

JAF（JavaBeans Activation Framework）是一个专用的数据处理框架，它用于封装数据，并为应用程序提供访问和操作数据的接口。JAF 的主要作用是让 Java 应用程序知道如何对一个数据源进行查看、编辑和打印等操作，对于通过 JAF 封装的数据，应用程序通过 JAF 提供的接口可以完成如下功能：

（1）访问数据源中的数据。
（2）获知数据源的数据类型。

（3）获知可对数据进行的各种操作。
（4）用户对数据执行某种操作时，自动创建执行该操作的软件部件的实例对象。

JavaMail API 使用 javax.mail.Message 类来表示一封邮件，Message 类是一个抽象类，所以需要使用其子类 javax.mail.internet.MimeMessage 类来创建 Message 类的实例对象。如果创建的是一个简单文本邮件，那么 MimeMessage 类就可以满足我们的需求了，但是如果需要创建一封包含内嵌资源或者带附件的复杂邮件，则需要使用 JavaMail API 中的 MimeMessage、javax.mail.internet.MimeBodyPart 和 javax.mail.internet.MimeMultipart 等类。MimeMessage 类表示整封邮件。MimeBodyPart 类表示邮件的一个 MIME 消息。MimeMultipart 类表示一个由多个 MIME 消息组合成的组合 MIME 消息。

JavaMail API 可以利用 JAF 从某种数据源中心读取数据和获知数据的 MIME 类型，并用这些数据生成 MIME 消息中的消息体和消息类型。

MimeMessage、MimeBodyPart、MimeMultipart 三个类的工作关系如图 16-5 所示。

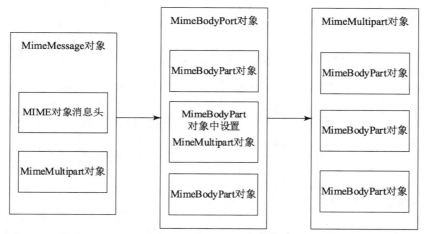

图 16-5　MimeMessage、MimeBodyPart、MimeMultipart 三个类的工作关系

16.3　编写 JavaMail 邮件发送、接收程序

本节主要介绍如何使用 Eclipse 工具编写一个发送邮件和接收邮件的程序。

16.3.1　使用 MimeMessage 类创建简单的文本邮件

使用 JavaMail 编写发送邮件的程序时，首先要使用 javax.mail.internet.MimeMessage 类来创建一封简单的文本邮件。

提示：先在本地 D 盘新建一个文本文档，然后修改主文件名以及扩展名，如 javamail.eml 文件。

步骤 1：新建 Maven 项目，项目名为 javamail，右击选择新建项目，在弹出的对话框中选择 Properties，在对话框左侧选择 Maven 下的 Project Facets，选中 Dynamic Web Module，进行保存。在项目下右击 Deployment Descriptor:javamail，在快捷菜单中选择 Generate Deployment Descriptor Stub 命令，如图 16-6 所示。

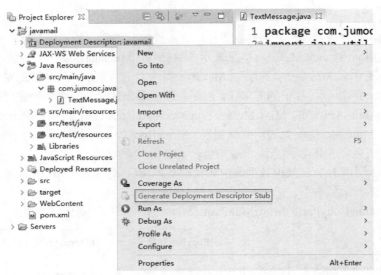

图 16-6 选择 Generate Deployment Descriptor Stub 命令

步骤 2：项目 javamail 创建完成之后，在 pom 中导入邮件的 jar 包，代码如下：

```xml
<!-- 导入邮件jar包 -->
<dependencies>
    <dependency>
        <groupId>com.aerse</groupId>
        <artifactId>mail</artifactId>
        <version>1.3</version>
    </dependency>
<dependencies>
```

在 src/main/java 文件夹中新建 Java 类 TextMessage.java，包名为 com.jumooc.javamail，代码如下：

```java
package com.jumooc.javamail;
import java.util.Date;
import java.util.Properties;
import javax.mail.Message;
import javax.mail.Session;
import javax.mail.internet.InternetAddress;
import javax.mail.internet.MimeMessage;
import java.io.FileOutputStream;
public class TextMessage {
    public static void main(String[] args) throws Exception {
        String from = "666666@qq.com";
        String to = "888888@163.com";
        String subject = "test";
        String body = "HelloWorld";
        //创建Session实例对象
        Session session = Session.getDefaultInstance(new Properties());
        //创建MimeMessage实例对象
        MimeMessage msg = new MimeMessage(session);
        //设置发件人
        msg.setFrom(new InternetAddress(from));
```

```
        //设置收件人
        msg.setRecipients(Message.RecipientType.TO, InternetAddress.parse(to));
        //设置发送日期
        msg.setSentDate(new Date());
        //设置邮件主题
        msg.setSubject(subject);
        //设置纯文本内容的邮件正文
        msg.setText(body);
        //保存并生成最终的邮件内容
        msg.saveChanges();
        //把 MimeMessage 对象中的内容写入文件中
        msg.writeTo(new FileOutputStream("d:\\javamail.eml"));
    }
}
```

TextMessage.java 类创建完成后，右击运行 Java 项目，选择运行 Java Application，完成后在本地 D 盘下找到新建的文本文件 javamail.eml，如图 16-7 所示。

图 16-7　文本邮件

提示：javamail.eml 文件使用邮箱打开。

下面介绍 TextMessage.java 中出现的类。

（1）MimeMessage 类：MimeMessage 是 Message 类的一个具体实现类，用来创建 Message 类的实例对象，这里构造函数传入了一个 Session 对象作为参数。

（2）Session 类：该对象用于收集客户端与邮件服务器之间的网络连接信息和定义整个邮件程序所需的环境信息，这些信息作为 Session 对象的属性保存在 Session 对象中，Session 对象利用 java.util.Properties 对象获得了邮件服务器、用户名、密码信息和整个应用程序都要使用到的共享信息，由于 Session 类的构造方法是私有的，所以使用 Session 类提供的 getDefaultInstance()静态工厂方法获得一个默认的 Session 对象。

（3）Properties 类：该类表示一个持久的属性集，用于存放相关键值对信息，并将其作为参数创建 Session 对象，这里构造了一个空的集合作为参数。

（4）InternetAddress 类：该类是抽象类 Address 类的一个子类，用来创建一个邮件地址。

（5）RecipientType 类：该类是 Message 类的一个内部类，该类有 3 个静态变量：TO 表示收件人、CC 表示抄送人、BCC 表示密送人。

16.3.2　对文本邮件进行修饰

16.3.1 节中只显示了简单的文本邮件，有时需要使用 HTML 文件来丰富邮件正文内容，例如使用 HTML 标签来对邮件正文进行排版，使用 HTML 标签在邮件正文中引入一些图片或者声音等。下面创建一个包含 HTML 格式的邮件，且在邮件中插入一些图片，用到了 MimeMultipart 类与 MimeBodyPart 类，在包

com.jumooc.javamail 下新建类 PictureMessage.java，代码如下：

```java
package com.jumooc.javamail;
import java.io.FileOutputStream;
import java.util.Properties;
import javax.activation.DataHandler;
import javax.activation.FileDataSource;
import javax.mail.Message;
import javax.mail.Session;
import javax.mail.internet.InternetAddress;
import javax.mail.internet.MimeBodyPart;
import javax.mail.internet.MimeMessage;
import javax.mail.internet.MimeMultipart;
public class PictureMessage {
    public static void main(String[] args) throws Exception {
        //发件人地址
        String from = "66666666@qq.com";
        //收件人地址
        String to = "88888888@163.com";
        String subject = "HTML 邮件";
        //在本地硬盘中选择一张图片插入邮件中
        String body = "<a href=http://www.jumooc.com>" +
        "欢迎大家访问我的家园</a></br>" + "<img src=\"d: \\img.jpg\">";
        Session session = Session.getDefaultInstance(new Properties());
        //创建 MimeMessage 对象，并设置各种邮件头字段
        MimeMessage message = new MimeMessage(session);
        message.setFrom(new InternetAddress(from));
        message.setRecipients(Message.RecipientType.TO, InternetAddress.parse(to));
        message.setSubject(subject);
        //创建一个子类型为 related 的 MimeMultipart 对象
        MimeMultipart multipart = new MimeMultipart("related");
        //创建一个表示 HTML 正文的 MimeBodyPart 对象，将它加入前面创建的 MimeMultipart 对象中
        MimeBodyPart htmlBodyPart = new MimeBodyPart();
        htmlBodyPart.setContent(body, "text/html;charset=gb2312");
        multipart.addBodyPart(htmlBodyPart);
        //创建一个表示图片内容的 MimeBodyPart 对象，将它加入前面创建的 MimeMultipart 对象中
        MimeBodyPart gifPart = new MimeBodyPart();
        FileDataSource fds = new FileDataSource("d:\\img.jpg");
        gifPart.setFileName(fds.getName());
        gifPart.setDataHandler(new DataHandler(fds));
        multipart.addBodyPart(gifPart);
        //将 MimeMultipart 对象设置为整个邮件的内容，调用 saveChanges 方法进行更新
        message.setContent(multipart);
        message.saveChanges();
        //把 MimeMessage 对象中的内容写入文件中
        message.writeTo(new FileOutputStream("d:\\MailMessage.eml"));
        System.out.println("完成");
    }
}
```

提示：在 D 盘新建文本文档，命名为 MailMessage.eml，运行完程序后使用邮件打开。在本地硬盘中选择一张图片，插入邮件中。

打开本地的文本文件 MailMessage.eml，看到图 16-8 所示信息，说明成功创建了带有图片的邮件，并且该图片以附件的形式包含在邮件中。

图 16-8　带有图片的文本邮件

16.3.3　发送邮件

JavaMail API 中定义了一个 java.mail.Transport 类，它专门用于执行邮件发送任务，这个类的实例对象封装了某种邮件发送协议的底层实施细节，应用程序调用这个类中的方法就可以把 Message 对象中封装的邮件数据发送到指定的 SMTP 服务器。使用 JavaMail 发送邮件时，主要 API 之间的工作关系如图 16-9 所示。

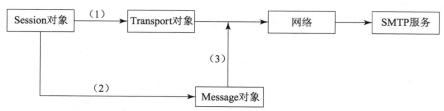

图 16-9　使用 JavaMail 发送邮件时，主要 API 之间的工作关系

（1）从 Session 对象中获得实现了某种邮件发送协议的 Transport 对象。
（2）使用 Session 对象创建 Message 对象，并调用 Message 对象的方法封装邮件数据。
（3）连接指定的 SMTP 服务器，调用 Transport 对象中的邮件发送方法 Message 对象中封装的邮件数据。

提示：从 QQ 邮箱发送邮件到网易邮箱，其中注意登录 QQ 邮箱后，在设置中找到"POP3/IMAP/SMTP/Exchange/CardDAV/CalDAV 服务"，开启 POP3/SMTP 服务，获取本账户的授权码，如图 16-10 所示。

在 com.jumooc.javamail 包下新建 SendTextMail.java 类，代码如下：

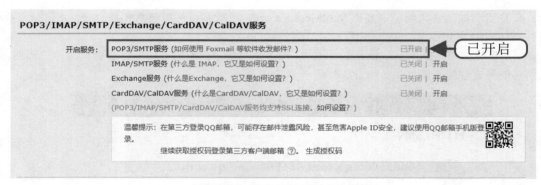

图 16-10　开启 POP3/SMTP 服务

```java
package com.jumooc.javamail;
import java.util.Date;
import java.util.Properties;
import javax.mail.Message;
import javax.mail.Session;
import javax.mail.Transport;
import javax.mail.internet.InternetAddress;
import javax.mail.internet.MimeMessage;
public class SendTextMail {
    public static void main(String[] args) throws Exception {
        //输入自己的qq邮箱
        String from = "**********@qq.com";
        //输入自己的网易邮箱或者其他邮箱
        String to = "**********@163.com";
        String subject = "世界你好";
        String body = "你好，我的网易邮箱";
        String smtpHost = "smtp.qq.com";
        Properties props = new Properties();
        //使用的协议（JavaMail规范要求）
        props.setProperty("mail.transport.protocol","smtp");
        //发件人邮箱的SMTP服务器地址
        props.setProperty("mail.smtp.host", smtpHost);
        //请求认证，参数名称与具体实现有关
        props.setProperty("mail.smtp.auth", "true");
        //创建Session实例对象
        Session session = Session.getDefaultInstance(props);
        //创建MimeMessage实例对象
        MimeMessage message = new MimeMessage(session);
        //设置发件人
        message.setFrom(new InternetAddress(from));
        //设置收件人
        message.setRecipients(Message.RecipientType.TO, InternetAddress.parse(to));
        //设置发送日期
        message.setSentDate(new Date());
        //设置邮件主题
        message.setSubject(subject);
        //设置纯文本内容的邮件正文
```

```
    message.setText(body);
    //保存并生成最终的邮件内容
    message.saveChanges();
    //设置为 debug 模式,可以查看详细的发送 log
    session.setDebug(true);
    //获取 Transport 对象
    Transport transport = session.getTransport("smtp");
    //第 2 个参数需要填写的是 qq 邮箱的 SMTP 的授权码
    transport.connect(from, "********");
    //发送邮件, message.getAllRecipients() 获取到创建邮件对象时添加的所有收件人、抄送人、密送人
    transport.sendMessage(message, message.getAllRecipients());
    transport.close();
   }
}
```

运行代码,结果如图 16-11 所示。

图 16-11 用 QQ 邮箱发送邮件到网易邮箱

16.3.4 接收邮件

16.3.2 节介绍了如何用 JavaMail API 提供的 Transport 类发送邮件,同样,JavaMail API 中也提供了一些专门的类来对邮件的接收进行相关的操作,在介绍这些类之前,先来了解下邮件接收 API 的体系结构。JavaMail API 中定义了一个 java.mail.Store 类,它用于执行邮件的接收任务,在程序中调用这个类中的方法可以获取邮箱中各个邮件夹的信息。JavaMail 使用 Folder 对象表示邮件夹,通过 Folder 对象的方法可以获取邮件夹中的所有邮件信息,邮件的信息可以使用 Message 对象来表示,Message 类中就包含操作邮件的各种方法,例如获取邮件的发送者、主题、正文内容、发送时间等,它们的工作关系如图 16-12 所示。

(1) 从 Session 对象中获得实现了某种邮件发送协议的 Store 对象。
(2) 登录邮箱,连接 POP3 或者 IMAP4 服务器。
(3) 调用 Store 的 getFolder 方法,获取邮箱中的某个邮件夹的 Folder 对象。
(4) 调用 Folder 对象中的 getMessage 或 getMessages 方法,获取邮件夹中的某一封邮件或者所有邮件,每一封邮件以一个 Message 对象返回。

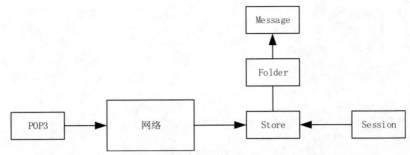

图 16-12　邮件的发送信息

接下来用以上类来接收邮件，在包 com.jumooc.javamail 下新建 MailReceives.java 类，代码如下：

```java
package com.jumooc.javamail;
import java.util.Properties;
import javax.mail.Address;
import javax.mail.Folder;
import javax.mail.Message;
import javax.mail.Session;
import javax.mail.Store;
public class MailReceives {
    public static void main(String[] args) throws Exception {
    //定义连接 POP3 服务器的属性信息
    String pop3Server = "pop.qq.com";
    String protocol = "pop3";
    String username = "*********@qq.com";
    //qq 邮箱的 SMTP 的授权码，在邮箱设置中查找
    String password = "*******";
    Properties props = new Properties();
    //使用的协议
    props.setProperty("mail.transport.protocol", protocol);
    //发件人邮箱的 SMTP 服务器地址
    props.setProperty("mail.smtp.host", pop3Server);
    //获取连接
    Session session = Session.getDefaultInstance(props);
    session.setDebug(false);
    //获取 Store 对象
    Store store = session.getStore(protocol);
    //POP3 服务器的登录认证
    store.connect(pop3Server, username, password);
    //通过 POP3 协议获得 Store 对象调用的方法时，邮件夹名称只能指定为 INBOX
    //获得用户的邮件账户
    Folder folder = store.getFolder("INBOX");
    //设置对邮件账户的访问权限
    folder.open(Folder.READ_WRITE);
    //得到邮箱账户中的所有邮件
    Message[] messages = folder.getMessages();
    for (Message message : messages) {
    //获得邮件主题
    String subject = message.getSubject();
    //获得发件人地址
```

```
Address from = (Address) message.getFrom()[0];
System.out.println("邮件的主题为: " + subject + "\t发件人地址为: " + from);
System.out.println("邮件的内容为: ");
//输出邮件内容到控制台
message.writeTo(System.out);
}
//关闭邮件夹对象
folder.close(false);
//关闭连接对象
store.close();
}
}
```

运行代码，可以看到控制台输出的是邮件的原始内容，如图 16-13 所示，该内容还未被解析，需要经过解析才能阅读。

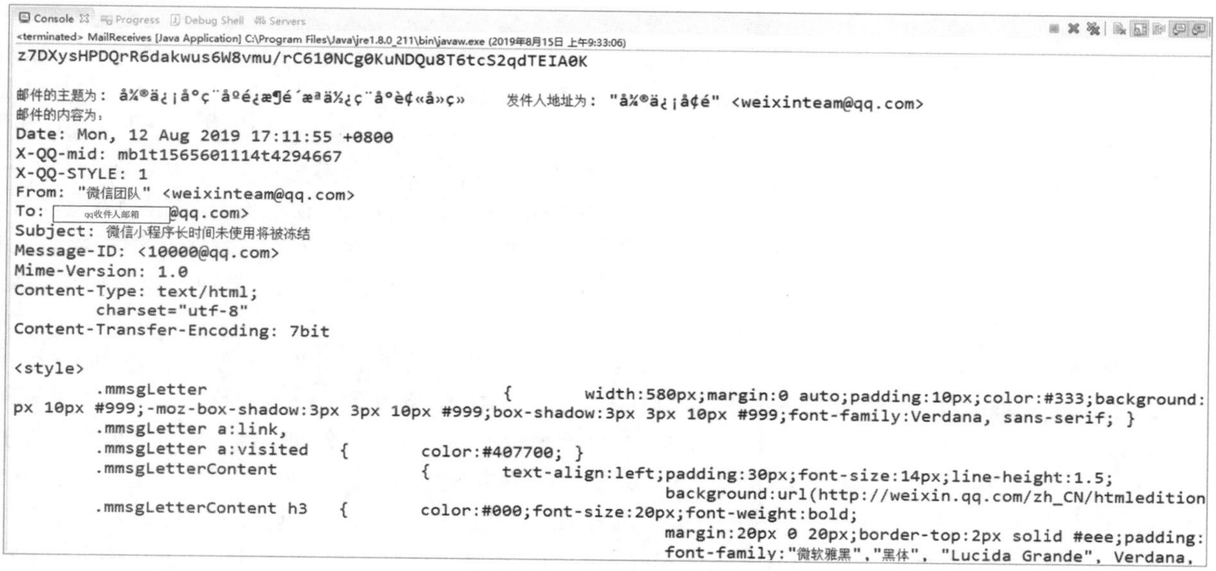

图 16-13 邮件的原始内容

16.4 邮件的基本格式与编码

16.4.1 邮件编码介绍

E-mail 只能传送 ASCII 码（美国国家标准信息交换码）格式的文字信息，ASCII 码是 7 位代码，非 ASCII 码格式的文件在传送过程中需要先转换成 7 位的 ASCII 代码，然后才能通过 E-mail 进行传送；如果文件不经过编码，则在传送过程中会因为 ASCII 码 7 位的限制而被分解，分解之后只会让收件方看到一堆杂乱的 ASCII 字符。经过编码后的文件，在传送过程中可顺利传送，不会有数据丢失的危险。但是收件方必须具有相应的解码程序，将这份经过编码的文件还原，才能看到发件人要传送的信息。

大部分人认为文本文件不需要编码，但中文是 8 位代码，并不是标准的 ASCII 码格式。我国大部分的邮件服务器都能够处理 GB 内码的文件，因此不需要做编码、解码的操作，可以直接传送。但如果要发送中文邮件到国外，就需要经过转换才能传送，因为国外的邮件服务器是无法辨认中文内码的。中文内码在经过一些不支持中文内码的服务器传递时，依然会被截掉一位，造成文件支离破碎无法读取。而经过编码的中文邮件，收信人收到后应将文件解码还原，也需要有中文系统才能看到中文信息。

下面对常见的三种编码标准进行介绍。

（1）UU 编码（Unix-to-Unixencoding）：uuencode 和 uudecode 原是 UNIX 系统中使用的编码和解码程序，后来被改写为也可在 DOS 中执行的程序。在早期传送非 ASCII 码的文件时，最常用的便是这种 UU 编码方式。

发邮件前，先在 DOS 下用 uuencode.exe 程序将原文件编码成 ASCII 码文件，然后将邮件发出。收件人收到邮件后，用 uudecode.exe 程序将文件还原。基于 Windows 操作系统的类似程序有 wincode 和 winzip 等。wincode 的使用原理和 DOS 下的 uuencode 和 uudecode 相同，只是在 Windows 操作系统界面下操作更为简便。wincode 除支持 UU 编码外也支持 MIME、Binhex 等编码格式，应用范围颇为广泛。

UU 编码并非只能编码中文文件。任何要寄送的文件，包括 exe 等二进制文件都可以采用 UU 编码的方式传送。

（2）MIME 标准（Multipurpose Internet Mail Extentions，多媒体邮件传输模式）：UU 编码解决了 E-mail 只能传送 ASCII 文件的问题。但这种方式其实并不是很方便，因而又发展出一种新的编码标准，即多媒体邮件传送模式。顾名思义，它可以传送多媒体文件，可以在一封电子邮件中附加各种格式的文件一起送出。

MIME 标准现已成为 Internet 电子邮件的主流。它的好处是以物件作为包装方式，可将多种不同文件一起打包后传送。发件人只要将要传送的文件选好，传送时即时编码，收件人的软件收到后即时解码还原，完全自动化，非常方便。当然，先决条件是双方的软件都必须具有这种功能，要不然发件人很方便地把信送出去了，但收件人的软件如果没有这种功能，无法把它还原，看到的也就是一大堆乱码。使用这种方式，用户根本不需要知道它是如何编码、解码的。

由于 MIME 的方便性，越来越多的电子邮件软件采用这种方式。例如，现在最常使用的电子邮件软件 Eudora、NetscapeMail、InternetMail 等就是采用 MIME 标准，MIME 定义的是一种规格，也可以说是一种统称，即只要文件符合 MIME 规格便可顺利传送。以货运作为比喻，若货运公司规定 1 立方米大小的箱子便可托运，它并没有限制一定要用木箱或铁皮箱，只要是 1 立方米大小，货运公司就帮你送达，至于箱子里装的是食品、书本、衣服，还是多种物品混装也没有限定。也就是说，多种格式的文件可以一起寄送。

（3）Binhex 编码：Binhex 编码方式常用于 Mac 计算机，在 PC 上较少使用。在 PC 上常用的电子邮件软件中，唯 Eudora 可直接解读 Binhex 编码，如果收到了这种由 Binhex 所编码的邮件，而且 E-mail 软件并不支持 Binhex 编码，那么就需要一个解读 Binhex 的程序解码。共享软件 Binhex3.exe 具有这个功能，可在许多 FTP 站点下载。

在 Windows 下，还可以用 wincode 来解码，UU 编码、MIME 标准和 Binhex 编码都可以用它来处理。但可惜的是，对于 MIME，它只处理 Base64 的编码。如果能再加上快速报关通关系统的功能，功能是很强大的。

目前，MIME 几乎已成标准规格，使用一套支持 MIME 的软件来进行 E-mail 的收发工作，这些编码、解码工作就会自动完成，不会带来编码上的麻烦。

16.4.2　邮件乱码的原因

邮件发送过程中可能会出现乱码，为什么会出现乱码呢？一般来说，邮件乱码的原因有下面三种。

（1）发件人所在的国家或地区的编码和收件人的编码不一样，比如某些地方使用的 E-mail 编码是 BIG5 码，如果在免费邮箱中直接查看可能就会显示为乱码。

(2) 发件人使用的邮件软件工具和收件人使用的邮件软件工具不一致。
(3) 发件人邮件服务器邮件传输机制和收件人邮件服务器邮件传输机制不一样。

一般来说，绝大多数乱码的邮件可以采用以下方法解决。首先用 Outlook Express 将乱码的邮件收取下来，然后打开这封邮件，选择 View（查看）→Encoding（编码）命令，调整其下的编码设置试试看，比如可以选择 Chinese Simple（简体中文）、Chinese Traditional（繁体中文）、中文 HZ 或 Unicode。一般来说，绝大多数乱码的邮件都可以修正过来。如果觉得这样很麻烦，可以将 GB2312 设置为默认的字体，方法如下（以 Outlook Express 5 为例）：选择"工具"→"选项"→"阅读"→"字体"命令，在"编码"处选择 GB 2312-80，然后选择"设为默认值"即可。

16.5 邮件解析

获取邮箱中的邮件后，为了方便阅读邮件，需要对邮件进行解析。下面编写一个代码程序，对邮箱中的邮件进行解析、删除和下载。

注意，运行代码会将邮箱清空，如有重要文件及时保存或申请一个新的邮箱。

提示：①程序代码一旦运行，会删除邮箱中的邮件，所以确保邮箱中没有重要的文件，如果有，请及时保存，也可将删除邮件的代码进行注释，使其不起作用。②在本地磁盘新建一个文件夹，如 testMail。

新建包 **com.jumooc.mail**，在包下新建 Java 类 **POP3TestMail**，代码如下：

```java
package com.jumooc.mail;
import java.io.BufferedInputStream;
import java.io.BufferedOutputStream;
import java.io.File;
import java.io.FileNotFoundException;
import java.io.FileOutputStream;
import java.io.IOException;
import java.io.InputStream;
import java.io.UnsupportedEncodingException;
import java.text.SimpleDateFormat;
import java.util.Date;
import java.util.Properties;
import javax.mail.Address;
import javax.mail.BodyPart;
import javax.mail.Flags;
import javax.mail.Folder;
import javax.mail.Message;
import javax.mail.MessagingException;
import javax.mail.Multipart;
import javax.mail.Part;
import javax.mail.Session;
import javax.mail.Store;
import javax.mail.internet.InternetAddress;
import javax.mail.internet.MimeMessage;
import javax.mail.internet.MimeMultipart;
import javax.mail.internet.MimeUtility;
//邮件接收测试
//使用 POP3 协议接收邮件
public class POP3TestMail{
    public static void main(String[] args) throws Exception {
        resceive();
```

```java
}
/**
 * 接收邮件
 */
public static void resceive() throws Exception {
    //端口号
    String port = "110";
    //服务器地址
    String servicePath = "pop3.163.com";
    //准备连接服务器的会话信息
    Properties props = new Properties();
    props.setProperty("mail.store.protocol", "pop3");
    //使用POP3协议
    props.setProperty("mail.pop3.port", port );
    props.setProperty("mail.pop3.host", servicePath);
    //POP3服务器,创建Session实例对象
    Session session = Session.getInstance(props);
    Store store = session.getStore("pop3");
    //这里的密码是163邮箱中的授权密码,不是普通的登录密码,授权密码在邮箱设置中获取
    store.connect("******@163.com", "******");
    //获得收件箱
    Folder folder = store.getFolder("INBOX");
    folder.open(Folder.READ_WRITE);
    System.out.println("未读邮件数: " + folder.getUnreadMessageCount());
    //由于POP3协议无法获知邮件的状态,所以得到的删除邮件数始终都是为0
    System.out.println("删除邮件数: " + folder.getDeletedMessageCount());
    System.out.println("新邮件: " + folder.getNewMessageCount());
    //获得收件箱中的邮件总数
    System.out.println("邮件总数: " + folder.getMessageCount());
    //得到收件箱中的所有邮件并解析
    Message[] messages = folder.getMessages();
    parseMessage(messages);
    //得到收件箱中的所有邮件并且删除邮件
    deleteMessage(messages);
    //释放资源
    folder.close(true);
    store.close();
}
/**
 * 解析邮件
 * @param messages 要解析的邮件列表
 */
public static void parseMessage(Message... messages) throws MessagingException, IOException {
    if (messages == null || messages.length < 1)
        throw new MessagingException("未找到要解析的邮件!");
    //解析所有邮件
    for (int i = 0, count = messages.length; i < count; i++) {
        MimeMessage msg = (MimeMessage) messages[i];
        System.out.println("----------解析第" + msg.getMessageNumber() + "封邮件----------");
        System.out.println("主题: " + getSubject(msg));
        System.out.println("发件人: " + getFrom(msg));
        System.out.println("收件人: " + getReceiveAddress(msg, null));
        System.out.println("发送时间: " + getSentDate(msg, null));
        System.out.println("是否需要回执: " + isReplySign(msg));
```

```java
            System.out.println("是否已读: " + isSeen(msg));
            System.out.println("邮件优先级: " + getPriority(msg));
            System.out.println("邮件大小: " + msg.getSize() * 1024 + "kb");
            boolean isContainerAttachment = isContainAttachment(msg);
            System.out.println("是否包含附件: " + isContainerAttachment);
        if (isContainerAttachment) {
            saveAttachment(msg, "d:\\testMail\\" + msg.getSubject() + "_" + i + "_");
            //保存附件
            }
            StringBuffer content = new StringBuffer(30);
            getMailTextContent(msg, content);
            System.out.println("邮件正文: " + (content.length() > 100 ?
            content.substring(0, 100) + "..." : content));
            System.out.println("------------第" + msg.getMessageNumber() +
            "封邮件解析结束-----------");
            System.out.println();
        }
    }
    /**
     * 解析邮件
     * @param messages 要解析的邮件列表
     */
    public static void deleteMessage(Message... messages) throws MessagingException, IOException {
        if (messages == null || messages.length < 1)
            throw new MessagingException("未找到要解析的邮件!");
        //解析所有邮件
        for (int i = 0, count = messages.length; i < count; i++) {
            /**
             * 邮件删除
             */
            Message message = messages[i];
            String subject = message.getSubject();
            message.setFlag(Flags.Flag.DELETED, true);
            System.out.println("Marked DELETE for message: " + subject);
        }
    }
    /**
     * 获得邮件主题
     * @param msg 邮件内容
     * @return 解码后的邮件主题
     */
    public static String getSubject(MimeMessage msg)
    throws UnsupportedEncodingException, MessagingException {
        return MimeUtility.decodeText(msg.getSubject());
    }
    /**
     * 获得邮件发件人
     * @param msg 邮件内容
     * @return 姓名 <E-mail 地址>
     * @throws
     */
    public static String getFrom(MimeMessage msg)
    throws MessagingException, UnsupportedEncoding Exception {
        String from = "";
        Address[] froms = msg.getFrom();
```

```java
    if (froms.length < 1)
    throw new MessagingException("没有发件人!");
        InternetAddress address = (InternetAddress) froms[0];
        String person = address.getPersonal();
        if (person != null) {
          person = MimeUtility.decodeText(person) + " ";
    } else {
        person = "";
    }
      from = person + "<" + address.getAddress() + ">";
      return from;
  }
/**
 * 根据收件人类型获取邮件收件人、抄送和密送地址。如果收件人类型为空，则获得所有的收件人
 * Message.RecipientType.TO 收件人
 */
public static String getReceiveAddress(MimeMessage msg, Message.RecipientType type)
throws MessagingException {
    StringBuffer receiveAddress = new StringBuffer();
    Address[] addresss = null;
    if (type == null) {
    addresss = msg.getAllRecipients();
   } else {
   addresss = msg.getRecipients(type);
   }
   if (addresss == null || addresss.length < 1)
    throw new MessagingException("没有收件人!");
       for (Address address : addresss) {
       InternetAddress internetAddress = (InternetAddress) address;
       receiveAddress.append(internetAddress.toUnicodeString()).append(",");
   }
    receiveAddress.deleteCharAt(receiveAddress.length() - 1);
//删除最后一个逗号
    return receiveAddress.toString();
}
/**
 * 获得邮件发送时间
 * @param msg 邮件内容
 * @return yyyy年mm月dd日 星期X HH:mm
 */
public static String getSentDate(MimeMessage msg, String pattern) throws MessagingException {
    Date receivedDate = msg.getSentDate();
    if (receivedDate == null)
        return "";
        if (pattern == null || "".equals(pattern))
            pattern = "yyyy年MM月dd日 E HH:mm ";
            return new SimpleDateFormat(pattern).format(receivedDate);
 }
/**
 * 判断邮件中是否包含附件
 * @param msg 邮件内容
 * @return 邮件中存在附件返回true, 不存在返回false
 */
public static boolean isContainAttachment(Part part) throws MessagingException, IOException {
   boolean flag = false;
    if (part.isMimeType("multipart/*")) {
```

```java
                MimeMultipart multipart = (MimeMultipart) part.getContent();
                int partCount = multipart.getCount();
                for (int i = 0; i < partCount; i++) {
                    BodyPart bodyPart = multipart.getBodyPart(i);
                    String disp = bodyPart.getDisposition();
                    if (disp != null && (disp.equalsIgnoreCase(Part.ATTACHMENT) ||
                        disp.equalsIgnoreCase (Part.INLINE))) {
                        flag = true;
                    } else if (bodyPart.isMimeType("multipart/*")) {
                        flag = isContainAttachment(bodyPart);
            } else {
                String contentType = bodyPart.getContentType();
                if (contentType.indexOf("application") != -1) {
                    flag = true;
                }
                if (contentType.indexOf("name") != -1) {
                    flag = true;
                }
            }
            if (flag)
                break;
        }
    } else if (part.isMimeType("message/rfc822")) {
        flag = isContainAttachment((Part) part.getContent());
}
    return flag;
}
/**
 * 判断邮件是否已读
 * @param msg 邮件内容
 * @return 如果邮件已读返回true,否则返回false
 */
public static boolean isSeen(MimeMessage msg) throws MessagingException {
    return msg.getFlags().contains(Flags.Flag.SEEN);
}
/**
 * 判断邮件是否需要阅读回执
 * @param msg 邮件内容
 * @return 需要回执返回true,否则返回false
 */
public static boolean isReplySign(MimeMessage msg) throws MessagingException {
    boolean replySign = false;
    String[] headers = msg.getHeader("Disposition-Notification-To");
    if (headers != null)
        replySign = true;
        return replySign;
}
/**
 * 获得邮件的优先级
 * @param msg 邮件内容
 * @return 1:紧急(High); 3:普通(Normal); 5:低(Low)
 */
public static String getPriority(MimeMessage msg) throws MessagingException {
    String priority = "普通";
    String[] headers = msg.getHeader("X-Priority");
    if (headers != null) {
```

```java
            String headerPriority = headers[0];
            if (headerPriority.indexOf("1") != -1 || headerPriority.indexOf("High") != -1)
                priority = "紧急";
            else if (headerPriority.indexOf("5") != -1 || headerPriority.indexOf("Low") != -1)
                priority = "低";
            else
                priority = "普通";
        }
        return priority;
    }
    /**
     * 获得邮件文本内容
     * @param part 邮件体
     * @param content 存储邮件文本内容的字符串
     */
    public static void getMailTextContent(Part part, StringBuffer content)
            throws MessagingException, IOException {
        //如果是文本类型的附件，通过getContent方法可以取到文本内容，但这不是我们需要的结果，所以在这里要做判断
        boolean isContainTextAttach = part.getContentType().indexOf("name") > 0;
        if (part.isMimeType("text/*") && !isContainTextAttach) {
            content.append(part.getContent().toString());
        } else if (part.isMimeType("message/rfc822")) {
            getMailTextContent((Part) part.getContent(), content);
        } else if (part.isMimeType("multipart/*")) {
            Multipart multipart = (Multipart) part.getContent();
            int partCount = multipart.getCount();
            for (int i = 0; i < partCount; i++) {
                BodyPart bodyPart = multipart.getBodyPart(i);
                getMailTextContent(bodyPart, content);
            }
        }
    }
    /**
     * 保存附件
     * @param part 邮件中多个组合体中的其中一个组合体
     * @param destDir 附件保存目录
     */
    public static void saveAttachment(Part part, String destDir)
            throws UnsupportedEncodingException, MessagingException, FileNotFoundException, IOException {
        if (part.isMimeType("multipart/*")) {
            Multipart multipart = (Multipart) part.getContent();
            //复杂体邮件
            //复杂体邮件包含多个邮件体
            int partCount = multipart.getCount();
            for (int i = 0; i < partCount; i++) {
                //获得复杂体邮件中其中一个邮件体
                BodyPart bodyPart = multipart.getBodyPart(i);
                //某一个邮件体也有可能是由多个邮件体组成的复杂体
                String disp = bodyPart.getDisposition();
                if (disp != null && (disp.equalsIgnoreCase(Part.ATTACHMENT) ||
                        disp.equalsIgnoreCase(Part.INLINE))) {
                    InputStream is = bodyPart.getInputStream();
                    saveFile(is, destDir, decodeText(bodyPart.getFileName()));
                } else if (bodyPart.isMimeType("multipart/*")) {
                    saveAttachment(bodyPart, destDir);
                } else {
```

```
                    String contentType = bodyPart.getContentType();
                    if (contentType.indexOf("name") != -1 ||
                    contentType.indexOf("application") != -1) {
                        saveFile(bodyPart.getInputStream(), destDir,
                        decodeText(bodyPart.getFileName()));
                    }
                }
            }
        } else if (part.isMimeType("message/rfc822")) {
            saveAttachment((Part) part.getContent(), destDir);
        }
    }
    /**
     * 读取输入流中的数据,保存至指定目录
     */
    private static void saveFile(InputStream is, String destDir, String fileName)
     throws FileNotFoundException, IOException {
     BufferedInputStream bis = new BufferedInputStream(is);
     BufferedOutputStream bos = new BufferedOutputStream(new FileOutputStream
     (new File(destDir + fileName)));
        int len = -1;
        while ((len = bis.read()) != -1) {
        bos.write(len);
        bos.flush();
        }
        bos.close();
        bis.close();
    }
    /**
     * 文本解码
     * @param encodeText 解码 MimeUtility.encodeText(String text)方法编码后的文本
     * @return 解码后的文本
     */
    public static String decodeText(String encodeText) throws UnsupportedEncodingException {
        if (encodeText == null || "".equals(encodeText)) {
            return "";
        } else {
            return MimeUtility.decodeText(encodeText);
        }
    }
}
```

运行程序代码,控制台显示如图 16-14 所示。

图 16-14 控制台显示

在网易邮箱中删除邮件后,邮箱显示如图 16-15 所示。

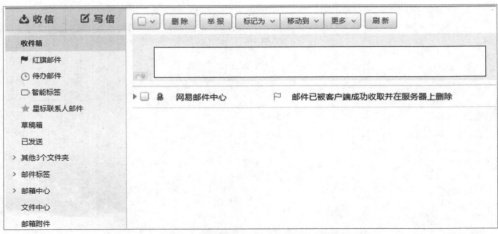

图 16-15　删除邮件后，邮箱显示的结果

下载到 testMail 文件夹中的邮件如图 16-16 所示。

图 16-16　下载的邮箱邮件列表

16.6　本章总结

本章主要讲解了如何使用 JavaMail API 实现邮件的发送、接收、解析、删除、下载等。

对邮件的发送、接收、删除、下载和设置背景图片等功能作了详细介绍，帮助读者简单理解邮件项目的逻辑和代码编写所用到的理论知识等，为自主进行电子邮件系统的研发打下基础。

第 17 章

图书管理系统

学习指引

本系统采用 Java EE 开源框架 Spring MVC+MyBatis，使开发过程更便捷、高效，代码层次清晰，易于后续的扩展与维护。同时，使用 Maven 进行代码与 jar 包的管理，加强了系统的可移植性。

重点导读

- 图书管理系统开发背景。
- 图书管理系统功能设计及数据库设计。
- SSM 框架整合配置。
- 功能模块设计与实现。

17.1 系统开发背景

目前，现代化图书馆涉及的图书信息、读者信息、借阅管理控制等方面的数据量非常庞大，以往的手工化管理模式越来越不能满足要求，在信息技术飞速发展的现代，对于一个图书馆来说，一个信息化、智能化的图书管理系统是必不可少的。本章主要设计并实现基于 Java Web 的图书管理系统，实现对图书信息和借阅信息的管理，提高图书管理人员管理图书的效率，满足读者借阅需要。系统交互界面友好，且具有优秀的提示界面，为用户使用本系统提供帮助。

17.2 系统功能设计

图书管理系统包括图书管理模块，图书信息查询、预览模块，图书评价模块，读者信息管理模块，书籍借阅和归还管理模块，以及管理员模块等。图书管理系统是一套功能比较完善的图书数据管理软件，具有数据操作方便、高效、准确等优点，采用 MySQL 数据库软件开发工具进行开发，具有很好的可移植性，可在应用范围较广的 UNIX、Windows 系列操作系统上使用。

17.2.1 系统业务流程

当信息在软件中移动时，将被一系列"变换"所修改。数据流图是一种图形化技术，它描绘信息流和数据从输入移动到输出的过程中所经历的变换。数据流图中没有任何具体的物理元素，只是描述信息在软件中流动和被处理的情况。数据流图只需要考虑系统必须完成的基本逻辑功能，完全不考虑怎样具体地实现这些功能。

图书管理系统的业务流程如图 17-1 所示。

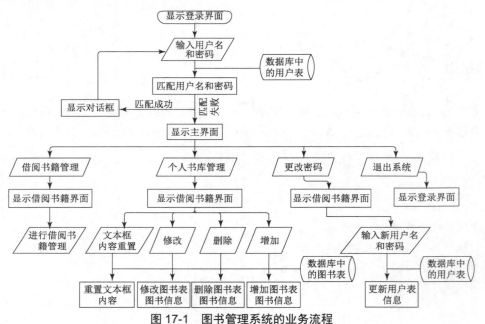

图 17-1　图书管理系统的业务流程

17.2.2 系统功能结构

图书管理系统的功能结构如图 17-2 所示。

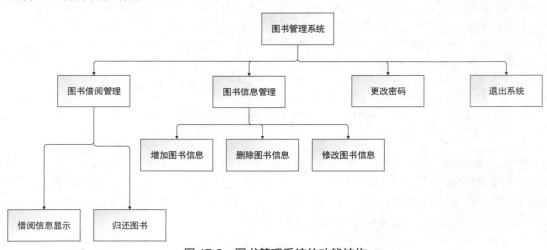

图 17-2　图书管理系统的功能结构

17.3 系统开发必备

17.3.1 系统开发环境

开发图书管理系统之前,本地计算机需满足以下条件。
(1)操作系统:Windows 7 以上版本。
(2)开发环境:JDK 1.7 以上版本。
(3)开发工具:Eclipse。
(4)开发语言:Java。
(5)数据库:MySQL。

17.3.2 软件框架

1. Spring 框架

Spring 是一个开源框架,它在极大程度上使开发过程变得简单。Spring 的主要设计思想是控制反转和面向切面编程,减少了各个类的创建,简化了对类方法的调用过程,使程序开发人员更多考虑业务逻辑方面的设计,同时简化了重复的代码,使程序易于调试和维护。

2. Spring MVC 框架进行

Spring MVC 是由 Spring 提供的进行 Web 开发的框架。依靠框架规定注解,让程序的开发操作基本实现了对象和业务逻辑的对接,使程序处理各个对象的开发和测试更加简单。程序开发人员通过注解就可以了解各模块代码的大体功能,使分层开发的技术更成熟。

Spring MVC 完成了对控制器、模型对象、过滤器及程序处理对象角色的分离,这种操作使程序设计人员得以对其各个对象进行更有针对性的定制。

3. MyBatis 框架

MyBatis 支持普通的 SQL 语句查询。作为面向持久层的框架,MyBatis 具备存储过程和高级映射等优良特性。MyBatis 框架将原本存在于程序开发过程中的 JDBC 代码和手工设置的访问参数转存于 XML 文件中,只需要在代码中声明相同的方法就可以得到从数据库中返回的结果集。同时,也可以将创建的 Java 对象存储在数据库中,将数据库中的数据通过原生的 SQL 语句和 Java 对象的属性形成了对应关系。

17.4 数据库设计

图书管理系统采用 MySQL 作为后台数据库,数据库名称为 db_books。
本节主要对图书管理系统中的主要数据表的结构进行介绍。
根据系统功能需求的分析,数据库中的普通用户数据表,管理员数据表,图书信息数据表,图书借阅、预约情况数据表的设计如表 17-1~表 17-4 所示。

表 17-1　普通用户数据表

名　称	类　型	说　明
user_name	varchar	用户名
user_possword	varchar	用户密码
Phone_number	varchar	手机号
day	tinyint	可借阅天数
overdue	tinyint	逾期次数

表 17-2　管理员数据表

名　称	类　型	说　明
admin_name	varchar	管理员名称
admin_password	varchar	管理员密码

表 17-3　图书信息数据表

名　称	类　型	说　明
book_id	bigint	图书编号
book_name	varchar	图书名称
number	int	数量
type	varchar	类型
press	varchar	出版社
author	varchar	作者

表 17-4　图书借阅、预约情况数据表

名　称	类　型	说　明
id	bigin	编号 id
book_id	bigin	图书编号
user_name	varchar	用户姓名
appoint_time	timestamp	时间
book_state	varchar	图书状态

17.5　SSM 框架整合配置

在开发图书管理系统之前，需要先规划好文件夹的组织结构。也就是说，首先对各个功能模块进行划分，然后实现统一管理。

首先打开 Eclipse，创建一个 Web 项目，建立好相应的目录结构。

图书管理系统的组织结构如图 17-3 所示。

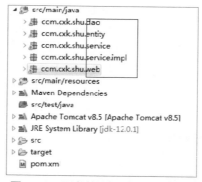

图 17-3　图书管理系统的组织结构

该项目中建立了几个包，每个包的作用如表 17-5 所示。

表 17-5　包的作用

包　名	名　称	作　用
dao	数据访问层（接口）	与数据打交道，可以是数据库操作，也可以是文件读写操作，甚至是 redis 缓存操作，总之与数据有关的操作都放在这里，也叫作 dal 或者数据持久层。为什么没有 daoImpl，因为使用的是 MyBatis，所以可以直接在配置文件中实现接口的每个方法
entity	实体类	一般与数据库的表相对应，封装 dao 层取出来的数据为一个对象，也就是常说的 POJO，一般只在 dao 层与 service 层之间传输
service	业务逻辑（接口）	写业务逻辑，也称为 bll，在设计业务接口时应该站在"使用者"的角度
serviceImpl	业务逻辑（实现）	实现业务接口，一般事务控制写在这里
web	控制器	Spring MVC 就是在这里发挥作用的，一般称为控制器，相当于 struts 中的 action

还有最后一步基础工作，导入相应的 jar 包，本系统使用 Maven 来管理 jar 包，所以只需要在 pom.xml 中加入相应的依赖。如果不使用 Maven，可以去官网下载相应的 jar 包，放到项目 WEB-INF/lib 目录下。

下面正式进入系统开发环节。

步骤 1：在 spring 文件夹里新建 spring-dao.xml 文件，因为 spring 的配置太多，此处分三层，分别是 dao、service、web。

（1）读入数据库连接相关参数。
（2）配置数据连接池。
（3）配置连接属性，可以不读配置项文件直接写成固定值。
（4）配置 c3p0，此处只配置了几个常用的。
（5）配置 SqlSessionFactory 对象。
（6）扫描 dao 层接口，动态实现 dao 接口。也就是说不需要 daoImpl，SQL 和参数都写在 XML 文件上。
spring-dao.xml 代码如下：

```
<?xml version="1.0" encoding="UTF-8"?>
<beans xmlns="http://www.springframework.org/schema/beans"
xmlns:xsi="http://www.w3.org/2001/XMLSchema-instance"
xmlns:context="http://www.springframework.org/schema/context"
xsi:schemaLocation="http://www.springframework.org/schema/beans
http://www.springframework.org/schema/beans/spring-beans.xsd
```

```xml
          http://www.springframework.org/schema/context
          http://www.springframework.org/schema/context/spring-context.xsd">
    <context:property-placeholder location="classpath:jdbc.properties" />
    <!-- 2.数据库连接池 -->
    <bean id="dataSource" class="com.mchange.v2.c3p0.ComboPooledDataSource">
        <!-- 配置连接池属性 -->
        <property name="driverClass" value="${jdbc.driver}" />
        <property name="jdbcUrl" value="${jdbc.url}" />
        <property name="user" value="${jdbc.username}" />
        <property name="password" value="${jdbc.password}" />
        <!-- c3p0连接池的私有属性 -->
        <property name="maxPoolSize" value="30" />
        <property name="minPoolSize" value="10" />
        <!-- 关闭连接后不自动commit -->
        <property name="autoCommitOnClose" value="false" />
        <!-- 获取连接超时时间 -->
        <property name="checkoutTimeout" value="10000" />
        <!-- 当获取连接失败重试次数 -->
        <property name="acquireRetryAttempts" value="2" />
    </bean>
    <!-- 3.配置SqlSessionFactory对象 -->
    <bean id="sqlSessionFactory" class="org.mybatis.spring.SqlSessionFactoryBean">
        <!-- 注入数据库连接池 -->
        <property name="dataSource" ref="dataSource" />
        <!-- 配置MyBaties全局配置文件:mybatis-config.xml -->
        <property name="configLocation" value="classpath:mybatis-config.xml" />
        <!-- 扫描entity包，使用别名 -->
        <property name="typeAliasesPackage" value="com.cxk.shu.entity" />
        <!-- 扫描SQL配置文件:mapper需要的XML文件 -->
        <property name="mapperLocations" value="classpath:mapper/*.xml" />
    </bean>
    <!-- 4.配置扫描dao接口包，动态实现dao接口，注入spring容器中 -->
    <bean class="org.mybatis.spring.mapper.MapperScannerConfigurer">
        <!-- 注入sqlSessionFactory -->
        <property name="sqlSessionFactoryBeanName" value="sqlSessionFactory" />
        <!-- 给出需要扫描dao接口包 -->
        <property name="basePackage" value="com.cxk.shu.dao" />
    </bean>
</beans>
```

因为数据库配置相关参数是通过读取配置文件完成，所以在resources文件夹里新建一个jdbc.properties文件，存放4个最常见的数据库连接属性。

jdbc.properties代码如下：

```
jdbc.driver=com.mysql.jdbc.Driver
jdbc.url=jdbc:mysql:///shu
jdbc.username=root
jdbc.password=root
```

因为这里用到了MyBatis，所以需要配置MyBatis核心文件，在recources文件夹里新建mybatis-config.xml文件。

（1）使用自增主键。
（2）使用列别名。
（3）开启驼峰命名转换，create_time→createTime。
mybatis-config.xml 代码如下：

```xml
<?xml version="1.0" encoding="UTF-8" ?>
<!DOCTYPE configuration
PUBLIC "-//mybatis.org//DTD Config 3.0//EN"
"http://mybatis.org/dtd/mybatis-3-config.dtd">
<configuration>
<!-- 配置全局属性 -->
<settings>
<!-- 使用 JDBC 的 getGeneratedKeys 获取数据库自增主键值 -->
<setting name="useGeneratedKeys" value="true" />
<!-- 使用列别名替换列名, 默认为 true -->
<setting name="useColumnLabel" value="true" />
<!-- 开启驼峰命名转换:Table{create_time} -> Entity{createTime} -->
<setting name="mapUnderscoreToCamelCase" value="true" />
</settings>
</configuration>
```

步骤 2：完成持久层代码编写后，接下来可以编写业务层代码了。在 spring 文件夹里新建 spring-service.xml 文件。

（1）扫描 service 包所有注解 @Service。
（2）配置事务管理器，把事务管理交由 Spring 来完成。
（3）配置基于注解的声明式事务，可以直接在方法上@Transaction。

spring-service.xml 代码如下：

```xml
<?xml version="1.0" encoding="UTF-8"?>
<beans xmlns="http://www.springframework.org/schema/beans"
xmlns:xsi="http://www.w3.org/2001/XMLSchema-instance"
xmlns:context="http://www.springframework.org/schema/context"
xmlns:tx="http://www.springframework.org/schema/tx"
xsi:schemaLocation="http://www.springframework.org/schema/beans
http://www.springframework.org/schema/beans/spring-beans.xsd
http://www.springframework.org/schema/context
http://www.springframework.org/schema/context/spring-context.xsd
http://www.springframework.org/schema/tx
http://www.springframework.org/schema/tx/spring-tx.xsd">
<!-- 扫描 service 包下所有使用注解的类型 -->
<context:component-scan base-package="com.cxk.shu.service" />
<!-- 配置事务管理器 -->
<bean id="transactionManager"
    class="org.springframework.jdbc.datasource.DataSourceTransactionManager">
<!-- 注入数据库连接池 -->
   <property name="dataSource" ref="dataSource" />
</bean>
<!-- 配置基于注解的声明式事务 -->
<tx:annotation-driven transaction-manager="transactionManager" />
</beans>
```

步骤 3：配置 web 层，在 spring 文件夹里新建 spring-web.xml 文件。

（1）开启 Spring MVC 注解模式，可以使用@RequestMapping、@PathVariable、@ResponseBody 等。

（2）对静态资源进行处理，如 js、css、jpg 等。

（3）配置 JSP 显示 ViewResolver，例如控制器中某个方法返回一个 string 类型的 login，实际上会返回"/WEB-INF/login.jsp"。

（4）扫描 web 层 @Controller。

spring-web.xml 代码如下：

```xml
<?xml version="1.0" encoding="UTF-8"?>
<beans xmlns="http://www.springframework.org/schema/beans"
xmlns:xsi="http://www.w3.org/2001/XMLSchema-instance"
xmlns:context="http://www.springframework.org/schema/context"
xmlns:mvc="http://www.springframework.org/schema/mvc"
xsi:schemaLocation="http://www.springframework.org/schema/beans
http://www.springframework.org/schema/beans/spring-beans.xsd
http://www.springframework.org/schema/context
http://www.springframework.org/schema/context/spring-context.xsd
http://www.springframework.org/schema/mvc
http://www.springframework.org/schema/mvc/spring-mvc-3.0.xsd">
<!-- 配置 Spring MVC -->
<!-- 1.开启 Spring MVC 注解模式 -->
<!-- 简化配置：
(1)自动注册 DefaultAnootationHandlerMapping,AnotationMethodHandlerAdapter
(2)提供一些列：数据绑定、数字和日期的 format @NumberFormat、@DateTimeFormat、XML、JSON 默认读写支持
-->
<mvc:annotation-driven />
<!-- 2.静态资源默认 Servlet 配置
(1)加入对静态资源的处理：js、gif、png
(2)允许使用"/"做整体映射
-->
<mvc:default-servlet-handler/>
<!-- 3.配置 JSP 显示 ViewResolver -->
<bean class="org.springframework.web.servlet.view.InternalResourceViewResolver">
    <property name="viewClass" value="org.springframework.web.servlet.view.JstlView" />
    <property name="prefix" value="/WEB-INF/jsp/" />
    <property name="suffix" value=".jsp" />
</bean>
<!-- 4.扫描 Web 相关的 bean -->
<context:component-scan base-package="com.cxk.shu.web" />
</beans>
```

步骤 4：修改 web.xml 文件，它在 webapp 的 WEB-INF 目录下。

web.xml 代码如下：

```xml
<web-app xmlns="http://xmlns.jcp.org/xml/ns/javaee"
xmlns:xsi="http://www.w3.org/2001/XMLSchema-instance"
xsi:schemaLocation="http://xmlns.jcp.org/xml/ns/javaee
http://xmlns.jcp.org/xml/ns/javaee/web-app_3_1.xsd"
version="3.1" metadata-complete="true">
<!-- 将编码统一为 UTF-8 -->
```

```xml
<filter>
    <filter-name>CharacterEncodingFilter</filter-name>
    <filter-class>org.springframework.web.filter.CharacterEncodingFilter</filter-class>
    <init-param>
        <param-name>encoding</param-name>
        <param-value>utf-8</param-value>
    </init-param>
</filter>
<filter-mapping>
    <filter-name>CharacterEncodingFilter</filter-name>
    <url-pattern>/*</url-pattern>
</filter-mapping>
<!-- 如果是用 mvn 命令生成的 XML，需要修改 servlet 版本为 3.1 -->
<!-- 配置 DispatcherServlet -->
<servlet>
    <servlet-name>seckill-dispatcher</servlet-name>
    <servlet-class>org.springframework.web.servlet.DispatcherServlet</servlet-class>
<!-- 配置 Spring MVC 需要加载的配置文件 spring-dao.xml、spring-service.xml、spring-web.xml
MyBatis - > Spring -> Spring MVC -->
<init-param>
    <param-name>contextConfigLocation</param-name>
    <param-value>classpath:spring/spring-*.xml</param-value>
</init-param>
</servlet>
    <servlet-mapping>
    <servlet-name>seckill-dispatcher</servlet-name>
<!-- 默认匹配所有的请求 -->
<url-pattern>/</url-pattern>
</servlet-mapping>
</web-app>
```

17.6 功能模块设计与实现

根据系统需求，对各功能模块的页面进行描述。

17.6.1 登录功能模块

前端通过 Ajax 请求将页面的用户名、密码和用户类型提交到后台的控制层中。根据用户类型分析所需查询的数据库中的表，将返回结果传回页面。页面再根据所得的回馈信息，对用户的操作进行判断，如果成功则跳转到相应的页面，失败则重新返回该登录界面。

前台 Ajax 请求代码如下：

```
function clickJson(){
    $.ajax({
    type: "post",
    url: "login",
    data :{
```

```
        name:$('input[name="name"]').val(),
        password:$('input[name="password"]').val()
      },
      success: function(data){
         If((data==0){
            window.location.href = 'user?name='+$('input[name="name"]').val();
         }else if(data==2){
            window.location.href = 'admin?name='+$('input[name="name"]').val();
         }else{
            alert("账号或密码错误，请重新输入");
            window.location.href = 'login.jsp';
         }
      }
   });
}
```

后台部分代码如下：

```
@ResponseBody
@RequestMapping("/login")
public int login(String name, String password, String type ,HttpSession session) {
   if (type .equals("user")) {
     session. setAttribute("loginUser", name);
     if (userService. loginUser(name, password)) {
        return 0;
     }else {
        return 1;
     }
   } else {
        session.setAttribute("loginAdmin", name);
     if (adminService. loginAdmin(name, password)){
        return 2;
        } else {
        return 3;
     }
   }
}
```

用户和管理员共用同一个登录界面，提供单选按钮进行切换，登录界面如图 17-4 所示。当用户账号或密码输入错误时会弹出相应的提示，如图 17-5 所示。

图 17-4　登录界面

图 17-5　用户账号或密码错误提示

17.6.2 图书查询功能模块

前台通过 Ajax 请求将页面的搜索类型和搜索信息提交到后台的控制层中。后台以集合的形式将查询的图书返回到前台页面。前台页面再根据所得的信息，将书的各项数据绘制在页面上。

前台 Ajax 请求代码如下：

```
function submit() {
    var type = $("#method"). val();
    var text = $("#key").val();
    vark= $("#k").val();
    if(k!= "" && type=="5"){
       text= k ;
    }
    $.ajax({
       url: 'queryBook' ,
       type : 'post',
       data :{
        method : type ,
        key : text
       },
    success : function(data){
       appendContentHtml(data) ,
  }
});
}
```

页面绘制代码如下：

```
function appendContentHtml(param){
    var htmlContent = "";
    if(param .length=0){
       alert("查无此书");
       Return false;
    }else{
        $.each(param,function(index,data){
        if (index % 2 == 0){
        htmlContent = htmlContent + "<tr style=\"cursor:pointer\"
        bgcolor=\"#f9f9f9\"  id=\"num"+data. bookId+"\">";
    } else {
        htmlContent= htmlContent + "<tr style=\"curson: pointer\" bgcolor=\"#fefefel\" >";
    }
    htmlContent = htmlContent + "<td>"+data.bookId+"</td>";
    htmlContent = htmlContent + "< td>"+data.bookName+"</td>";
    htmlContent = htmlContent + "<td id=\"num"+data.bookId+"\">"+data.number+"</td>";
    htmlContent = htmlContent +"<td>"+data.type+"</td>";
    htmlContent = htmlContent +"<td>"+data.press+"</td>";
    htmlContent = htmlContent +"<td>"=data.author+"<td>";
    htmlContent = htmlContent +"<td><input type=\"button\" value=\"借阅\"
    id=\"get\" onclick=\"getBook(' "+data.bookId+" ')\"/>";
    htmlContent = htmlContent +"<input type=\"button\"  value=\"预约\"
    id=\"appoint\"  onclick=\"appointBook(' "+data.bookId+bookId+" ')\"/></td>";
```

```
        htmlContent = htmlContent + "</tr>;
    });
    $("#bookBorrow").empty();
    $("#bookBorrow" )html(htmlContent);
    }
}
```

后台部分代码如下：

```
switch (method) {
    case 1:
        bList = bookService.getById(key);
        break;
    case 2:
        bList = bookService.getByName(key);
        break;
    case 3:
        bList = bookService.getB
        yPress(key);
        break;
    case 4:
        bList = bookService.getByAuthor(key);
        break;
    case 5:
        bList = bookService.getByType(key);
        break;
        default:
        break;
}
if (bList.size() == 0) {
    System.out.println("meiy");
    model.addAttribute("bList", bList);
} else {
    System.out.println(bList.size());
    model.addAttribute("bList", bList);
}
    return bList;
}
```

图书查询界面如图 17-6 所示。

图 17-6　图书查询界面

17.6.3　图书借阅功能模块

用户进行图书借阅时，前台通过 Ajax 请求将页面的书籍编号提交到后台的控制层中。后台通过图书编号在数据库完成查询，将结果返回前台界面。前台页面再根据所得的信息，做出相应的弹窗提示和页面信息的同步修改。

前台 Ajax 请求和页面信息同步修改代码如下：

```javascript
function getBook(id) {
    $.ajax({
        url : 'getBook',
        type : 'post',
        data : {
            id : id
        },
        success : function(data) {
        if (data == "fail") {
            alert("藏书不足！");
        } else if (data == "success") {
           var num = $("#num" + id).html();
           $("#num" + id).html(num - 1);
           alert("图书借阅成功");
        } else {
            alert("您已经借阅本图书，请勿重复操作");
        }
       }
    });
}
```

后台部分代码如下：

```java
/*
 * 借阅图书
 */
@ResponseBody
@RequestMapping(value = "/getBook", produces = "text/plain;charset=UTF-8")
private String getBook(String id,HttpSession session) {
    String aa=(String)session.getAttribute("loginUser");
    List<Book> bList = new ArrayList<Book>();
    bList = bookService.getById(id);
    System.out.println(id);
  System.out.println(bList.size());
    if (bList.get(0).getNumber() == 0) {
        return "fail";
    } else {
      if (null == appointment.queryByBookIdAndName(id, aa)) {
          bookService.reduceNumber(bList.get(0).getBookId());
          appointment.insertAppointment(id, aa, "借阅中");
          return "success";
    } else {
      return "more";
    }
   }
}
```

图书借阅界面如图 17-7 所示。

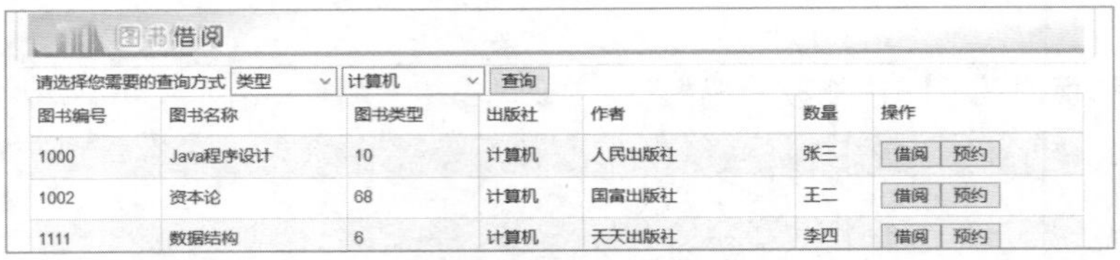

图 17-7 图书借阅界面

17.6.4 图书预约功能模块

用户进行图书预约时，前台通过 Ajax 请求将页面的图书编号提交到后台的控制层中。后台通过图书编号在数据库完成查询，将结果返回前台界面。前台页面再根据所得的信息，做出相应的弹窗提示和页面信息的同步修改。

前台 Ajax 请求和页面信息同步修改代码如下：

```javascript
function appointBook(id) {
    $.ajax({
    url : 'appointBook',
    type : 'post',
    data : {
    id : id
    },
    success : function(data) {
       alert(data);
    }
    })
}
```

后台部分代码如下：

```java
/*
 * 预约图书
 */
@ResponseBody
@RequestMapping(value = "/appointBook", produces = "text/plain;charset=UTF-8")
private String appointBook(String id,HttpSession session) {
   String aa=(String)session.getAttribute("loginUser");
   System.out.println("shihou" + appointment.queryByBookIdAndName(id, aa));
   if (bookService.getById(id).get(0).getNumber() > 0) {
      return "预约失败，图书库存充足，请借阅";
   } else if (null != appointment.queryByBookIdAndName(id, aa)) {
      return "已预约，请勿重复操作";
   } else {
      appointment.insertAppointment(id, aa, "预约中");
      return "预约成功，请在七日内查阅图书情况";
      }
   }
}
```

图书预约界面如图 17-8 所示。

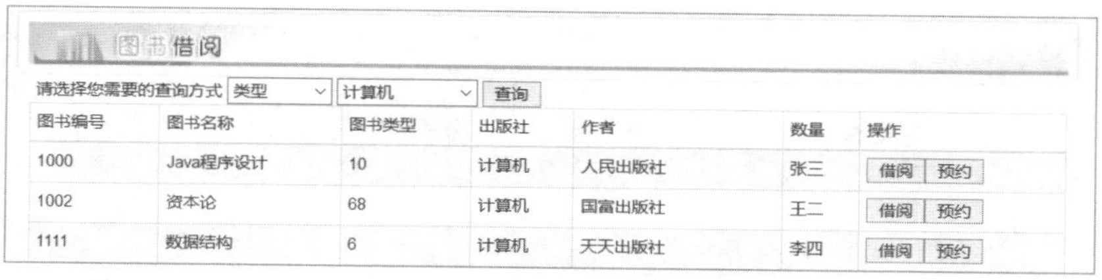

图 17-8　图书预约界面

17.6.5　图书归还功能模块

登录成功，在 Spring MVC 的 Session 中存储登录的用户名，在用户切换到图书归还功能模块时，将用户名传递给持久层，将用户名下所有的租借图书查询出来，并对归还时间进行判断。如果此次为逾期操作，则为用户信息的增加一次违规操作记录，最后将数据库中库存图书数量增加，将信息返回给前台页面。前台页面通过 JSTL 标签对图书信息进行遍历打印，并根据获得的信息进行相应的弹窗提示。

前台图书的输出打印代码如下：

```
<table width="100%" class="table table-striped table-bordered table-hover table-condensed">
  <thead>
    <tr>
        <td>图书名称</td>
        <td>图书类型</td>
        <td>出版社</td>
        <td>作者</td>
        <td>借阅时间</td>
        <td>状态</td>
        <td>操作</td>
    </tr>
  </thead>
<tbody id="bookReturn">
    <c:forEach items="${brList}" var="a" varStatus="status">
     <tr>
        <td>${a.name}</td>
        <td>${a.type}</td>
        <td>${a.press}</td>
        <td>${a.author}</td>
        <td>${a.date}</td>
        <td>${a.state}</td>
        <td><input type="button" value="归还" onclick="bookReturn(${a.id})"/> </td>
     </tr>
    </c:forEach>
</tbody>
</table>
```

后台部分代码如下：

```
/*
 * 图书归还功能
 */
@ResponseBody
@RequestMapping("/bookReturn")
```

```
private int bookReturn(String id,Model model,HttpSession session) {
    String aa=(String)session.getAttribute("loginUser");
    Date date=appointment.queryByBookIdAndName(id, aa).getAppointTime();
    User user=userService.queryUserByname(aa);
    int day=user.getDay();
    Date now=new Date();
    int betweenDays = (int) ((now.getTime() - date.getTime()) / (1000*3600*24))+1;
    appointment.reduceAppoint(id, aa);
    bookService.addNumber(Long.parseLong(id), "1");
    if(day>=betweenDays){
        return 1;
    }else{
        userService.addUserOverdue(aa);
        return 0;
    }
}
```

图书归还界面如图 17-9 所示。

图 17-9　图书归还界面

17.6.6　用户信息功能模块

登录成功，在 Spring MVC 的 Session 中存储登录的用户名，在用户切换到用户信息功能模块时，将用户名传递给持久层，将用户逾期操作次数、用户租借权限，以及用户所租借和预约的图书查询出来，将信息返回给前台页面。前台页面通过 JSTL 标签对图书信息进行遍历打印。

前台图书信息的输出打印代码如下：

```
<table width="100%" class="table table-striped table-bordered table-hover table-condensed">
    <thead>
      <tr>
        <td>图书名称</td>
        <td>图书类型</td>
        <td>出版社</td>
        <td>作者</td>
        <td>借阅时间</td>
        <td>数量</td>
        <td>状态</td>
      </tr>
    </thead>
<tbody id="bookReturn">
    <c:forEach items="${brList}" var="a" varStatus="status">
      <tr>
        <td>${a.name}</td>
```

```
      <td>${a.type}</td>
      <td>${a.press}</td>
      <td>${a.author}</td>
      <td>${a.date}</td>
      <td>${a.number}</td>
      <td>${a.state}</td>
    </tr>
  </c:forEach>
 </tbody>
</table>
```

后台部分代码如下：

```
@RequestMapping("/userInformation")
public String userInformation(Model model,HttpSession session){
  String aa=(String)session.getAttribute("loginUser");
  List<BookReturn> brList = userService.getBookReturnList(aa);
  model.addAttribute("brList", brList);
  model.addAttribute("name", aa);
  model.addAttribute("overdue",userService.queryUserByname(aa).getOverdue());
  model.addAttribute("time",userService.queryUserByname(aa).getDay());
  return "userInformation";
}
```

用户信息界面如图 17-10 所示。

图 17-10 用户信息界面

17.6.7 添加用户功能模块

前台通过 Ajax 将表单数据提交到后台控制层中，后台将数据添加到用户的实体类中，持久层将实体类相对应的各条数据添加到数据库中，并返回一个布尔类型做相应的处理。前台界面再做相应的弹窗提示。

前台 Ajax 请求代码如下：

```
function adduser() {
  if($("#name").val()==""){
    alert("请输入用户名")
    return false;
  }
  if($("#passage").val()==""){
    alert("请输入密码")
    return false;
  }
  if($("#day").val()==""){
```

```
       alert("请输入天数")
       return false;
     }
     if($("#phone").val()==""){
       alert("请输入电话号码")
       return false;
     }
     $.ajax({
     url : 'addUser',
     type : 'post',
     data: $('#addUser').serialize(),
     success : function(data) {
        if(data==1){
           alert("添加成功");
           $("#addUser").find("input:text").val("");
        }else{
           alert("用户名已存在");
        }
     }
  })
```

后台部分代码如下：

```
/**
 * 添加用户
 * @return
 */
@ResponseBody
@RequestMapping("/addUser")
public int addUser(HttpSession session,Model model,String name,String passage,String day,String phone) {
    String aa=(String)session.getAttribute("loginAdmin");
    model.addAttribute("name", aa);
    User user = new User(name, passage, phone,Integer.parseInt(day),0);
    if (userService.addUser(user)) {
        return 1;
    } else {
        return 0;
    }
}
```

添加用户界面如图 17-11 所示。

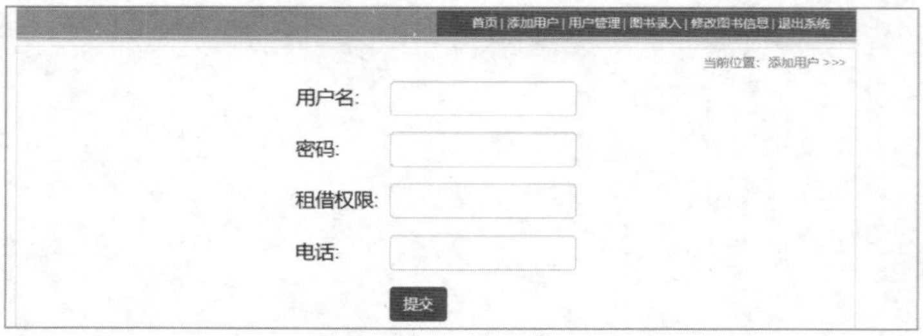

图 17-11　添加用户界面

17.6.8 修改用户权限功能模块

切换页面时,向后台发送访问页面请求,控制层接收到请求后发起对数据库信息的访问,持久层取出所有的用户信息,再转发给前台,最后绘制在页面上。单击"修改"按钮后,弹出输入信息的弹窗。输入的信息和需要修改的用户名通过 Ajax 请求提交到后台控制层中,将新的界面信息返回到前台,前台成功接收到反馈数据后进行页面的刷新。

前台 Ajax 请求代码如下:

```
function updateDay(name){
  var message;
  message=prompt("请输入您要修改的值");
  message=message.replace(/\D/g,'');
  if(message==""){
      alert("请输入数字");
      return false;
  }else if(message>=0&&message<100){
      var day=message;
      $.ajax({
          type:"post",
          url:"updateDay",
          data:{
          name:name,
          day:day
          },success:function(data){
            alert("已修改");
            window.location.reload();
          }
      })
  }else{
      alert("请控制在合理的数值内(0~100)");
  }
}
```

后台部分代码如下:

```
/**
 * 修改用户借阅时间
 * @param name
 * @param day
 * @param model
 * @return
 */
@RequestMapping("updateDay")
public String updateDay(String name,int day,Model model,HttpSession session){
   String aa=(String)session.getAttribute("loginAdmin");
      model.addAttribute("name", aa);
   userService.updateUserDay(day, name);
   List<User> uList=userService.queryUser();
   model.addAttribute("uList", uList);
   return "manageUsers";
}
```

管理员修改用户权限界面如图 17-12 所示。

图 17-12　管理员修改用户权限界面

17.6.9　图书录入功能模块

前台通过 Ajax 将表单数据提交到后台控制层中，后台将数据添加到用户的实体类中，持久层将实体类相对应的各条数据添加到数据库中。如果存在相同的图书信息，则进行数量的修改，最后通过业务逻辑层返回的布尔类型数据做相应的处理，前台界面再做相应的弹窗提示。

前台 Ajax 请求代码如下：

```
function addBooks() {
  $.ajax({
    url : 'addBook',
    type : 'post',
    data: $('#addBook').serialize(),
    success : function(data) {
    alert("添加成功");
    }
  })
```

后台部分代码如下：

```
/**
 * 添加图书功能
 * @param name
 * @param number
 * @param type
 * @param press
 * @param author
 * @return
 */
@RequestMapping("/addBook")
public String manageBooks(String name,String number,String type, String press,
String author, HttpSession session,Model model){
```

```
        String aa=(String)session.getAttribute("loginAdmin");
        model.addAttribute("name", aa);
        if(null==bookService.queryBook(name, type, press, author)){
            bookService.addBook(name, number, type, press, author);
        }else{
            long bookId=bookService.queryBook(name, type, press, author).getBookId();
            bookService.addNumber(bookId, number);
        }
        return "addBooks";
}
```

图书录入界面如图 17-13 所示。

图 17-13　图书录入界面

17.6.10　图书信息修改功能模块

切换页面时，向后台发送访问页面请求，控制层接收到请求后发起对数据库信息的访问，持久层取出所有的图书信息，再转发给前台，最后绘制在页面上。单击"修改"按钮后，将表格变为可编辑的文本框，同时将"修改"按钮变为"保存"按钮。确定修改信息后，将输入的页面信息以字符集的形式，通过 Ajax 请求提交到后台控制层中，将新的界面信息返回前台，前台直接对页面信息进行修改。

表格转换为可编辑文本框 jQuery 的代码如下：

```
function update(id){
    $("#save"+id).show();
    $("#update"+id).hide();
    $("#update"+id).parent().siblings("td").each(function() {    //获取当前行的其他单元格
    obj_text = $(this).find("input:text");                       //判断单元格下是否有文本框
    if(!obj_text.length){
        $(this).html("<input type='text' value='"+$(this).text()+"' class='form-control'>");
    }    //如果没有文本框，则添加文本框使之可以编辑
    })
}
```

前台 Ajax 请求代码如下：

```
function save(id){
  var arr = new Array()
  $("#update"+id).show();
  $("#save"+id).hide();
  $("#save"+id).parent().siblings("td").each(function() {    //获取当前行的其他单元格
  obj_text = $(this).find("input:text");                     //判断单元格下是否有文本框
```

```javascript
    if(obj_text.length){
      $(this).html(obj_text.val());
      arr.push(obj_text.val());
    } //如果已经存在文本框，则将其显示为文本框修改的值
  })
  $.ajax({
    url:"updateBook",
    type:"post",
    data:{arr:arr},
    success:function(data){
      alert("修改数据成功");
    }
  })
}
```

后台部分代码如下：

```java
/**
 * 修改图书界面
 * @param model
 * @return
 */
@RequestMapping("/updateBooks")
public String updateBooks(Model model,HttpSession session){
    String aa=(String)session.getAttribute("loginAdmin");
    model.addAttribute("name", aa);
    List<Book> bList= bookService.queryAllBook();
    model.addAttribute("bList", bList);
    return "updateBooks";
}
```

修改图书信息界面如图 17-14 所示。

图 17-14　修改图书信息界面

17.7　本章总结

本系统前台主要依靠 Ajax 请求传递参数，达到页面的异步刷新，优化用户的体验。前台各式各样的弹窗提示和提示语句可以优化用户对系统的操作，降低用户的误操作，交互友好，页面简洁大方。而后台通过 Spring MVC 框架完成了控制器、视图和封装数据的分层。运用 MyBatis 框架，将 Java 中的对象属性通过编写在 XML 文件中的 SQL 语句与数据库的数据相关联，加强了代码的可维护性，增强了程序开发人员对对象的理解，使系统中的逻辑代码和数据库访问所需的 SQL 语句分离，便捷了整个开发过程。

第 18 章 财务管理系统

学习指引

随着我国市场经济的发展，财务管理在各个企业的管理中扮演着越来越重要的角色，渐渐起到不可替代的核心作用。对于大型企业集团来说，财务管理显得更为重要，财务管理系统的建立直接受企业集团管理方式的影响，并直接影响企业的管理效率和经济效益。如何在现有经济环境下选择最佳的财务管理模式，如何使用财务管理系统实现企业的管理目标，是值得研究和探讨的问题。本章主要进行财务管理系统需求分析、概要设计、详细设计、代码编写、测试等。

重点导读

- 财务管理系统背景。
- 财务管理系统需求。
- 财务管理系统代码实现。
- 财务管理系统测试。

18.1 系统背景及功能概述

随着信息时代的到来，中小企业的生存和竞争环境发生了根本性的变化。当前中小企业信息化具有宽广和深刻的内容，其中管理信息化是一个重要方面。如何运用信息技术增强企业的管理，如何制定企业信息化发展战略来提升企业的核心竞争力，如何把信息化系统融入日常的管理工作为企业带来效益，是当前企业所面临的重要问题。

对于企业来说，财务管理的地位很重要。随着计算机和网络在企业中的广泛应用，企业发展速度不断加快，在这种市场竞争冲击下，企业财务管理系统必须优先发展，才能保证在竞争中处于优势地位。

本章开发的财务管理系统综合应用了 MySQL、JSP 等知识。网页界面的结构设计从实用性出发，具有易于操作、简洁、方便等特点。在设计中，运用 HTML 语言对网站的静态页面进行精细的加工，在网站的美工方面取得了良好的效果，并将 Java 编程、JSP 的动态编程及 MySQL 数据库运用到网站的建设中。

18.1.1 系统需求分析

作为一个管理系统，首先布局一定要新颖、有特色才能引起用户的关注，最大限度地满足人们的需求，而且要有很强的易用性，易用性差的管理系统会让用户体验大大降低。当然，一个好的管理系统还要有全面的信息处理功能。通过对用户的调查和对现有企业财务系统运行的流程分析，满足大多数用户的财务管理需求。

1. 开发环境

本系统的开发环境为 Windows 10 操作系统，使用 Oracle 公司开发的 MySQL 数据库，使用 Eclipse 发布工具。采用 JSP 作为服务器端脚本环境，脚本语言使用 JavaScript，编写的财务管理系统不需要安装客户端程序，客户端只需要安装浏览器即可，使用方便，方便升级维护，方便与 Internet 和 Internet 上的应用程序集成等。

2. 财务需求分析

需求分析是指理解用户需求，估计软件风险和评估项目代价，就软件功能与客户达成一致，最终形成开发计划的过程。需求分析的重要性在于其具有决策性、方向性、策略性的作用。需求分析也就是软件定义的最后一个阶段，它的基本任务是回答"系统必须做什么"这个问题。需求分析的任务是对目标系统提出完整、准确、清晰、具体的要求，而不是确定系统怎样完成工作。需求分析在软件开发的过程中具有举足轻重的作用。

基于 JSP 的中小型企业财务管理系统提供了员工的基本信息的添加和管理、部门信息的管理、员工的工资管理，公司的收入与支出查询、费用的具体使用原因查询、公司资产信息管理，以及根据公司盈利情况初步计算分红等基本功能。

3. 可行性、操作性和技术性分析

（1）经济性：系统可以为财务管理提供很大的方便，原因是服务器端的安装简洁明了，客户机不需要再装任何软件，直接通过浏览器就可以访问，无论身在何处，只要可以访问 Internet 都可以使用本系统。本系统对计算机配置的要求不高，低配置计算机完全可以满足需要，所以在经济上具有完全的可行性。

（2）操作性：本系统主要是对数据进行处理，包括数据的提交和数据的各种报表形式的输出，采用较为流行的 JSP+MySQL 体系，操作相对简单，输入信息页面大多数是下拉列表框的形式，在某些页面，信息可以自动生成，无须输入，时间的输入采用日历控件，操作简便，对用户的要求较低，只需要能够熟练操作 Windows 操作系统，而且本系统可视性非常好，可操作性较高。

（3）技术性：技术可行性要考虑现有的技术条件是否能够顺利完成开发工作，软硬件配置是否满足开发的需求等。通过原有系统和开发系统的系统流程图和数据流图，对系统进行比较，分析其优越性，以及运行时环境等对系统的影响。软件开发涉及多方面的技术，包括开发方法、软硬件平台、网络结构、系统布局和结构、输入输出技术、系统相关技术等。应该全面、客观地分析软件开发所涉及的技术，以及这些技术的成熟度和可实现性。

18.1.2 系统设计

系统设计是在系统分析的基础上通过抽象得到具体的过程，同时，还要考虑系统所实现的环境和主客观条件。

系统设计阶段的主要目的是将系统分析阶段所提出的反映用户信息需求的系统逻辑方案转换成可以实

施的基于计算机与通信系统的物理方案。

系统设计阶段的主要任务就是从管理信息系统的总体目标出发,根据系统分析阶段对系统逻辑功能的需求,考虑经济、技术和环境等方面的条件,确定系统的总体结构和系统组成部分的方案,合理选择计算机和通信设备,提出系统的实施计划,确保系统总体目标的实现。

系统设计工作的特点如下。

(1)在系统设计阶段,大量的工作属于技术性工作。

(2)允许用户对已提出的需求做非原则性修改或补充。

(3)用户对操作环境等方面的要求也要在系统设计阶段加以说明,并在系统的技术方案中得到反映,因此系统设计人员必须与管理环境打交道。

(4)系统设计的环境是管理环境和技术环境的结合,是系统设计工作的重要特点,也是整个系统开发成功的一个必不可缺的环节。

系统设计的原则主要有易用性原则、业务规范化原则、阶段开发原则、可扩展性原则、业务完整性原则。

1. 管理员的操作流程

管理员进入本系统之后,首先要登录才能管理后台。登录失败,应给出相关的提示,请管理员重新登录。登录成功,管理员可管理员工、公司资产、经营、费用等信息。管理员的操作流程如图 18-1 所示。

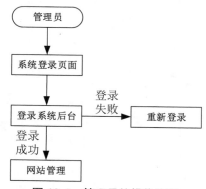

图 18-1 管理员的操作流程

2. 员工和管理员的操作权限

员工的操作权限如下。

(1)员工可以修改个人信息。

(2)员工可以查询个人工资情况。

(3)员工可以查询公司资产情况。

(4)员工可以查询公司经营情况。

(5)员工可以查询公司费用情况。

(6)员工可以查询年终分析情况。

员工的操作权限如图 18-2 所示。

管理员的操作权限如下。

(1)管理员可以修改个人信息。

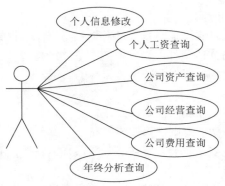

图 18-2　员工的操作权限

（2）管理员可以管理部门信息。
（3）管理员可以管理员工信息。
（4）管理员可以管理员工工资信息。
（5）管理员可以管理公司经营信息。
（6）管理员可以查看年终资产信息。
管理员的操作权限如图 18-3 所示。

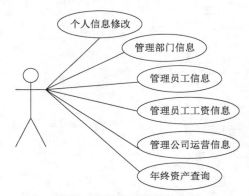

图 18-3　管理员的操作权限

3. 财务管理系统功能分析

财务系统功能分析如图 18-4 所示。

图 18-4　财务管理系统功能分析

管理员的所有模块的功能分析如下。

部门信息管理模块：对公司部门信息进行管理，包括部门信息的添加、修改、删除等。

员工信息管理模块：对公司员工信息进行管理，包括员工信息的添加、修改、删除等。

员工工资管理模块：对员工工资信息进行管理，包括员工工资的添加、修改等。

资产信息管理模块：对公司资产信息进行管理，包括资产信息的添加、修改、删除等。

经营信息管理模块：对公司经营信息进行管理，包括经营信息的添加、修改、删除等。

费用信息管理模块：对公司费用信息进行管理，包括费用信息的添加、修改、删除等。

年终资产分析模块：对公司年终资产情况进行分析，查看分析报表。

修改个人密码：管理员或者普通员工登录系统，可以修改自己的登录密码。

4．财务管理系统数据库分析

数据库是按照数据结构来组织、存储和管理数据的仓库。作为网络中的一个重要的应用，数据库在网站建设中起着非常重要的作用，对于普通网站而言，具有数据库功能的网站通常称为动态页面。也就是说页面是动态的，它可以根据数据库中相应内容的调整而变化，使网站更新更便捷，维护更方便，内容更灵活。MySQL 数据库作为一个标准数据库系统，由于具有操作简单、界面友好等特点，拥有较大的用户群体。本系统的数据库采用 MySQL 数据库。

18.1.3　数据库的设计

系统数据库 corporate_finance 中包含 8 张数据表，部门信息表 t_dept、职工信息表 t_employee_infor、资产类别表 t_capital_style、资产信息表 t_capital_infor、经营信息表 t_manage_infor、费用信息表 t_pay_infor、工资信息表 t_salary、管理员信息表 t_admin。

1．t_dept（部门信息表）

部门信息表主要用于保存单位的部门信息，如部门名称、人数、工资系数等。该表结构如表 18-1 所示。

表 18-1　t_dept 的结构

字　段　名	数　据　类　型	长度/位	是否是主键	描　　述
id	int	4	是	自动编号
mingcheng	varchar	50	否	部门名称
renshu	int	4	否	编制人数
xishu	decimal	8,2	否	工资系数

2．t_employee_infor（职工信息表）

职工信息表主要用于保存职工的基本信息，如职工所在部门、姓名、性别等。该表结构如表 18-2 所示。

表 18-2　t_employee_infor 的结构

字　段　名	数　据　类　型	长度/位	是否是主键	描　　述
id	int	4	是	自动编号
dept_id	int	4	否	所在部门
bianhao	varchar	50	否	编号

续表

字 段 名	数据类型	长度/位	是否是主键	描 述
loginpw	varchar	50	否	登录密码
xingming	varchar	50	否	姓名
xingbie	varchar	50	否	性别
ruzhi	varchar	50	否	入职时间

3. t_capital_style（资产类别表）

资产类别表主要用于资产类别信息，如类别名称，该表结构如表18-3所示。

表18-3　t_capital_style 的结构

字 段 名	数据类型	长度/位	是否是主键	描 述
id	int	4	是	自动编号
name	varchar	50	否	类别名称

4. t_capital_infor（资产信息表）

资产信息表主要用于保存资产基本信息，如资产类别、编号、名称、添加时间等。通过主键编号和产品类别来对公司的资产信息进行增、删、改、查，内容包括资产的名称、修改时间、此资产的实际价值、资产的类型和本次资产产生的方式（例如出租，贷款等）。

5. t_manage_infor（经营信息表）

经营信息表主要用于保存企业经营信息，如项目名称、时间、投入等。该表结构如表18-4所示。

表18-4　t_manage_infor 的结构

字 段 名	数据类型	长度/位	是否是主键	描 述
id	int	4	是	自动编号
mingcheng	varchar	50	否	名称
riqi	varchar	4	否	日期
touru	decimal	8,2	否	投入
shouri	decimal	8,2	否	收益
lirun	decimal	8,2	否	利润

6. t_pay_infor（费用信息表）

费用信息表主要用于保存日常费用信息，如费用名称、发生时间、费用等。该表结构如表18-5所示。

表18-5　t_pay_infor 的结构

字 段 名	数据类型	长度/位	是否是主键	描 述
id	int	4	是	自动编号
mingcheng	varchar	50	否	名称
shijian	varchar	4	否	日期

字 段 名	数 据 类 型	长度/位	是否是主键	描 述
feiyong	decimal	8,2	否	金额
leixing	int	4	否	类型

7. t_salary（工资信息表）

工资信息表主要用于保存职工工资信息，通过主键 id 使员工登录后能够查询自己的工资情况，并且能在管理员对工资修改后正确地看到工资的情况。此表中包括职工信息、基本工资情况、工龄对工资的加成、职务和补贴对总工资的影响等内容。

8. t_admin（管理员信息表）

管理员信息表主要用于保存管理员的基本信息，该表结构如表 18-6 所示。

表 18-6　t_manage_infor 的结构

字 段 名	数 据 类 型	长度/位	是否是主键	描 述
id	int	4	是	自动编号
userName	varchar	50	否	登录账号
userPw	varchar	50	否	登录密码

18.2　系统的详细设计与代码实现

在管理系统的生命周期中，需求分析、系统设计等阶段之后，便是系统的设计实施阶段和编写阶段。在系统分析和设计阶段，系统开发的工作主要集中在逻辑和技术设计上，系统的实施阶段要继承此前各个阶段所实现的工作成果，将技术的设计转化为物理的实现。

18.2.1　登录页面

为了保证系统的安全性，使用本系统前必须先登录，用户需要正确的账号和密码才能登录本系统。系统登录页面如图 18-5 所示。

图 18-5　系统登录页面

提示：在登录页面中输入用户名和密码以后，单击"提交"按钮，就会跳转到 loginservice 中，在该 service 中会对用户名和密码进行判断，验证通过则进入对应的页面。

下面将简单搭建一下财务管理系统的代码程序。

步骤 1：新建 Java Web 项目，导入 jar 包，如图 18-6 所示。

图 18-6　导入 jar 包

步骤 2：导入 jar 包后，可以进行数据库的搭建，此处使用可视化工具 Navicat 来进行数据库和表的搭建，具体的 SQL 代码如下。

提示：先连接 MySQL，然后新建库 corporate_finance，在工具栏上方单击查询，新建查询，将下面 SQL 语句写入并运行即可。

```sql
SET FOREIGN_KEY_CHECKS=0;
DROP TABLE IF EXISTS 't_admin';
CREATE TABLE 't_admin' (
'userId' int(11) NOT NULL,
'userName' varchar(50) DEFAULT NULL,
'userPw' varchar(50) DEFAULT NULL,
PRIMARY KEY ('userId')
) ENGINE=InnoDB DEFAULT CHARSET=utf8;

INSERT INTO 't_admin' VALUES ('1', 'a', 'a');
DROP TABLE IF EXISTS 't_dept';
CREATE TABLE 't_dept' (
'id' int(4) NOT NULL AUTO_INCREMENT,
'mingcheng' varchar(50) DEFAULT NULL,
'renshu' varchar(50) DEFAULT NULL,
'xishu' varchar(50) DEFAULT NULL,
'del' varchar(50) DEFAULT NULL,
PRIMARY KEY ('id')
) ENGINE=InnoDB AUTO_INCREMENT=5 DEFAULT CHARSET=utf8;

INSERT INTO 't_dept' VALUES ('1', '采购部', '10', '1.2', 'no');
INSERT INTO 't_dept' VALUES ('2', '技术部', '30', '2.3', 'no');
INSERT INTO 't_dept' VALUES ('3', '技术部', '20', '1.1', 'yes');
INSERT INTO 't_dept' VALUES ('4', '行政部', '30', '1.5', 'no');

DROP TABLE IF EXISTS 't_capital_style';
CREATE TABLE 't_capital_style' (
'id' int(4) NOT NULL AUTO_INCREMENT,
```

```sql
'name' varchar(50) DEFAULT NULL,
'del' varchar(50) DEFAULT NULL,
PRIMARY KEY ('id')
) ENGINE=InnoDB AUTO_INCREMENT=12 DEFAULT CHARSET=utf8;

INSERT INTO 't_capital_style' VALUES ('1', '生产经营', 'yes');
INSERT INTO 't_capital_style' VALUES ('3', '融资收入', 'no');
INSERT INTO 't_capital_style' VALUES ('4', '贷款', 'no');
INSERT INTO 't_capital_style' VALUES ('11', '投资', 'no');

DROP TABLE IF EXISTS 't_pay_infor';
CREATE TABLE 't_pay_infor' (
'id' int(4) NOT NULL AUTO_INCREMENT,
'mingcheng' varchar(50) DEFAULT NULL,
'shijian' varchar(50) DEFAULT NULL,
'feiyong' decimal(8,2) DEFAULT NULL,
'leixing' int(4) DEFAULT NULL,
PRIMARY KEY ('id')
) ENGINE=InnoDB AUTO_INCREMENT=6 DEFAULT CHARSET=utf8;

INSERT INTO 't_pay_infor' VALUES ('1', '货款', '2013-04-01', '5.00', '0');
INSERT INTO 't_pay_infor' VALUES ('2', '租场地', '2015-05-04', '222.00', '1');
INSERT INTO 't_pay_infor' VALUES ('3', '出租场地', '2015-05-05', '200.00', '0');
INSERT INTO 't_pay_infor' VALUES ('5', '采购计算机', '2018-06-13', '10.00', '2');

DROP TABLE IF EXISTS 't_salary';
CREATE TABLE 't_salary' (
'id' int(4) NOT NULL AUTO_INCREMENT,
'employeeInfor_id' int(4) DEFAULT NULL,
'jiben' decimal(8,2) DEFAULT NULL,
'gongling' decimal(8,2) DEFAULT NULL,
'zhiwu' decimal(8,2) DEFAULT NULL,
'butie' decimal(8,2) DEFAULT NULL,
PRIMARY KEY ('id')
) ENGINE=InnoDB AUTO_INCREMENT=4 DEFAULT CHARSET=utf8;

INSERT INTO 't_salary' VALUES ('1', '1', '2000.00', '300.00', '150.00', '220.00');
INSERT INTO 't_salary' VALUES ('2', '4', '3000.00', '200.00', '300.00', '100.00');
INSERT INTO 't_salary' VALUES ('3', '2', '5000.00', '600.00', '500.00', '300.00');

DROP TABLE IF EXISTS 't_manage_infor';
CREATE TABLE 't_manage_infor' (
'id' int(4) NOT NULL AUTO_INCREMENT,
'mingcheng' varchar(50) DEFAULT NULL,
'riqi' varchar(50) DEFAULT NULL,
'touru' decimal(8,2) DEFAULT NULL,
'shouyi' decimal(8,2) DEFAULT NULL,
'lirun' decimal(8,2) DEFAULT NULL,
PRIMARY KEY ('id')
) ENGINE=InnoDB AUTO_INCREMENT=7 DEFAULT CHARSET=utf8;
```

```sql
INSERT INTO 't_manage_infor' VALUES ('1', '项目A', '2013-03-01', '100.00', '95.00', '-5.00');
INSERT INTO 't_manage_infor' VALUES ('2', 'a', '2015-05-05', '50.00', '100.00', '50.00');
INSERT INTO 't_manage_infor' VALUES ('3', 'b', '2015-05-04', '200.00', '100.00', '-100.00');
INSERT INTO 't_manage_infor' VALUES ('4', '出租', '2015-05-06', '200.00', '100.00', '-100.00');
INSERT INTO 't_manage_infor' VALUES ('5', '共享单车', '2018-05-07', '100.00', '200.00', '100.00');
INSERT INTO 't_manage_infor' VALUES ('6', '外卖', '2018-05-12', '100.00', '50.00', '-50.00');

DROP TABLE IF EXISTS 't_employee_infor';
CREATE TABLE 't_employee_infor' (
'id' int(4) NOT NULL AUTO_INCREMENT,
'dept_id' int(4) DEFAULT NULL,
'bianhao' varchar(50) DEFAULT NULL,
'loginpw' varchar(50) DEFAULT NULL,
'xingming' varchar(50) DEFAULT NULL,
'xingbie' varchar(50) DEFAULT NULL,
'ruzhi' varchar(50) DEFAULT NULL,
'del' varchar(50) DEFAULT NULL,
PRIMARY KEY ('id')
) ENGINE=InnoDB AUTO_INCREMENT=7 DEFAULT CHARSET=utf8;

INSERT INTO 't_employee_infor'
VALUES ('1', '1', '201301', 'a', '赵明', '男', '2008-04-01', 'no');
INSERT INTO 't_employee_infor'
VALUES ('2', '1', '201302', 'a', '刘红', '男', '2013-04-01', 'no');
INSERT INTO 't_employee_infor'
VALUES ('3', '2', '030024', '030024', '张三', '男', '2015-04-18', 'yes');
INSERT INTO 't_employee_infor'
VALUES ('4', '1', '303333', '5555', 'zhangsan', '男', '2015-05-12', 'no');
INSERT INTO 't_employee_infor'
VALUES ('5', '1', '201100211', 'a', '张三', '男', '2015-05-06', 'no');
INSERT INTO 't_employee_infor'
VALUES ('6', '1', '123', '123', 'lisi', '男', '2018-05-07', 'no');

DROP TABLE IF EXISTS 't_capital_infor';
CREATE TABLE 't_capital_infor' (
'id' int(4) NOT NULL AUTO_INCREMENT,
'catelog_id' int(4) DEFAULT NULL,
'bianhao' varchar(50) DEFAULT NULL,
'mingcheng' varchar(50) DEFAULT NULL,
'shijian' varchar(50) DEFAULT NULL,
'jiazhi' varchar(50) DEFAULT NULL,
'type' int(4) DEFAULT NULL,
'fangshi' int(4) DEFAULT NULL,
PRIMARY KEY ('id')
) ENGINE=InnoDB AUTO_INCREMENT=13 DEFAULT CHARSET=utf8;

INSERT INTO 't_capital_infor'
    VALUES ('1', '1', 'bh', 'mc', '2013-04-01', '2', '0', '2');
INSERT INTO 't_capital_infor'
```

```
    VALUES ('2', '3', '20150426', '工具出租', '2015-03-11', '1', '0', '2');
INSERT INTO 't_capital_infor'
    VALUES ('3', '4', '01111', '融资收入', '2015-05-05', '200', '0', '2');
INSERT INTO 't_capital_infor'
    VALUES ('4', '3', '01111', '111', '2015-05-04', '1000', '1', '2');
INSERT INTO 't_capital_infor'
    VALUES ('5', '3', '出租', '出租', '2015-05-04', '2', '-1', '-1');
INSERT INTO 't_capital_infor'
    VALUES ('12', '11', '234', '阿里巴巴', '2018-05-09', '100', '1', '1');
```

步骤 3：在 src 文件夹中新建一个配置文件 db.properties，配置信息如下：

```
dburl=localhost
dbport=3306
dbuser=root
dbpass=root
dbName=corporate_finance
```

步骤 4：在 src 文件夹中新建一个包 com.dao 来配置数据库，Java 类名为 DB.java，代码如下：

```java
package com.dao;
import java.io.InputStream;
import java.sql.Connection;
import java.sql.DriverManager;
import java.sql.PreparedStatement;
import java.sql.ResultSet;
import java.sql.SQLException;
import java.util.Properties;
public class DB
{
    private Connection con;
    private PreparedStatement pstm;
    private String user;
    private String password;
    private String ip;
    private String port;
    private String dbName;
    private String url;
    public DB()
    {
        try
        {
            getDbConnProp();
        } catch (Exception e)
        {
            System.out.println("加载数据库驱动失败！");
            e.printStackTrace();
        }
    }
    private void getDbConnProp()
    {
        try{
            InputStream in = getClass().getClassLoader().getResourceAsStream("db.properties");
```

```
        Properties proHelper = new Properties();
        proHelper.load(in);
        in.close();
        ip=proHelper.getProperty("dburl");
        port=proHelper.getProperty("dbport");
        user=proHelper.getProperty("dbuser");
        password=proHelper.getProperty("dbpass");
        dbName=proHelper.getProperty("dbName");
        url = "jdbc:mysql://"+ip+":"+port+"/"+dbName+"?useUnicode=true&amp;amp;amp;amp;amp;
        characterEncoding=utf-8";
        }catch(Exception e){
        e.printStackTrace();
        }
    }
    /** 创建数据库连接 */
    public Connection getCon()
{
    try
    {
        try
        {
            Class.forName("org.gjt.mm.mysql.Driver");
        } catch (ClassNotFoundException e)
        {
            e.printStackTrace();
        }
        con = DriverManager.getConnection(url, user, password);
    } catch (SQLException e)
    {
        System.out.println("创建数据库连接失败！");
        con = null;
        e.printStackTrace();
    }
    return con;
}
    public void doPstm(String sql, Object[] params)
    {
        if (sql != null && !sql.equals(""))
        {
if (params == null)
    params = new Object[0];
    getCon();
if (con != null)
{
    try
    {
        System.out.println(sql);
        pstm = con.prepareStatement(sql,
        ResultSet.TYPE_SCROLL_INSENSITIVE,
        ResultSet.CONCUR_READ_ONLY);
```

```java
      for (int i = 0; i < params.length; i++)
      {
        pstm.setObject(i + 1, params[i]);
      }
      pstm.execute();
    } catch (SQLException e)
    {
      System.out.println("doPstm()方法出错! ");
      e.printStackTrace();
    }
  }
}
public ResultSet getRs() throws SQLException
{
  return pstm.getResultSet();
}
public int getCount() throws SQLException
{
  return pstm.getUpdateCount();
}
public void closed()
{
  try
  {
    if (pstm != null)
      pstm.close();
  } catch (SQLException e)
  {
    System.out.println("关闭pstm对象失败! ");
    e.printStackTrace();
  }
    try
    de.printStackTrace();
    }
  }
}
```

步骤5：在 src 文件夹中新建一个包 com.util 来进行过滤器等资源的配置，Java 类名为 DateUtils.java、Encoding Filter.java。

DateUtils.java 代码如下：

```java
package com.util;
import java.text.ParseException;
import java.text.SimpleDateFormat;
import java.util.Date;
public class DateUtils {
/**
* 字符串转日期
*/
public static Date formatStr2Date(String strDate,String strFormat){
```

```java
   Date retValue = null;
   try{
     SimpleDateFormat sdf = new SimpleDateFormat(strFormat);
     retValue = sdf.parse(strDate);
   }catch(ParseException e){
     e.printStackTrace();
   }
   return retValue;
 }
/**
* 日期转字符串
*/
public static String formatDate2Str(Date date,String strFormat){
   String retValue = null;
   SimpleDateFormat sdf = new SimpleDateFormat(strFormat);
   retValue = sdf.format(date);
   return retValue;
 }
/**
* 获取两个日期之间相差的天数
*/
public static int getTwoDateDays(Date et,Date st){
   int day = 0;
   day = (int)((et.getTime()-st.getTime())/(24*60*60*1000));
   return day;
   }
}
```

EncodingFilter.java 代码如下：

```java
package com.util;
import java.io.IOException;
import javax.servlet.Filter;
import javax.servlet.FilterChain;
import javax.servlet.FilterConfig;
import javax.servlet.ServletException;
import javax.servlet.ServletRequest;
import javax.servlet.ServletResponse;
public class EncodingFilter implements Filter {
 protected String encoding = null;
 protected FilterConfig filterConfig = null;
   public void destroy() {
     this.encoding = null;
     this.filterConfig = null;
}
public void doFilter(ServletRequest request, ServletResponse response,
     FilterChain chain) throws IOException, ServletException {
     String encoding = selectEncoding(request);
   if (encoding != null) {
     request.setCharacterEncoding(encoding);
     response.setCharacterEncoding(encoding);
```

```
    }
    chain.doFilter(request, response);
}
public void init(FilterConfig filterConfig) throws ServletException {
    this.filterConfig = filterConfig;
    this.encoding = filterConfig.getInitParameter("encoding");
}
protected String selectEncoding(ServletRequest request) {
    return (this.encoding);
}
}
```

18.2.2 员工模块

财务管理系统的员工模块可以提供个人信息的修改、个人工资查询、公司资产查询、公司经营查询、公司费用查询、资产分析查询等功能。

1. 个人信息修改

员工单击"个人信息修改"命令，跳转到"个人信息修改"界面，显示要修改的信息。在该界面中进行个人信息的修改，如图18-7所示。

图 18-7　个人信息修改

2. 个人工资查询

员工单击"个人工资查询"命令，跳转到"个人工资查询"界面，如图18-8所示。调用后台src文件夹中的com.action包中的类Salary.java，查询当前登录员工的工资信息，并把这些信息封装到数据集合List中，绑定到Request对象上，然后页面跳转到WebContent下面的admin中找到相应的salary文件，显示工资信息。

个人工资查询									
职工编号	姓名	所在部门	工资系数	基本工资	工龄	职务	补贴	合计
201301	赵明	采购部	1.2	2000.0	300.0	150.0	220.0	3070.0
303333	zhangsan	采购部	1.2	3000.0	200.0	300.0	100.0	4200.0

图 18-8　个人工资查询

3. 公司资产查询

员工单击"公司资产查询"命令，跳转到"公司资产查询"界面，如图18-9所示。调用后台src文件夹中com.action包中的类CapitalInfor.java，查询当前公司的资产信息，并把这些信息封装到数据集合List中，绑定到Request对象上，然后页面跳转到WebContent下面的admin中找到相应的capitalinfor文件，显示资产信息。

公司资产查询						
资产类别	资产编号	资产名称	资产价值（万元）	添加时间	类型	方式
生产经营	bh	mc	2	2013-04-01	增加	出租
融资收入	20150426	工具出租	1	2015-03-11	增加	出租
融资收入	01111	111	1000	2015-05-04	减少	
融资收入	出租	出租	2	2015-05-04	减少	
贷款	01111	融资收入	200	2015-05-05	增加	出租
投资	234	阿里巴巴	100	2018-05-09	减少	变卖

图 18-9　公司资产查询

4. 公司经营查询

员工单击"公司经营查询"命令，跳转到"公司经营查询"界面，如图 18-10 所示。调用后台 src 文件夹中 com.action 包中的 ManageInfor.java，查询当前公司的经营信息，并把这些信息封装到数据集合 List 中，绑定到 Request 对象上，然后页面跳转到 WebContent 下面的 admin 中找到相应的 manageinfor 文件，显示经营信息。

公司经营查询					
项目名称	时间	投入	收入（万元）	利润	类型
项目A	2013-03-01	100.0	95.0	-5.0	亏损
a	2015-05-05	50.0	100.0	50.0	盈利
b	2015-05-04	200.0	100.0	-100.0	亏损
出租	2015-05-06	200.0	100.0	-100.0	亏损
共享单车	2018-05-07	100.0	200.0	100.0	盈利
外卖	2018-05-12	100.0	50.0	-50.0	亏损

图 18-10　公司经营查询

5. 公司费用查询

员工单击"公司费用查询"命令，跳转到"公司费用查询"界面，如图 18-11 所示。调用后台 src 文件夹中 com.action 包中的 PayInfor.java，查询公司费用信息，并把这些信息封装到数据集合 List 中，绑定到 Request 对象上，然后页面跳转到 WebContent 下面的 admin 中找到相应的 payinfor 文件，显示费用信息。

公司费用查询			
费用名称	发生时间	金属（万元）	类型
贷款	2013-04-01	5.00	收入
租场地	2015-05-04	222.00	支出
出租场地	2015-05-05	200.00	收入
采购计算机	2018-06-13	10.00	报销

图 18-11　公司费用查询

6. 资产分析查询

员工单击"资产分析查看"命令，跳转到"资产情况"和"经营情况"界面，如图 18-12 所示。调用后台的 action 类查询出资产分析信息，并把这些信息封装到数据集合 List 中，绑定到 Request 对象上，然后页面跳转到相应的 JSP，显示资产分析信息。

图 18-12 资产情况和经营情况

18.2.3 管理员模块

以管理员身份进入系统主页面，页面左侧展示了管理员可操作的功能模块，可以进入相关的子菜单。

1. 修改个人信息

管理员登录成功后单击左侧"修改密码信息"按钮，则弹出"密码修改"对话框，如图 18-13 所示。

图 18-13 密码修改

2. 部门信息添加和管理

（1）部门信息添加。管理员输入部门信息后单击"提交"按钮，如图 18-14 所示。如果输入的部门信息不完整，系统会给出相应的错误提示，则部门信息添加失败。输入数据通过 form 表单中定义的方法 onsubmit="return checkForm()"来检查，checkForm()函数用于校验输入数据。

图 18-14 部门信息添加

（2）部门信息管理。管理员进入部门管理模块，单击左侧"部门信息管理"命令，弹出"部门信息管理"对话框，在对话框中可以对部门信息进行修改、删除操作，如图 18-15 所示。

下面实现代码的业务逻辑。

在 src 文件夹中新建 com.action 包，在包中新建 Dept.java 类，代码如下：

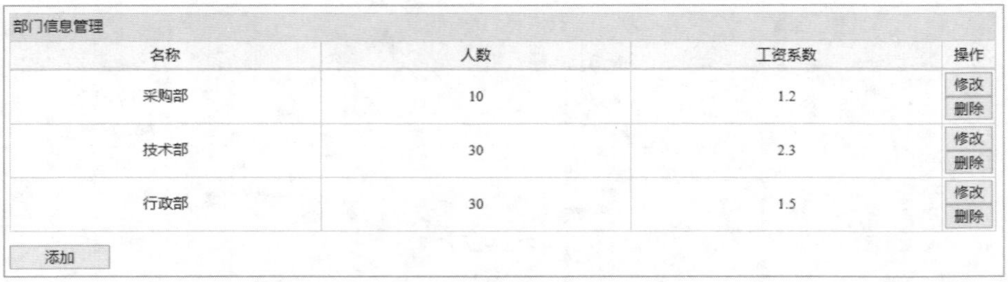

部门信息管理			
名称	人数	工资系数	操作
采购部	10	1.2	修改 删除
技术部	30	2.3	修改 删除
行政部	30	1.5	修改 删除
添加			

图 18-15 部门信息管理

```java
public class Dept extends HttpServlet{
public void service(HttpServletRequest req,HttpServletResponse res)
throws ServletException, IOException {
  String type=req.getParameter("type");
  if(type.endsWith("deptMana")){
  deptMana(req, res);
}
  if(type.endsWith("deptSele")){
  deptSele(req, res);
}
  if(type.endsWith("deptAdd")){
  deptAdd(req, res);
}
  if(type.endsWith("deptUpd")){
  deptUpd(req, res);
}
  if(type.endsWith("deptDel")){
  deptDel(req, res);
}
}
public void deptAdd(HttpServletRequest req,HttpServletResponse res)
{
  String mingcheng=req.getParameter("mingcheng");
  String renshu=req.getParameter("renshu");
  String xishu=req.getParameter("xishu");
  String del="no";
  String sql="insert into t_dept (mingcheng,renshu,xishu,del) values(?,?,?,?)";
  Object[] params={mingcheng,renshu,xishu,del};
  DB mydb=new DB();
  mydb.doPstm(sql, params);
  mydb.closed();
  req.setAttribute("message", "操作成功");
  req.setAttribute("path", "dept?type=deptMana");
  String targetURL = "/common/success.jsp";
  dispatch(targetURL, req, res);
}
public void deptUpd(HttpServletRequest req,HttpServletResponse res){
  String id=req.getParameter("id");
  String mingcheng=req.getParameter("mingcheng");
  System.out.println(mingcheng);
```

```java
      String renshu=req.getParameter("renshu");
      String xishu=req.getParameter("xishu");
      String sql="update t_dept set mingcheng=?,renshu=?,xishu=? where id=?";
      Object[] params={mingcheng,renshu,xishu,id};
      DB mydb=new DB();
      mydb.doPstm(sql, params);
      mydb.closed();
      req.setAttribute("message", "操作成功");
      req.setAttribute("path", "dept?type=deptMana");
      String targetURL = "/common/success.jsp";
      dispatch(targetURL, req, res);
}
   public void deptDel(HttpServletRequest req,HttpServletResponse res){
      String sql="update t_dept set del='yes' where id="+Integer.parseInt(req.getParameter("id"));
      Object[] params={};
      DB mydb=new DB();
      mydb.doPstm(sql, params);
      mydb.closed();
      req.setAttribute("message", "操作成功");
      req.setAttribute("path", "dept?type=deptMana");
      String targetURL = "/common/success.jsp";
      dispatch(targetURL, req, res);
}
public void deptMana(HttpServletRequest req,HttpServletResponse res)
throws ServletException, IOException{
   String sql="select * from t_dept where del='no'";
   req.setAttribute("deptList", getdeptList(sql));
   req.getRequestDispatcher("admin/dept/deptMana.jsp").forward(req, res);
}
public void deptSele(HttpServletRequest req,HttpServletResponse res)
throws ServletException, IOException{
   String sql="select * from t_dept where del='no'";
   req.setAttribute("deptList", getdeptList(sql));
   req.getRequestDispatcher("admin/dept/deptSele.jsp").forward(req, res);
}
   private List getdeptList(String sql){
   List deptList=new ArrayList();
   Object[] params={};
   DB mydb=new DB();
try{
   mydb.doPstm(sql, params);
   ResultSet rs=mydb.getRs();
   while(rs.next()){
   Tdept dept=new Tdept();
   dept.setId(rs.getInt("id"));
   dept.setMingcheng(rs.getString("mingcheng"));
   dept.setRenshu(rs.getString("renshu"));
   dept.setXishu(rs.getString("xishu"));
   deptList.add(dept);
}
```

```
      rs.close();
}
   catch(Exception e){
   e.printStackTrace();
}
   mydb.closed();
   return deptList;
}
public void dispatch(String targetURI,HttpServletRequest request,HttpServletResponse response) {
    RequestDispatcher dispatch = getServletContext().getRequestDispatcher(targetURI);
    try {
    dispatch.forward(request, response);
    return;
}
    catch (ServletException e) {
    e.printStackTrace();
}
    catch (IOException e) {
e.printStackTrace();
}
}
public void init(ServletConfig config) throws ServletException {
   super.init(config);
}
public void destroy() {
   }
}
```

新建一个包，包名为 com.bean，完成部门的 Bean，新建类 TDept，代码如下：

```
package com.bean;
public class TDept{
   private int id;
   private String mingcheng;
   private String renshu;
   private String xishu;
   private String del;
   public int getId() {
   return id;
}
public void setId(int id) {
   this.id = id;
}
 public String getMingcheng() {
   return mingcheng;
}
public void setMingcheng(String mingcheng) {
    this.mingcheng = mingcheng;
}
public String getRenshu() {
   return renshu;
}
public void setRenshu(String renshu) {
    this.renshu = renshu;
}
public String getXishu() {
   return xishu;
}
public void setXishu(String xishu) {
```

```
    this.xishu = xishu;
}
public String getDel() {
    return del;
}
public void setDel(String del) {
    this.del = del;
    }
}
```

创建前台页面。在 WebContent 下新建文件夹 action，在 action 文件夹中再新建文件夹 dept，在 dept 文件夹中新建四个 JSP 文件：deptAdd.jsp、deptEditpre、deptMana、deptSele 等。此处只介绍 deptAdd.jsp，实现添加新的部门信息，代码如下：

```html
<body leftmargin="2" topmargin="9" background='<%=path %>/img/1.gif'>
<form action="<%=path %>/dept?type=deptAdd" name="formAdd" method="post">
<table width="98%" align="center" border="0" cellpadding="4" cellspacing="1"
bgcolor="#CBD8AC" style="margin-bottom:8px">
<tr bgcolor="#E7E7E7">
<td height="14" colspan="30" background="<%=path %>/img/tbg.gif">部门信息添加</td>
</tr>
<tr align='center' bgcolor="#FFFFFF" onMouseMove="javascript:this.bgColor='red';"
onMouseOut="javascript:this.bgColor='#FFFFFF';" height="22">
<td width="25%" bgcolor="#FFFFFF" align="right">
名称：
</td>
<td width="75%" bgcolor="#FFFFFF" align="left">
<input type="text" name="mingcheng" size="20"/>
</td>
</tr>
<tr align='center' bgcolor="#FFFFFF" onMouseMove="javascript:this.bgColor='red';"
onMouseOut="javascript:this.bgColor='#FFFFFF';" height="22">
<td width="25%" bgcolor="#FFFFFF" align="right">
人数：
</td>
<td width="75%" bgcolor="#FFFFFF" align="left">
<input type="text" name="renshu" size="20"/>
</td>
</tr>
<tr align='center' bgcolor="#FFFFFF" onMouseMove="javascript:this.bgColor='red';"
onMouseOut="javascript:this.bgColor='#FFFFFF';" height="22">
<td width="25%" bgcolor="#FFFFFF" align="right">
工资系数：
</td>
<td width="75%" bgcolor="#FFFFFF" align="left">
<input type="text" name="xishu" size="20"/>
</td>
</tr>
<tr align='center' bgcolor="#FFFFFF" onMouseMove="javascript:this.bgColor='red';"
onMouseOut="javascript:this.bgColor='#FFFFFF';" height="22">
<td width="25%" bgcolor="#FFFFFF" align="right">
 
</td>
```

```
<td width="75%" bgcolor="#FFFFFF" align="left">
<input type="submit" value="提交"/> 
<input type="reset" value="重置"/> 
</td>
</tr>
</table>
</form>
</body>
```

3. 职工信息添加和管理

（1）职工信息添加。管理员输入职工信息后单击"提交"按钮，如图 18-16 所示。如果输入的职工信息不正确，系统会给出相应的错误提示，则职工信息添加失败。输入数据通过 form 表单中定义的方法 onsubmit="return checkForm()"来检查，checkForm()函数用于校验输入数据。

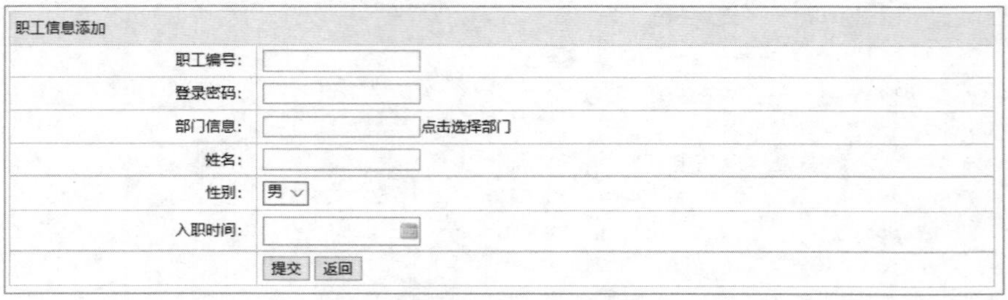

图 18-16　职工信息添加

（2）职工信息管理。管理员单击左侧"职工信息管理"命令，弹出"职工信息管理"对话框，如图 18-17 所示。调用后台 action 中的 EmployeeInfor.java 类，查询所有的职工信息，并把这些信息封装到数据集合 List 中，绑定到 Request 对象上，然后页面跳转到相应的 employeeinfor.jsp，可以对显示的信息进行修改和删除。

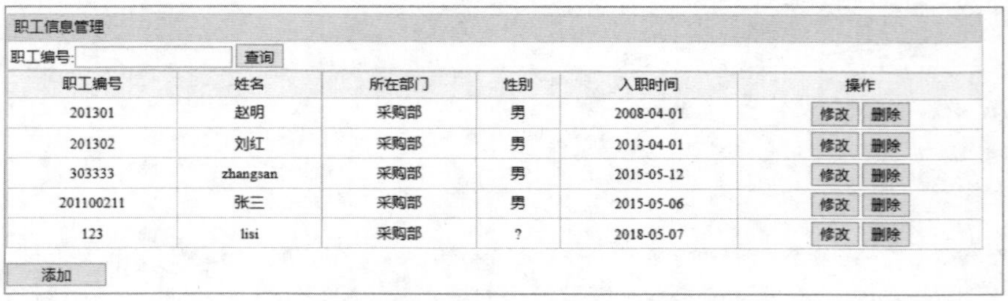

图 18-17　职工信息管理

职工信息关键代码如下：

```
public void employeeInforMana(HttpServletRequest req,HttpServletResponse res)
throws ServletException, IOException{
    String sql="select ta.*,tb.mingcheng bmmc,tb.xishu
    from
    t_employee_infor ta,t_dept tb " +"where ta.del='no'
    and
    ta.dept_id=tb.id";
    req.setAttribute("employeeInforList", getemployeeInforList(sql));
    req.getRequestDispatcher("admin/employeeInfor/employeeInforMana.jsp").forward(req, res);
```

}

职工信息修改：单击"职工信息管理"命令，页面跳转到"职工信息管理"界面，浏览所有的职工信息，单击要修改的职工信息，跳转到职工信息修改页面修改该职工信息。

职工信息删除：单击"职工信息管理"命令，页面跳转到"职工信息管理"界面，浏览所有的职工信息，单击要删除的职工信息，单击"确定"按钮，即可删除该职工信息，如图 18-18 所示。

图 18-18　删除职工信息

4．职工工资添加、管理和修改

（1）职工工资添加。管理员输入职工工资信息后单击"提交"按钮，如果输入的职工工资不正确，系统会给出相应的错误提示，则职工工资添加失败。输入数据通过 form 表单中定义的方法 onsubmit="return checkForm()"来检查，checkForm()函数用于校验输入数据。

"职工工资添加"界面如图 18-19 所示。

职工工资添加						
职工编号	姓名	所在部门	性别	入职时间	添加工资
201100211	张三	采购部	男	2015-05-06	添加工资
123	lisi	采购部	?	2018-05-07	添加工资

图 18-19　职工工资添加

（2）职工工资管理。管理员单击"职工工资管理"命令，跳转到"职工工资管理"界面，如图 18-20 所示。调用后台的 action 类查询所有的职工工资，并把这些信息封装到数据集合 List 中，绑定到 Request 对象上，然后页面跳转到相应的 JSP，显示职工工资。

职工工资管理									
职工编号	姓名	所在部门	工资系数	基本工资	工龄	职务	补贴	合计	操作
201301	赵明	采购部	1.2	2000.0	300.0	150.0	220.0	3070.0	修改
303333	zhangsan	采购部	1.2	3000.0	200.0	300.0	100.0	4200.0	修改
201302	刘红	采购部	1.2	5000.0	600.0	500.0	300.0	7400.0	修改

图 18-20　职工工资管理

（3）职工工资修改。单击"职工工资管理"命令，跳转到"职工工资管理"界面，浏览所有职工的工资信息，单击要修改的职工工资，跳转到"职工工资修改"界面修改该职工工资，如图 18-21 所示。

5．经营信息添加和查看

（1）经营信息添加。管理员输入经营信息后单击"提交"按钮，如图 18-22 所示。如果输入的经营信息不完整，系统会给出相应的错误提示，则经营信息添加失败。输入数据通过 form 表单中定义的方法 onsubmit="return checkForm()"来检查，checkForm()函数用于校验输入数据。

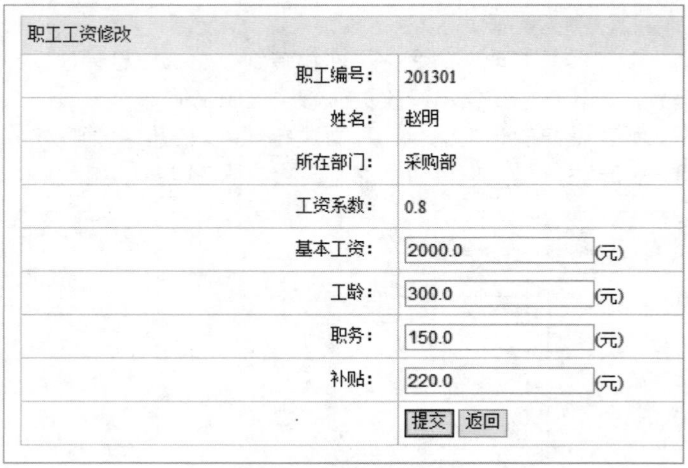

图 18-21　职工工资修改

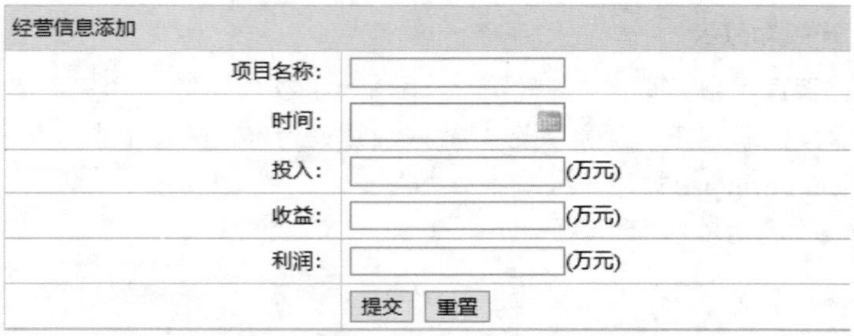

图 18-22　经营信息添加

（2）经营信息查看。管理员单击“经营信息查看”命令，跳转到“经营信息查看”界面，如图 18-23 所示。调用后台的 action 类查询出所有的经营信息，并把这些信息封装到数据集合 List 中，绑定到 Request 对象上，然后页面跳转到相应的 JSP，显示经营信息。

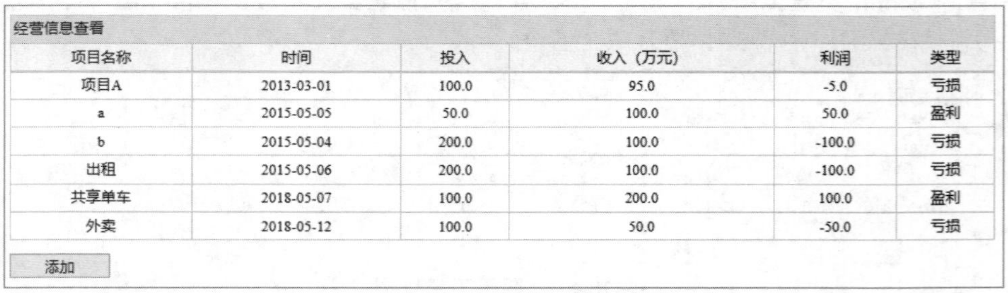
经营信息查看

项目名称	时间	投入	收入（万元）	利润	类型
项目A	2013-03-01	100.0	95.0	-5.0	亏损
a	2015-05-05	50.0	100.0	50.0	盈利
b	2015-05-04	200.0	100.0	-100.0	亏损
出租	2015-05-06	200.0	100.0	-100.0	亏损
共享单车	2018-05-07	100.0	200.0	100.0	盈利
外卖	2018-05-12	100.0	50.0	-50.0	亏损

添加

图 18-23　经营信息查看

经营信息添加和查看关键代码如下：

```
public void jingyingAdd(HttpServletRequest req,HttpServletResponse res)
{
   String mingcheng=req.getParameter("mingcheng");
   String riqi=req.getParameter("riqi");
   String touru=req.getParameter("touru");
   String shouyi=req.getParameter("shouyi");
   String lirun=req.getParameter("lirun");
```

```
    String sql="insert into t_jingying (mingcheng,riqi,touru,shouyi,lirun) values(?,?,?,?,?)";
    Object[] params={mingcheng,riqi,touru,shouyi,lirun};
    DB mydb=new DB();
    mydb.doPstm(sql, params);
    mydb.closed();
    req.setAttribute("message", "操作成功");
    req.setAttribute("path", "jingying?type=jingyingMana");
    String targetURL = "/common/success.jsp";
    dispatch(targetURL, req, res);
}
```

6. 费用信息添加和查看

（1）费用信息添加。管理员输入费用信息后单击“提交”按钮，如图 18-24 所示。如果输入的费用信息不正确，系统会给出对应的错误提示，则费用信息添加失败。输入数据通过 form 表单中定义的方法 onsubmit="return checkForm()"来检查，checkForm()函数用于校验输入数据。

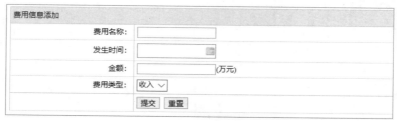

图 18-24　费用信息添加

（2）费用信息查看。管理员单击“费用信息查看”命令，跳转到“费用信息查看”界面，如图 18-25 所示。调用后台的 action 类查询出所有的费用信息，并把这些信息封装到数据集合 List 中，绑定到 Request 对象上，然后页面跳转到相应的 JSP，显示费用信息。

费用信息查看

费用名称	发生时间	金额(万元)	类型
货款	2013-04-01	5.00	收入
租场地	2015-05-04	222.00	支出
出租场地	2015-05-05	200.00	收入
采购电脑	2018-06-13	10.00	报销

添加

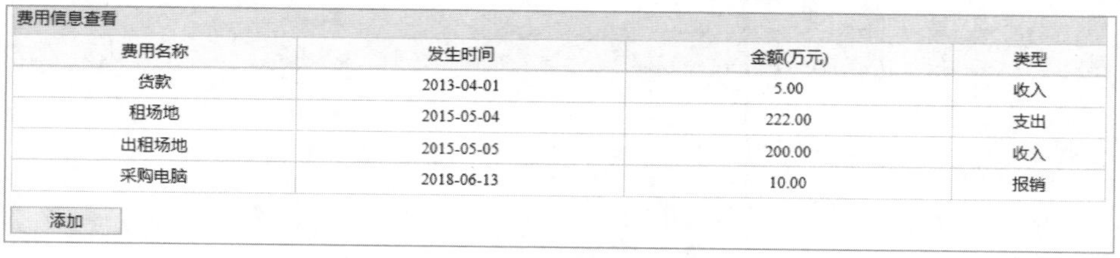

图 18-25　费用信息查看

费用信息添加和查看关键代码如下：

```
public void feiyongAdd(HttpServletRequest req,HttpServletResponse res){
    String mingcheng=req.getParameter("mingcheng");
    String shijian=req.getParameter("shijian");
    String feiyong=req.getParameter("feiyong");
    String leixing=req.getParameter("leixing");
    String sql="insert into t_feiyong (mingcheng,shijian,feiyong,leixing) values(?,?,?,?)";
    Object[] params={mingcheng,shijian,feiyong,leixing};
    DB mydb=new DB();
    mydb.doPstm(sql, params);
    mydb.closed();
    req.setAttribute("message", "操作成功");
```

```
    req.setAttribute("path", "feiyong?type=feiyongMana");
    String targetURL = "/common/success.jsp";
    dispatch(targetURL, req, res);
}
public void feiyongMana(HttpServletRequest req,HttpServletResponse res)
throws ServletException, IOException
{
    String sql="select * from t_feiyong";
    req.setAttribute("feiyongList", getfeiyongList(sql));
    req.getRequestDispatcher("admin/feiyong/feiyongMana.jsp").forward(req, res);
}
```

7. 年终资产分析

管理员单击"年终资产分析"命令,跳转到"资产情况"和"经营情况"界面,如图 18-26 所示。调用后台的 action 类查询公司的资产信息,包括总资产、总收益及总费用,绑定到 Request 对象上,然后页面跳转到相应的 JSP,显示年终资产分析信息。

资产情况		
数量	价值(万元)	类型
3	203.0	增加资产
2	1100.0	减少资产

总资产: -897.0 (万元)

经营情况		
总投入(万元)	总收益(万元)	总利润(万元)
750.0	645.0	-105.0

年终资产:-1002.0 (万元)

图 18-26 年终资产分析

在 src 文件夹的 action 包中新建 Fenxi.java 类,代码如下:

```
public class Fenxi extends HttpServlet{
 public void service(HttpServletRequest req,HttpServletResponse res)
 throws ServletException, IOException
 {
   DB mydb=new DB();
   try{
     //增加的资产
     String sql =
     "select count(1)shuliang,ifnull(sum(jiazhi),0)jiazhi
     from t_capital_infor
     where
     type=0 ";
     mydb.doPstm(sql, null);
     ResultSet rs=mydb.getRs();
     rs.next();
     double zjzcjz = rs.getDouble("jiazhi");
     Map zczj = new HashMap();
     zczj.put("sl", rs.getString("shuliang"));
     zczj.put("jz", zjzcjz);
     rs.close();
     //减少的资产
     sql =
```

```
      "select count(1)shuliang,ifnull(sum(jiazhi),0)jiazhi
      from t_capital_infor
      where
      type=1 ";
      mydb.doPstm(sql, null);
      rs=mydb.getRs();
      rs.next();
      double jszcjz = rs.getDouble("jiazhi");
      Map zcjs = new HashMap();
      zcjs.put("sl", rs.getString("shuliang"));
      zcjs.put("jz", jszcjz);
      rs.close();
      //总资产
      Map allCapital = new HashMap();//总资产
      double zzc = zjzcjz-jszcjz;
      allCapital.put("capital_infor", zzc);
      //利润
      sql = "select 1, ifnull(sum(touru),0)touru,ifnull(sum(shouyi),0)shouyi,
      ifnull(sum(lirun), 0)lirun " +"from t_manage_infor";
      mydb.doPstm(sql, null);
      rs=mydb.getRs();
      rs.next();
      Map jingying = new HashMap();
      jingying.put("touru", rs.getDouble("touru"));
      jingying.put("shouyi", rs.getDouble("shouyi"));
      double zly = rs.getDouble("lirun");
      jingying.put("lirun", zly);
      rs.close();
      Map nz = new HashMap();
      nz.put("nz",zzc+zly);
      req.setAttribute("zczj", zczj);
      req.setAttribute("zcjs", zcjs);
      req.setAttribute("allCapital", allCapital);
      req.setAttribute("jingying", jingying);
      req.setAttribute("nz", nz);
    }
    catch(Exception e){e.printStackTrace();
    }
    req.getRequestDispatcher("admin/fenxi/fenxi.jsp").forward(req, res);
  }
  public void dispatch(String targetURI,HttpServletRequest request,
HttpServletResponse response) {
    RequestDispatcher dispatch = getServletContext().getRequestDispatcher(targetURI);
    try{
      dispatch.forward(request, response);
      return;
      }
    catch (ServletException e){
      e.printStackTrace();
      }
```

```
        catch (IOException e){
          e.printStackTrace();
         }
        }
    public void init(ServletConfig config) throws ServletException {
       super.init(config);
     }
    public void destroy() {

    }
}
```

18.3 系统代码测试

系统测试模块是系统开发的重要部分，用来评定一个系统的品质或性能是否符合开发前所提出的部分要求。系统测试的目的是在系统投入运行前，对系统需求分析、设计说明和编码的最终复审，是系统质量保证的关键。系统测试是为了发现错误而执行的程序过程。

在系统开发的过程中，存在一些错误是必然的。对于语句的语法错误，程序运行时会自动提示并请求立即纠正，因此，这类错误比较容易发现和纠正。还有一类错误是在程序执行的时候，由于不正确的操作或者对某些数据的计算公式运用错误导致，这类错误隐蔽性极强，有时会直接出现，有时又不会直接出现，因此，排查起来耗时、费力。

对于软件来讲，不论采用何种技术或方法，软件中仍然会有错。采用新的语言、新的开发方式、完善的开发过程，可有效减少错误的引入，但并不可能完全杜绝软件中的错误，这些错误则需要通过测试来找出，软件中错误的密度也需要通过测试来进行具体的估计。测试是所有工程学科的基本组成单元，是软件开发的重要部分，随着程序设计的诞生而出现。统计表明，在典型的软件开发项目中，软件测试工作量往往占软件开发总工作量的 40% 以上。而在软件开发的总成本中，用在测试上的开销要占 30%～50%。如果把维护阶段也考虑在内，讨论整个软件生存期时，测试成本占总成本的比例也许会有所降低，但实际上维护工作相当于二次开发，乃至多次开发，其中必定还包含许多测试工作。

18.3.1 测试方法

测试的方法可分三种：传统测试方法、功能验证和系统测试。

传统测试方法包括简单的单元测试，通常由程序开发人员来执行。设计这些测试需要了解系统内部知识，并且这些测试几乎是针对产品的特定部分。传统测试方法非常适合与其他代码组件极少交互，甚至没有交互的简单模块。

功能验证也是一种测试方法。在功能验证过程中，对产品源代码了解有限的设计者会进行测试以确认产品或服务的核心功能，以证明核心功能符合某个规范。举个例子，登录时输入的邮箱错误时是不是有提示？如果测试失败，通常就意味着检测到了系统的一个基本问题。功能验证也适合简单的 Web 服务，可以检查服务的各个功能是否能够正确执行。

系统测试通常在功能验证阶段完成，一般在验证了核心功能后进行。系统测试倾向于把整个系统作为一个整体来查找问题。例如，了解 Web 服务作为系统的一部分怎样运作，以及 Web 服务之间如何交互。由于系统测试实际是在开发生命周期快结束时才进行，所以经常不能给它分配充足的时间。系统测试阶段常常被忽略，往往会错过一些通常都可以被发现的、极为少见的错误。而且即使发现了这些错误，这时也来不及确定错误的原因并设法修复它们了。因此，在查找代码错误时，必须把系统测试设计得尽可能高效。

18.3.2　测试结果

财务管理系统开发完成后，对系统进行了测试，所用方法是系统测试和功能验证。

系统测试的主要内容包括：

（1）功能测试，即测试系统的功能是否正确，功能测试是必不可少的。

（2）健壮性测试，即测试软件系统在异常情况下正常运行的能力。健壮性有两层含义：一是容错的能力，二是恢复的能力。

本章开发的财务管理系统总体情况如下：

（1）各功能模块都可以正常进行，基本实现了系统设计时的各项功能要求。

（2）界面简洁，操作简单，系统使用方便。

本系统的下一步开发方向如下：

（1）加强网站个性化设计。

（2）加强网站人性化服务功能。

总之，本系统开发圆满成功，各模块运行正常。本次的设计开发为下一步的完善提供了重要的帮助和支持。

18.4　本章小结

本系统开发前对市场进行了充分调研，确保系统满足客户需求，技术方面主要依靠前台 Ajax 请求传递参数，完成页面的异步刷新，优化了用户的体验和操作，降低了用户的误操作，交互友好，页面简洁大方。系统后台通过 Spring MVC 框架完成了控制器、视图和封装数据的分层，运用 MyBatis 框架，通过将 Java 的对象属性编写在 XML 文件中的 SQL 语句与数据库的数据进行关联，加强了代码的可维护性，提高了程序开发者对对象的理解和程序的开发效率，使系统中的逻辑代码和数据库访问所需的 SQL 语句分离，简化了开发过程。

参考文献

[1] 郝佳. Spring 源码深度解析[M]. 北京：人民邮电出版社，2013.
[2] 朱要光. Spring MVC+MyBatis 开发从入门到项目实战[M]. 北京：电子工业出版社，2018.
[3] 陈恒，楼偶俊，张立杰. Java EE 框架整合开发入门到实战——Spring+Spring MVC+MyBatis [M]. 北京：清华大学出版社，2018.
[4] Spring 官方文档.